U0310942

"十二五"国家重点出版规划项目

密码学与信息安全技术丛书

Framework, Model, and Protocols of Key
Management for Heterogeneous Sensor Networks

异构传感网密钥管理框架模型及协议

马春光　王九如　袁　琪　编著

国防工业出版社

·北京·

图书在版编目（CIP）数据

异构传感网密钥管理框架模型及协议／马春光，王
九如，袁琪编著. —北京：国防工业出版社，2015.12
（密码学与信息安全技术丛书）
ISBN 978 - 7 - 118 - 10702 - 9

Ⅰ. ①异… Ⅱ. ①马… ②王… ③袁… Ⅲ. ①传
感器—密码—管理 Ⅳ. ①TP212

中国版本图书馆 CIP 数据核字（2015）第 304019 号

※

国防工业出版社出版发行

（北京市海淀区紫竹院南路 23 号　邮政编码 100048）
腾飞印务有限公司印刷
新华书店经售

*

开本 710 × 1000　　1/16　　印张 13¼　　字数 234 千字
2015 年 12 月第 1 版第 1 次印刷　印数 1—2000 册　定价 78.00 元

（本书如有印装错误，我社负责调换）

国防书店：(010)88540777　　　发行邮购：(010)88540776
发行传真：(010)88540755　　　发行业务：(010)88540717

致 读 者

本书由国防科技图书出版基金资助出版。

国防科技图书出版工作是国防科技事业的一个重要方面。优秀的国防科技图书既是国防科技成果的一部分,又是国防科技水平的重要标志。为了促进国防科技和武器装备建设事业的发展,加强社会主义物质文明和精神文明建设,培养优秀科技人才,确保国防科技优秀图书的出版,原国防科工委于1988年初决定每年拨出专款,设立国防科技图书出版基金,成立评审委员会,扶持、审定出版国防科技优秀图书。

国防科技图书出版基金资助的对象是:

1. 在国防科学技术领域中,学术水平高,内容有创见,在学科上居领先地位的基础科学理论图书;在工程技术理论方面有突破的应用科学专著。

2. 学术思想新颖,内容具体、实用,对国防科技和武器装备发展具有较大推动作用的专著;密切结合国防现代化和武器装备现代化需要的高新技术内容的专著。

3. 有重要发展前景和有重大开拓使用价值,密切结合国防现代化和武器装备现代化需要的新工艺、新材料内容的专著。

4. 填补目前我国科技领域空白并具有军事应用前景的薄弱学科和边缘学科的科技图书。

国防科技图书出版基金评审委员会在总装备部的领导下开展工作,负责掌握出版基金的使用方向,评审受理的图书选题,决定资助的图书选题和资助金额,以及决定中断或取消资助等。经评审给予资助的图书,由总装备部国防工业出版社列选出版。

国防科技事业已经取得了举世瞩目的成就。国防科技图书承担着记载和弘扬这些成就,积累和传播科技知识的使命。在改革开放的新形势下,原国防科工委率先设立出版基金,扶持出版科技图书,这是一项具有深远意义的创举。此举势必促使国防科技图书的出版随着国防科技事业的发展更加兴旺。

设立出版基金是一件新生事物,是对出版工作的一项改革。因而,评审工作需要不断地摸索、认真地总结和及时地改进,这样,才能使有限的基金发挥出巨大的效能。评审工作更需要国防科技和武器装备建设战线广大科技工作者、专家、教授,以及社会各界朋友的热情支持。

让我们携起手来,为祖国昌盛、科技腾飞、出版繁荣而共同奋斗!

国防科技图书出版基金
评审委员会

前　言

2005 年,我们决定进行传感网密钥管理方面的研究,并投入当时几乎所有的研究力量开展相关工作。2011 年,我们申请的"异构传感器网络密钥管理机制研究"项目获得国家自然科学基金资助。2012 年,在国防科技图书出版基金资助下,我们的学术著作《异构传感器网络密钥管理》由国防工业出版社出版,这是我们阶段性研究成果的一次集中体现。

2012 年,我们开始重新审视传感网密钥管理这个"老"问题,力图找到"新"方法。经过多次讨论,我们决定从传感网异构性刻画方法入手,通过框架、模型、协议三个不同的层面,从宏观到微观,系统性地解决密钥管理这个传感网安全的首要问题。经过多年的持续研究,我们系统分析了各种异构因素对传感网密钥管理的影响,给出了一个通用的异构传感网密钥管理框架,构建了一个可形式化描述的异构传感网密钥管理策略模型,设计了若干基于不同方法和技术的异构传感网密钥管理协议,并对其性能和安全性进行了理论分析和仿真测试。

2014 年,在与国防工业出版社编辑的交流中,我谈到想将这些研究工作编撰成书的想法,得到了认同,并建议我们申请国防科技图书出版基金,我们欣然命笔。2015 年,我们得到批复,这本《异构传感网密钥管理框架、模型和协议》获得了国防科技图书出版基金的资助。本书是我们多年来在传感网密钥管理方面研究成果的一次系统性呈现。与 2012 年版《异构传感器网络密钥管理》相比较,本书对传感网异构性有了更明确的定义和刻画,对密钥管理管理框架和模型有了更形式化的描述,对密钥管理协议有了更客观的评价方法,所设计的密钥管理协议也更加广泛、更有针对性。

本书共 6 章内容,第 1 章概述,主要对异构无线传感器网络的异构性进行了定义和分类,并对传感网异构性进行了多维度细粒度的刻画。第 2 章密钥管理框架与模型,介绍了异构传感网密钥管理协议的评价指标,给出了一个通用的异构传感网密钥管理框架,对密钥管理策略模型进行了形式化,并给出了模型实例以及对其的求解和分析。第 3 章对称密钥管理协议,给出了三种基于对称密码技术的密钥管理协议,即,基于扰动技术的抗 LU 攻击的密钥管理协议、体现跨层设计思想的基于 E - G 的跨层密钥管理协议、利用网络动态异构性的多阶段能量有效的密钥预分配协议。第 4 章基于单向累加器的密钥管理协议，从单向累加器可进行集合成员关系证明这一事实出发，给出了基于单向累加器的密钥管理协议、基于快速单向累加器的密钥管理协议、基于动态累加器的认证组密钥管理协议。第 5 章非对称密钥管理协议，通过节点身份信息的引入，给出了基于身份的密钥管理协议、基于多域身份基加密的密钥管理协议、基于属性的组密钥管理协议。第 6 章可认证密钥协商协议，面向异构传感网不同的应用场景，给出了适用于无线传感反应网络的基于身份可认证密钥协商协议、适用于多基站异构传感网的标准模型下安全的基于身份密钥协商协议。

本书是哈尔滨工程大学网络与信息安全研究团队（NSR@HEU，http://machunguang. hrbeu. edu. cn）在传感网密钥管理方面多年研究成果的结晶，我的很多博士生、硕士生都付出了辛勤的工作，他们有的已经毕业，并在各自的工作岗位上崭露头角，有的正踏着师兄师姐的足迹，冒着哈尔滨的漫天飞雪，继续在传感网和物联网的研究领域里无悔前行。本书的第二作者王九如博士，常年从事传感网密钥管理方面的研究，是我们团队首个毕业的博士研究生，在本书的编撰和出版过程中，做了大量细致高效的工作。本书的第三作者袁琪博士，是我们团队现在进行传感网密钥管理研究的在读博士生，做了大量诸如本书申请立项等前期工作。感谢我们团队已毕业的博士研究生钟晓睿、付小晶，以及已毕业的硕士研究生尚志国、耿贵宁、张秉政、孙瑞华、于洪君、林相君、楚振江、戴膺赞、李蕾，他（她）们的学位论文和研究成果是本书素材的重要来源。感谢国防科技图书出版基金评审专家对本书所提的建议和意见。特别感谢杜均编辑在本书的立项、撰写和出版过程中给予的支持和帮助。

本书的编写得到了国家自然科学基金（61170241、61472097）、黑龙江省自然科学基金（F201229）、高等学校博士学科点专项科研基金资助课题（博导类）（20132304110017）、山东省自然科学基金（ZR2014FL012）、山东省科技发展计划（2013YD08002）研究成果的支持。

由于作者水平有限，书中难免出现各种疏漏和不当之处，殷切希望大家批评指正。您的任何建议、意见和批评，都是对我们和本书最大的支持，欢迎随时通过电子邮件（machunguang@hrbeu. edu. cn）与我联系。

希望本书的出版能为推进我国传感网和物联网的安全研究尽微薄之力。

马春光

2015 年 11 月 26 日于哈尔滨工程大学

目　录

Contents

第1章 概　述

与应用密切相关的传感网,自提出以来就得到了学术界、工业界及军政各界的广泛关注。在早期的传感网密钥管理方案研究中,一般都假设传感器节点是低功耗的、无差异的,网络结构和网络协议也是同构的。然而,这种狭义的同构性假设,制约了研究者学术思想的创新,限制了公钥密码体制、层次化密钥管理模型、密钥托管技术、秘密共享技术、可信计算技术等密码理论和信息安全技术的应用,进而使得传感网密钥管理问题无法从根本上得到解决。在很多应用环境中,传感器节点是可以有、也应该有差别的。网络本身,无论是数据链路层、网络层、传输层还是应用层,也是有差别的,特别是当传感网作为物联网感知层而存在时,异构性更是传感网的基本属性。因此,必须充分利用传感网中客观存在的异构性,指导实用化的、与应用场景相关的异构传感网密钥管理方案设计。

1.1　异构传感网

具有大规模、自组织、资源受限等特性的传感网,得到了学术界、工业界及军政各界的广泛关注。美国《商业周刊》将其列为21世纪最有影响的技术之一,麻省理工学院《技术评论》则将其列为改变世界的10大技术之一。我国《国家中长期科学和技术发展规划纲要(2006－2020年)》为信息技术确定的三个前沿方向,其中两个(智能感知技术、自组织网络技术)与传感网直接相关。2010年,物联网被列为我国新兴战略性产业,这给传感网的发展带来了新契机。传感网作为物联网的感知层,是以数据为中心的、与应用密切相关的网络,在不同的应用场景下,它会表现出不同的特性。在军用信息监测等私密性要求很高的应用场景中,传感网的安全问题是一个瓶颈问题。而作为各种安全机制的基础,密钥管理问题必须首先解决,密钥管理一直是传感网安全研究领域的热点问题。

在Kerchhoff假设下,作为唯一秘密的密钥是任何密码系统安全性的核心。密钥管理就是在授权各方之间实现密钥关系的建立和维护的一整套技术和程序。密钥管理是密码学的一个重要分支,也是密码学最重要、最困难的部分,在一定的安全策略指导下,负责密钥从产生到最终销毁的整个过程,包括密钥的生成、分发与协商、使用、备份与恢复、更新、撤销和销毁等。在传统网络上,密钥管理已经取得了很多好的研究成果。但因为传感网的一些固有特性,如节点资源受限、无固定基础设施、节点容易受损、部署环境复杂等,使得许多研究成果(如 KDC 技术、PKI/CA 技术等)不能直接应用于传感网[1]。在传感网密钥管理研究领域,已有许多研究成果出现。但通过总结分析不难发现,这些研究成果多集中于微观的、具体的协议设计方面,从框架、模型等宏观角度进行的系统性、形式化的研究成果很少。

现在业界采用最多的传感网定义是 2002 年 Dr. Ian F. Akyildiz[2] 给出的,国内较早的专著《无线传感器网络》[3] 就采用了这个定义,即:传感网是由一组传感器以 Ad Hoc 方式构成的无线网络,其目的是协作地感知、采集和处理网络覆盖地理区域中感知对象的信息,并发布给观察者。在传感网密钥管理问题的早期研究中,一般都基于"构成传感网的感知节点是低功耗的、无差异的,网络结构和网络协议也是同构的"这一基点出发。这种狭义的同构性假设,制约了研究者学术思想的创新,限制了公钥密码体制、层次化密钥管理模型、密钥托管技术、秘密共享技术、可信计算技术等密码理论和信息安全技术的应用,使得传感网的密钥管理问题无法从根本上解决。

在很多应用场景,传感网节点是可以有、也应该有差别的;网络本身,无论是数据链路层、网络层、传输层还是应用层,也是有差别的。我们认为,异构性是传感网的自然属性,特别是当传感网作为物联网感知层而存在时,异构性更是传感网的基本属性。要从根本上解决密钥管理问题,必须充分研究和利用传感网中客观存在的各种异构性,从框架、模型等宏观角度对密钥管理进行系统研究,进而指导实用化的、与应用场景相关的密钥管理协议设计。

1.1.1　异构性刻画

早期的传感网研究,一般均集中于同构传感器网络上(本书在不产生混淆的前提下,同构传感器网络也称为传感器网络),即网络内所有节点的结构和能力都是一样的,节点类型相对比较单一。而在实际应用时,一方面,由于物理器件参数差异,传感器节点的物理性质很难完全均一化;另一方面,即便原本性能一致的传感器节点,也会由于工作环境的差异、区域地形特点不同和节点工作负荷不均衡等原因,导致节点出现异构化[3]。异构性是传感网客观存在的重要特性,主要表现在节点性能异构、通信协议异构、支撑技术异构、应用需求异构等方面。图 1-1 是从网络分层(一种多维度划分方法)的视角对传感网异构性的示意描述。但目前异构性研究主要以节点性能异构为主。

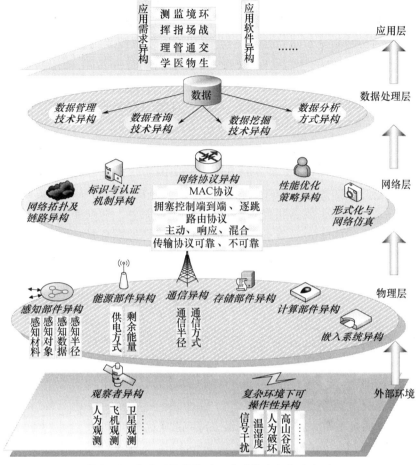

图 1-1 传感网异构性的一种多维度细粒度表现

1. 节点性能异构性

根据节点本身资源特征,节点性能异构主要体现在计算能力异构、能量异构、通信能力异构、存储能力异构和感知能力异构五个方面。

(1)计算能力异构性。由于承担的任务不同,所以节点计算能力不相同,从而导致计算能力异构性。高端节点一般采用16位或32位的处理器构成,其计算能力、能量和存储空间等资源比低能节点高,通信功能等也比低能节点复杂,能耗也比较大。一般在网络中担当着比较重要的角色,如簇头节点负责对监测区域内收集到的数据进行融合、处理和传输等。低端节点一般采用4位或8位处理器构成,数量较多,功能相对比较简单,在网络中担负普通节点的角色,只需实现简单的数据采集、转发和目标监测等功能。

3

（2）能量异构性。网络运行过程中每时每刻都需要能量供应，因此能量异构性是普遍存在的。造成能量异构性主要有以下两个原因：①因为不同类型的节点配置的初始能量不同，如簇头节点因其承担着重要的角色需要配置比较高的能量，以延长网络的生命周期；②每个节点执行的任务不同，即使初始能量相同，如普通节点，但在网络运行一段时间之后，由于节点在信息采集和传输等过程中能耗的不同以及新节点的加入、外界环境等因素的影响，出现节点的能量异构。

（3）通信能力异构性。由于不同类型的节点的通信半径不同，所以节点最大传输范围也不相同，加之通信能力还与使用的协议息息相关，从而导致通信能力异构性。通信能力异构性具体表现为数据传输速率的异构性和通信范围的异构性。例如簇头节点和普通节点，其在通信能力上存在差异性，簇头节点的通信范围一般大于普通节点，在通信过程中传送的数据量也有差异，簇头节点需要传送的数据量一般比较大，通信较频繁；而普通节点传送的数据量相比较小，通信时间较少。

（4）存储能力异构性。不同类型的节点需要存储的数据量不同，所以节点的存储能力也不相同，从而导致 HSN 存在存储能力异构性。如簇头节点除了要与基站、邻近簇头节点进行通信外，还需要与簇内的所有普通节点进行通信。因此，簇头节点需要存储的控制信息、数据量及密钥数量比较多；而普通节点只需簇头和邻居节点进行通信，相应的需要存储的控制信息、数据量及密钥数量要少很多。另外，簇头节点需要运行较多的通信协议，在具体实现上，簇头节点需要的存储容量相对较大。通过给节点设置不同的存储能力，对于提高节点能量利用率及延长网络的生命周期具有一定的优势。

（5）感知能力异构性。在 HSN 应用场景中，节点的类型不同、感知材料、感知对象以及感知半径等不同，所以节点所具有的感知能力也不尽相同，即节点感知异构性。实际应用中，一般给普通节点配置感知能力高的传感器部件；而簇头节点一般负责数据的融合和传输，可以不配置感知部件或者配置感知能力低的部件。

2. 通信协议异构性

因异构传感网功能需求不同，所使用的通信标准也不尽相同，即存在通信协议异构性。目前适用于 HSN 的标准有 IEEE 802.15.4/ZigBee、IEEE 1451.5以及日趋成熟的 IPv6 协议。例如，需要在簇头节点上运行传输速率比较高、能量消耗也比较高的通信协议，而普通节点只需运行传输速率要求相对比较低、能量消耗也不太高的通信协议即可达到要求。通过使用不同的协议，簇头节点之间建立了高速的通信链路,形成了协议异构的网络,网络性能和可靠性得到了极大提高,并降低了节点的能量消耗。

在实现相同功能的 HSN 中,使用的数据链路层协议和网络层的协议也存在很多种,可以根据实际情况来选择具体的 MAC 协议及路由协议。异构传感网是应用相关的网络,不同的应用需求,选择不同的通信协议,不存在普适的通信协议。

3. 支撑技术异构性

由于传感网节点资源受限,其能量、存储能力、计算能力都低于传统无线网络中的移动设备,而且通常情况下还具有大规模、自组织、高密度等特点,因此传统无线网络中的各种应用支撑技术很多都不再适用于传感网。当前传感网的支撑技术,一部分是在原有无线网络相关技术的基础上针对传感网的特点加以改进,另外一些则是重新设计的低耗方案。

(1)节点定位技术异构性。位置信息是节点采集数据的重要组成部分,对传感网的监测任务至关重要,如执行目标跟踪、监测森林火灾以及天然气泄漏等任务时,确定事件发生的位置是最基本也是最重要的,不含位置信息的感知数据毫无意义。但是实际应用中,需求差别很大,没有能够适用于各种应用的定位算法,所以需要根据不同的应用需求,全面考虑节点的成本、网络规模和对定位精度的要求进而选择比较适宜的定位算法。

(2)时间同步技术异构性。时间同步技术是协同传感网系统的关键技术。如测量交通系统中车辆的速度,就需要计算出不同节点采集的时间差,通过波束阵列进而确定节点之间声源位置的时间同步。不同应用环境,决定了在众多不同的应用需求中使用统一的时间同步技术是不可能的,而且同一个应用中,各个层次上的时间同步要求也很可能是不同的。

(3)安全技术异构性。要保证任务的保密性及数据的安全性,需要实施一些基本的安全机制,如点到点消息认证、机密性、新鲜性、完整性及安全管理等。应充分考虑 HSN 各个层次的安全问题,如只针对机密性而言,物理层的考虑比较侧重编码安全方面;数据链路层及网络层侧重的是数据帧以及路由信息的加/解密;而应用层主要研究密钥管理和交换。

(4)数据管理技术异构性。传感网数据管理的功能是将传感网上数据的逻辑视图及物理实现分割开,数据的逻辑视图包括数据的命名、存取及操纵,这样网络的用户以及应用程序只考虑查询数据的逻辑结构即可,不必关心网络的具体实现细节。数据管理技术包括数据的存储与索引方式及数据查询处理技术等。实际应用需求不同,所使用的数据管理技术也不同,存在数据管理技术异构性。

4. 外部环境异构性

传感器节点部署在网络环境中,可以采用不同的数据收集方式收集数据;而传感网部署区域客观环境的不同,也会对传感网性能造成很大影响。

（1）观察者异构性。HSN 中根据不同的应用,节点负责进行数据的监测。实际应用中负责获得数据的观察者不同,观察者包括研究人员、卫星或者无人飞机等。因此,HSN 存在观察者异构性。

（2）自然环境异构性。节点通常通过飞机布撒或人工部署的方式部署在野外、偏僻或难以接近的区域环境中。各个节点的部署环境是有差异的,如地理位置、温度、湿度以及光照或者人为破坏等因素。因此,HSN 存在自然环境异构性。

5. 应用需求异构性

节点间的无线通信能力及低功耗多功能的特点,赋予了传感网广阔的应用前景,即存在应用需求异构性。传感网为各领域数据的采集和处理提供了新的方法,其应用包括军事、环境监测、医疗护理等传统领域,又涵盖家居生活、空间探索、交通监测及仓储管理等新兴领域。

传感网异构性除了上面介绍的五大类型之外,还包括链路异构性、应用软件异构性及传输协议异构性等。充分利用异构性可以设计网络性能和安全级别更高、更能满足应用环境的密钥管理方案,为后续物联网安全问题研究奠定基础。

1.1.2　定义与分类

为了便于描述与理解,本节给出更广义的异构传感网定义及相关概念,并对传感网异构性进行了分类。

1. 异构性定义

定义 1-1　异构性　指在传感器节点、数据链路、网络协议、服务质量、部署环境等方面具有差异的特性。

定义 1-2　异构传感网（Heterogeneous Sensor Networks,HSN）指具有异构性的传感网。

定义 1-3　异构类 x 指差异的类型,如能量异构、链路异构、位置异构、温度异构、计算能力异构等。

定义 1-4　异构值 v 指不同节点在同一异构类上所呈现的不同参数值。如能量异构在节点上表现的异构值就是节点的能量值。

定义 1-5　异构度 d 指网络的异构程度,在数值上等于单一异构类的不同异构值数目。

定义 1-6 异构态指在某一时刻,网络呈现出的异构类及其异构值状态。可以表示为 $\langle d_1 x_1, \cdots, d_k x_m \rangle$,其中 m 为网络中异构类的数目。$\forall i \leqslant m, d_i$ 可以进一步表示为 $(v_1 \times n_1, \cdots, v_{d_i} \times n_{d_i})$,$v_j (1 \leqslant j \leqslant d_i)$ 为第 i 种异构类的第 j 个异构值,$n_j (1 \leqslant j \leqslant d_i)$ 为异构值为 v_j 的节点数目。

例 1.1 网络中有三个节点 s_1、s_2 和 s_3,其能量分别为 10J、5J、5J,则该网络具有能量异构性,其能量异构类 x_1 的异构度为 2,节点 s_1 的能量异构值为 10J,其他两个节点的能量异构值均为 5J,网络异构态为 $\langle 2x_1 \rangle$ 或 $\langle (10 \times 1, 5 \times 2) x_1 \rangle$,其中 $(10 \times 1, 5 \times 2)$ 为 x_1 的异构态。可见,网络异构态是由多个异构类异构态构成的。

2. 异构性分类

从节点的角度来说,异构类可细分为节点内部异构和外部环境异构。其中节点内部异构包括计算能力异构、通信能力异构、存储能力异构、安全能力异构、能量异构和基础协议异构;外部环境异构可以进一步细分为链路环境异构、地理位置异构和敌手攻击能力异构等。有时为了提高效率,会在传感网中人为引入异构,如引入能力较强的节点,用以负责耗能的复杂操作,称这种为达到某种目的而人为引入的可控异构为主观异构。与之不同,在部署的过程中及部署后,传感网节点内部及外部环境本身会存在非人为引入的差异,如电池电量消耗不均、部署地理位置不同、链路质量优劣差异等。随着时间的推移,这些差异还可能发生变化,从而产生新的异构类,同时旧的异构类也可能消亡。异构类之间相互影响,异构类的异构度可能扩大、缩小,甚至消失。这样的变化是客观存在的,且不以人的意志为转移,称这类无目的的随机不可控异构类为客观异构。主观异构主要存在于网络部署前期,通常是针对于某种应用需求而人为构造的。而客观异构却随网络的运行长期存在,且与应用需求无关。

应当注意,对于无人值守的传感网来说,主观异构的可控性仅存在于网络初期,随后则演变为客观异构。事实上,不论是主观异构还是客观异构,节点内部异构还是外部环境异构,都可能随时间变化,也可能在网络整个生命周期中始终保持相同的异构状态。因此,从是否随网络运行发生变化的角度,异构类也可以划分为静态异构和动态异构。此外,多个异构类还可能相互组合,共同构成一种新的复合异构类。若一个异构类仅对应一项不可分割的简单网络参数、节点参数或者协议指标,则该异构类称为简单异构类。任何一个复合异构类总是可以进一步分解为若干简单异构类的组合。图 1-2 对上述异构类分类情况进行了系统说明。

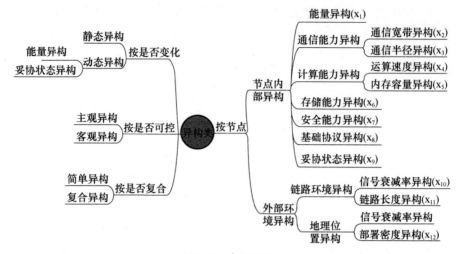

图 1-2　异构性分类

1.1.3　异构空间

这里提出了一个异构空间模型,用以实现对异构类的多维度细粒度刻画。

定义 1-7　拓扑　设 X 是一个集合,$\mathcal{T}$ 是 X 的一个子集族。如果 $\mathcal{T}$ 满足下列条件:

(1) $X, \varnothing \in \mathcal{T}$;

(2) 若 $A, B \in \mathcal{T}$,则 $A \cap B \in \mathcal{T}$;

(3) 若 $\mathcal{T}_1 \in \mathcal{T}$,则 $\bigcup_{A \in \mathcal{T}_1} A \in \mathcal{T}$;

则称 $\mathcal{T}$ 为 X 的一个拓扑。

定义 1-8　拓扑空间　若 $\mathcal{T}$ 是集合 X 的一个拓扑,则称 $(X, \mathcal{T})$ 为一个拓扑空间,或称集合 X 是一个相对于拓扑 $\mathcal{T}$ 的拓扑空间。

定义 1-9　基　设 $(X, \mathcal{T})$ 为一个拓扑空间,$\mathcal{B}$ 是 $\mathcal{T}$ 的一个子族。若 $\mathcal{T}$ 中的每个元素都是 $\mathcal{B}$ 中某些元素的并,即对于每一个 $U \in \mathcal{T}$,存在 $\mathcal{B}_1 \in \mathcal{B}$ 使得 $U = \bigcup_{B \in \mathcal{B}_1} B$,则称是 $\mathcal{B}$ 是拓扑 $\mathcal{T}$ 的一个基,或称 $\mathcal{B}$ 是拓扑空间 X 的一个基。

定义 1-10　异构空间　设 $(X, \mathcal{T})$ 为一个拓扑空间,$\mathcal{B}$ 是拓扑 $\mathcal{T}$ 的一个可数基,若 $\mathcal{T}$ 的每一个元素都代表一种异构类,则称 $(X, \mathcal{T})$ 为一个异构空间。

例 1.2　假设网络中有四种简单异构类:能量异构 x_1,通信带宽异构 x_2,通信半径异构 x_3 和计算速度异构 x_4。异构类集合 $X = \{x_1, x_2, x_3, x_4\}$。则根据定义 1.7 可知 $\mathcal{T} = \{\varnothing, \{x_1\}, \{x_2\}, \{x_1, x_2\}, \{x_3, x_4\}, \{x_1, x_3, x_4\}, \{x_2, x_3, x_4\}, \{x_1, x_2, x_3, x_4\}\}$ 为 X 的一个拓扑,令 $\varnothing$ 表示同构,则 $(X, \mathcal{T})$ 构成一个异构空间,而 $\mathcal{B}_1 = \{\varnothing, \{x_1\}, \{x_2\}, \{x_3\}, \{x_4\}\}$,$\mathcal{B}_2 = \{\varnothing, \{x_1\}, \{x_2\}, \{x_3, x_4\}\}$ 分别为该

异构空间$(X, \mathscr{T})$的两个可数基。该异构空间中的异构类既有简单异构类(如x_1),也有复合异构类(如$\{x_2, x_3\}$)。

定义 1-11　派生和反派生　设有异构空间$(X, \mathscr{T})$,$\forall x_i \in \mathscr{T}$,$\exists x_1, x_2, \cdots, x_n \in \mathscr{T}$,使得$x_i = \{x_1, x_2, \cdots, x_n\}$成立,则称异构类$x_i$可以由其他异构类$x_1, x_2, \cdots, x_n$共同派生。其逆向过程称为反派生。

派生的结果将产生复合异构类。显然,复合异构类不一定全由简单异构类组成,还可能包括了低一级的其他复合异构类。

定义 1-12　极小基下的坐标　设有异构空间$(X, \mathscr{T})$,$\mathscr{T}$的一个基$\mathscr{B} = \{\varnothing, \{x_1\}, \cdots, \{x_n\}\}$,则此异构空间下任意一个异构类和任何一种异构态都可以表示为$\langle k_1 x_1, k_2 x_2, \cdots, k_n x_n \rangle$的形式。如果$\mathscr{B}$中任何一个异构类不能再进一步反派生为其他异构类的并,则称这组基是极小基或极大无关基,称$(k_1, k_2, \cdots, k_n)$为异构类在这组基下的坐标。

利用坐标来表示异构类和异构态的方式有所不同。对于异构类来说,只需要表示为基的组合,而异构状态则需要刻画异构度或者异构值。故约定令$k_i = -1$表示该异构类为新异构类的组成成分之一;$k_i = 0$表示不含该异构类或异构度为0;$k_i > 0$表示异构度,此时的坐标称为异构度坐标;$k_i = (v \times n)$表示具体的异构值与节点数的乘积,此时的坐标称为异构值坐标。

定义 1-13　维度　如果$\mathscr{B} = \{\{x_1\}, \cdots, \{x_n\}\}$为异构空间$(X, \mathscr{T})$的极大无关基,称$\dim(H) = \mathrm{rank}(\mathscr{B}) = n$为异构空间$(X, \mathscr{T})$的维度。

例 1.3　设网络W的异构空间极小基$\mathscr{B} = \{\{x_1\}, \{x_2\}, \{x_3\}\}$,且节点异构仅由$x_1, x_2, x_3$共同派生。$W$中共有3个节点$s_1$、$s_2$和$s_3$,它们的能量分别为10J、5J和5J,通信半径分别为20m、30m和40m,其他参数相同。则网络异构态可以表示为$\langle 2x_1, 0x_2, 3x_3 \rangle$或$\langle (10 \times 1, 5 \times 2) x_1, 0x_2, (20 \times 1, 30 \times 1, 40 \times 1) x_3 \rangle$,节点异构类则表示为$\langle -1x_1, -1x_2, -1x_3 \rangle$,其异构态恰好是网络异构态。

在异构空间中,各种异构类之间主要存在两种关系——派生和并列,这使整个空间像网一样展开。派生关系决定了高级复合异构类由哪些低级复合异构类或简单异构类组成。由于派生关系的存在,任何异构性都可以首先退化为简单异构性,再进行相关性能分析。显然,派生的异构类会受到其组成异构类的制约,如布撒在洼地或山林里的节点可能通信受阻,链路质量较低,而布撒在开阔地界上的节点则通信畅通,链路质量较高,故链路质量异构若可以反派生为通信带宽异构、部署位置异构等,并随着其组成异构类的变化而变化。除了派生关系以外,异构性之间还存在并列关系。并列关系是指异构性之间的彼此独立关系,即A的变化不对B产生影响,但它们可能同时与C存在派生关系。

1.1.4 网络模型

为了更好地理解密钥管理是如何在异构传感网中发挥其功效的,需要提供一个抽象的、统一的网络场景,将密钥管理研究从各式各样的应用环境中剥离出来,使得研究者可以专注于设计密钥管理协议本身,而非其他外界因素。该网络场景无需面面俱到,而应当是一个典型异构传感网的抽象与缩影,是最基本的场景刻画,符合特定场景的需求可以通过为基本场景添加额外的或细化已有的特性(如移动性、异构资源等)来实现。本书后续的研究将以这一最简网络场景为基础,具体结构如图1-3所示。

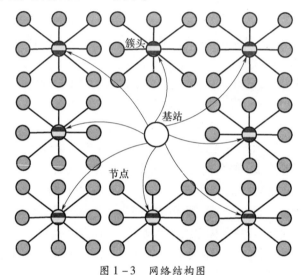

图1-3 网络结构图

按照硬件设备的不同,网络从下到上分为感知层、簇头层和基站层3级分簇结构。市面较常见的普通传感器节点以Crossbow公司旗下的MICAz尘埃节点为代表,而组成感知层的感知节点较其他节点具有大规模部署特性,因此基础场景中设定的感知节点在通信能力、计算能力、存储能力和续航能力等方面均以MICAz为标准,达到市面一般水平。同时,电量和存储空间充足的高能节点充当簇头(可以是有线固定的节点),且能够保证长期有效的在线状态,支持与其他簇头的高速通信。基站作为无线传感网与外界网络的接口,既是感知数据的目的地,又是整个网络控制信息的起源。基站设备可以是大型服务器、数据中心、笔记本电脑,甚至手持终端。所有普通节点均是全向天线的,支持单播与组播通信,有唯一标识号,通过空中布撒或定点安装的方式被布置到监测区域中。布置完成后自动进行邻居发现和配对密钥建立。网络以簇为组,簇头为组管理员。

在图 1-3 所示异构传感网基本模型中,涉及的传感节点和环境参数在表 1-1 中统一给出,具体数值均来自文献[5]。当一只普通 AA 电池的能量约为 $1.5 \times 2.5 \times 3600 = 13500J$ 时,一个由两节 AA 电池供电的 MICAz 节点所拥有能量能够达到 27000J。根据文献[5]所述能耗模型,将 1 字节数据传输 d 米远的总能耗为

$$e = e_{te} + e_{ta}d^{\alpha} \qquad (1-1)$$

表 1-1　相关参数

参数	值	说明	参数	值	说明
e_{te}	8.528μJ / Byte	发送电路能耗	U	1.5V	电池电压
e_{re}	4.424μJ / Byte	接收电路能耗	C	2500mAH	电池容量
e_{ta}	0.001527μJ /Byte	放大器能耗	α	2.5	路径损益指数

1.2　研究现状

2006 年,Traynor 等[4]发现:在存在少量高能力节点的传感网中,进行具有概率特性的非均匀密钥分配,在保证相同安全等级的前提下,可以减少由于节点破获后所带来的负面影响。从此学术界开始了对异构传感网密钥管理问题的研究。

自传感网提出以来,IEEE 和 ACM 组织召开了许多与传感网相关的学术会议。中国计算机学会传感器网络专业委员也先后组织召开了 8 次中国传感器网络学术会议(CWSN'2007—CWSN'2014),《计算机学报》《软件学报》《计算机研究与发展》《通信学报》等国内一级学会学报也先后出版了传感网专刊。在这些会议和期刊中,都有密钥管理方面的论文,有效推动了异构传感网密钥管理的研究与应用。表 1-2 列出了国内外传感网方向的重要学术会议。

表 1-2　传感网方面的重要学术会议

组织者	会议名称
ACM	SENSYS:Conference on Embedded Networked Sensor Systems
	MobiHoc:International Symposium on Mobile Ad Hoc Networking & Computing
	MobiSys:International Conference On Mobile Systems,Applications And Services
	MobiCom:International Conference on Mobile Computing and Networking
	SIGCOMM:Applications,Technologies,Architectures,and Protocols for Computer Communication

组织者	会议名称
IEEE	ICNP：International Conference on Network Protocols
	Infocom：The Conference on Computer Communications
	RTSS：IEEE International Real – Time Systems Symposium
	MASS：IEEE International Conference on Mobile Ad Hoc and Sensor Systems
	RTAS：IEEE Real – Time and Embedded Technology and Applications Symposium
	SECON：IEEE Communications Society Conference on Sensor，Mesh and Ad Hoc Communications and Networks
中国计算机学会	中国传感器网络学术会议（CWSN）

下面，从传感网异构性、异构传感网密钥管理框架与模型、异构传感网密钥管理协议三个方面，对异构传感网密钥管理问题的国内外研究现状进行简单综述。

1.2.1 异构性研究现状

传感网的异构性始于"传感器节点的异构性"。文献[5,6]指出：在传感网中部署少量高能节点，可以显著提高网络传输速率、减少网络能耗、降低端对端传输延迟，由此他们将异构传感网（Heterogeneous Sensor Networks，HSN）定义为"由不同类型的传感器节点构成的网络"。显然，这是对 HSN 比较狭义的定义。本书中，我们将采用更广义的定义，即 HSN 是指在传感器节点、数据链路、网络协议、服务质量、部署环境等方面具有差异性的传感网。

2005 年，Mark Yarvis 等[7]对传感网能量异构和链路异构进行了研究，证明了对 HSN 进行最优部署是一个 NPC 问题，但通过恰当部署异构节点可以成倍提高网络传输速率，成倍延长网络寿命。Vivek P. Mhatre 等[8,10]研究了在保证 HSN 寿命不变的前提下，两种不同类型节点的最优配置比例问题。2006 年，Dong Seong Kim 等[9]利用半马尔可夫链和离散时间马尔可夫链过程，将传感网分层成簇结构中的每个簇建模成一个随机过程，对 HSN 的生存性进行了有效分析。2008 年，Jens Mache 等[10]研究了异构性对传感网安全的影响，并提出一个轻量级点对点安全框架，为每个节点都配置了公私钥对，但只有高端节点执行签名运算。Moslem Noori 等[11]对事件驱动的传感网进行了单个节点寿命和全网寿命的概率模型设计和分析。2010 年，为了准确估测传感网的寿命分布，Yunbo Wang 等[12]通过构造单个节点数据收发的马尔可夫过程模型来获得能量消耗分布函数。2011 年，Elin De Poorter 等[13]为无线传感网搭建灵活的系统框架,有效地减少了设计无线传感网协议的复杂性,满足网络需求,该框架同样适用于异构传感网。为了延长异构传感网的生命周期,2012 年 Attea B A 等[14]对基于簇的路由协议进行了改进。2013 年,Luo 等[15]根据节点能量信息,调整节点传输半径,获得了比同构传感网更高的传输效率及更长的生命周期。2014 年,Tanwar 等[16]将根据传感网节点的异构性,将节点分成 k 层,通过一定循环下有效节点和总节点的比率定义可变阈值来进行簇头的选择,提出了传感网多层异构路由协议,协议提供了更好的稳定性,提高了网络的生命周期。同年,Chand Satish[17]将应用于同构传感网中的混合能量有效分布协议进行改进,将距离、模糊逻辑做为参数来定义簇头,将传感网节点分层,将异构性引入到传感网中,增加了包的传输率,延长了网络的生命周期。

在国内,2006 年,卿利等[18]提出一种适合 HSN 的分布式能量有效的成簇方案,基于节点剩余能量与网络节点平均能量的比例选举簇头节点,使网络能量均匀消耗,延长了网络寿命。2007 年,潘巨龙等[19]对传感网的异构性表现形式、HSN 的体系结构和相关标准进行了概述。2008 年,孙瑞华等[20]研究了单位面积内 HSN 基站从局部地区收集数据的最小网络代价模型,为较为深入地将异构性用于密钥管理协议的设计奠定了基础。2009 年,蔡海滨等[21]提出了一种适合 HSN 的剩余能量预测模型,并利用此模型提出了一个可靠聚簇路由协议,节点通过建立相邻节点剩余能量预测机制来优化数据传输路径、均衡节点能量消耗,并采用为一个簇指定多簇头的办法来提高数据传输可靠性。2010 年,刘林峰等[22]提出了一种适用于 HSN 的密度控制算法,该算法所生成的拓扑能有效降低网络闲时的能量开销,延长了网络寿命。2011 年,汤阳等[23]在 EG 方案的基础上,周期性建立重聚簇、设置单项链路密钥建立机制,提高了特殊路径的网络连通概率,延长了网络生命周期。2012 年,马春光等[24]结合 Petri 网理论,提出了分簇结构下的密钥逻辑 KML 模型,该模型支持多种异构性以 token 形式参与分析和决策,有效地对协议进行仿真和分析,为协议改进提供参考。2013 年,Wang 等[25]研究了移动异构传感网中覆盖和能量消耗控制,设计了两个传感器部署方案,在覆盖性能和能量消耗进行了折衷控制,保证了无线传感网的全覆盖,在一定的延迟容忍下,减少了传感器的能量消耗。2014 年,韩丽等[26]通过对节点能量与负载、能耗的关系建模,提出了一个能量异构的加权无标度拓扑演化模型,缓解了异构网节点能耗的不均衡问题。

可以看出,在传感网异构性研究方面,国内外学者主要从节点异构性和链路异构性对网络能耗的影响进行了研究,并把研究结果应用于拓扑控制、成簇算法、路由协议等方面,对提高网络传输率、节约和平衡网络能耗、提高网络可靠性、延长网络寿命等起到了积极作用。将异构性扩展到更多维度,系统研究的成果很少,直接面向密钥管理问题进行的异构性研究还未见公开报道。

1.2.2　框架与模型研究现状

2007 年, Qian 等[27]把密钥管理的成本、安全性和持久生存性的权衡问题当作一个多目标优化问题,基于遗传算法提出了一个 HSN 密钥管理方案多目标优化模型,为传感网密钥管理的全局性能优化提供了评判依据。2008 年,Lu 等[28]又提出了一种 HSN 密钥管理框架,给出了一种密钥管理协议的性能分析模型,对网络连通性和抗毁性进行了计算和分析。同年,Martin 等[29]提出了一个面向应用的传感网密钥管理框架,该框架分析了直接影响密钥分发的多种属性(能量、部署位置、传输范围等),为密钥管理协议设计提供了一定指导。

在国内,2009 年,纪祥宣等[30]以混合密钥管理模型为原型,改良出一种新的包含会话密钥、主密钥和公钥的可认证密钥管理模型,阐述了各种密钥的协作和更新的统一过程。2010 年,马春光等[31]对 HSN 物理特性、密钥管理协议、性能指标进行细粒度刻画,给出了 HSN 网络密钥管理框架,提出了一种基于"协议树"结构的密钥管理协议形式化描述和性能评测的方法。同年,马春光等[32]提出了一种基于随机 Petri 网的 HSN 密钥管理模型,通过将异构网元、外在攻击和密钥管理流程的融合,对动、静态密钥管理模型进行了合理、统一的形式化描述。

这些研究成果,将密钥管理协议的设计和评测,在宏观层面和抽象层面进行了研究,对于具体的协议研究具有一定指导意义。

1.2.3　密钥管理协议研究现状

从具体协议设计方面对传感网密钥管理问题进行研究,是当前研究者采用最多的思路,研究成果也最多。依据不同的分类标准,传感网密钥管理协议有 4 种分类方法:①依据密钥分配方式,可以分为随机性协议与确定性协议;②依据网络结构不同,可以分为分布式协议和层次式协议;③依据密钥是否更新,可以分为静态协议与动态协议;④依据所使用的密码体制不同,可以分为基于对称密码体制的协议与基于公钥密码体制的协议[1]。

以下仅对充分考虑异构性的传感网密钥管理协议(即 HSN 密钥管理协议),按所依据密码体制的不同,进行综述。

1. 基于对称密码体制的 HSN 密钥管理协议研究现状

在基于对称密码体制的 HSN 密钥管理协议设计中,其核心问题是:如何综合利用各种先验知识和各种异构因素,提高诸如密钥连通率、存储复杂度、计算复杂度、通信复杂度、网络抗毁性等性能指标。其中,先验知识包括网络部署模型知识、节点地理位置知识、部署环境知识、路由知识等;异构因素包括节点异构性(高端节点、低端节点)、链路异构性(通信链路的不对称性)、网络异构性(基于成簇的层次型传感网)、通信协议异构性(低速通信协议、高速通信协议)等。采用的基本方法包括基于组合设计进行密钥池和密钥环的结构划分,使用对称多项式、单向 Hash 链等密钥原材料生成密钥,基于 EBS 矩阵进行密钥分发和更新等。

2006 年,Kejie Lu 等[33]提出了一个 HSN 分布式密钥管理协议,并为评估所提协议的性能开发了分析模型。2007 年,Arjan Durresi 等[34]针对现有协议仅用一个密钥池为静态、动态两类节点分配密钥的缺陷,提出了两个改进协议。Xiaojiang Du 等[35]考虑到传感网"多对一"通信的特性,提出了一种路由驱动的密钥管理协议,该协议只为相互通信的邻居节点建立共享密钥,大大节约了网络能耗。2008 年,Kausar F 等[36]提出一种基于随机密钥预分配的 HSN 密钥管理协议,该协议将密钥池中的所有密钥分配给高能节点,只为低能节点分配一个密钥,减少了存储复杂度。2009 年,Tian B 等[37]提出一个基于密钥散列链的 HSN 密钥管理协议,有效提高了密钥连通率和密钥抗毁性。2010 年,Juwei Zhang 等[38]提出了基于部署知识的 HSN 路由驱动密钥管理协议,提高了密钥连通率、节约了网络能耗。2011 年,Gu 等[39]定义了弹性连通性来衡量 WSN 的安全性,提出了逻辑和物理的组密钥部署方案,保证了网络的可扩展性。2012年,Mi 等[40]在无线传感网部署中采用了安全的 Walking GPS,设计了基于位置的密钥分配协议,能有效地抵抗 Dolev - Yao、蠕虫和 GPS 否认攻击。2013 年,Bechkit 等[41]设计了基于 Hash 链的密钥预分配方案,在没有增加存储和通信花费前提下增强了网络的抗毁性。2014 年,Gandino[42]等设计了具有短期主密钥的随机种子分布密钥管理方案,该方案产生了基于随机预分配种子的对偶密钥,提高了无线传感网的安全性和抗毁性。

在国内,2008 年,丁晓宇等[43]提出了一种对密钥建立协议,以六边形结构进行网络域分簇,利用节点的部署信息,运用重叠密钥共享(Overlap Key Sharing)思想为节点预分配密钥信息。2009 年,周琴等[44]提出一种基于分簇的动态密钥分发协议,通过综合考虑节点的剩余能量和地理位置信息优化簇头选举机制,并使用 Hash 函数产生动态密钥加密通信过程。王巍等[45]设计了一种基于 EBS 的群组密钥管理协议,并给出了对节点的加入和离开事件进行处理的方法。2010 年,孔繁瑞等[46]提出了一种基于 EBS 的适合于大规模分簇式传感网的动态密钥管理方法 EEHS,运用同化三元多项式密钥显著提高网络抗捕获能力,有效延长网络运行寿命。2011 年,陆阳等[47]提出了基于密钥逻辑树的优化的密钥管理算法,将秘密共享方案引入密钥管理中,有效地保证了敏感数据的安全性。2012年,张永等[48]将全同态加密引入对偶密钥建立方案中,使共享密钥计算过程在加密的状态下完成,成功地应对了大规模节点俘获攻击。2013年,王小刚等[49]引入多元非对称二次型多项式,利用二次型特征值与特征向量之间的关系,生成密钥信息,该方案对抗俘获、连通性、可扩展性等性能有了较大的改进。

2. 基于公钥密码体制的 HSN 密钥管理协议研究现状

基于节点资源受限的前提,早期的研究者普遍认为,计算复杂度高的公钥密码运算不适于传感网,使得公钥密码体制这一为了解决对称密码密钥分发问题而诞生的、可很好解决对称密码密钥管理问题的技术迟迟没有得到研究者的重视。但是,随着认识的不断深入,特别是对身份基密码、属性基加密等新型公钥密码技术研究的深入,学者们已经开始认同公钥密码体制用于传感网密钥管理的优势和前景。

2004年,Malan等[50]首次采用椭圆曲线密码体制(ECC)构造了适用于传感网的密钥分发协议,开创了公钥密码体制用于传感网密钥管理的先河。此后,更多的研究成果表明公钥密码体制可以用于传感网密钥管理。2007年,Oliveira等[51]指出身份基密码(IBC)[52]是传感网理想的公钥密码体制,可以解决传感网中的密钥协商问题。早期的研究主要针对同构传感网,由于同构传感网只包含单一资源受限节点,而身份基密码协议一般包含计算代价较高的双线性对运算,因此身份基密码在同构传感网中的应用非常受限。而 HSN 中包含高性能节点,可以更好地执行公钥操作,能够充分发挥身份基密钥协商协议的性能。因此针对 HSN 的身份基密钥协商协议相关研究逐渐成为热点。

2008年,Zhang等[53]考虑了 HSN 中非双向链路节点的存在,采用随机密钥预分配和身份基密钥协商协议相结合的方法实现了相邻节点身份认证和对密钥建立。Rahman等[54]提出了一种采用身份基加密(IBE)的密钥管理协议,降低了存储空间,提高了抵御不同攻击的能力。2009年,Boujelben等[55]提出HSN 节点间的密钥协商协议,采用身份基密码实现对密钥、簇密钥和组密钥的建立,协议采用消息认证码实现身份认证,但不满足前向安全性。同年,他们又提出一种多层式 HSN 对密钥管理协议[56],使用网络架构下层的概率密钥预分配和上层公钥密码机制来进行会话密钥的分配,减小了传感设备的资源消耗。Szczechowiak等[57]设计了一种采用身份基加密的 HSN 密钥分发协议,簇成员节点(低性能节点)和簇头节点(高性能节点)分别执行代价不同的加密和解密算法,完成共享密钥的建立,使高性能节点执行较多的计算任务,发挥了 HSN 的优势。2010年,Mizanur Rahman等[58]提出一个基于身份基密码的 HSN 节点间认证及密钥协商方案,充分利用了高性能节点的存储空间,但没有充分发挥高性能节点的计算能力,并且协议不具备前向安全性。2011 年,Fanian 等[59]将通信的两个节点中一个节点的密钥和另一个节点的属性进行计算得出两节点的公共密钥,同时根据网络需求建立了四个模型来完成所提的协议,该协议能有效地减少计算耗费,降低了能量消耗。2013 年,Lee 等[60]采用混合密钥管理方案,即簇内节点采用对称密钥加密方案,簇间节点采用公钥加密方案,有效地延长了网络的生命周期。上述这些协议主要考虑降低协议的代价,对 HSN 自身的异构特点考虑不足,在安全性、健壮性和容错性方面都需要改进。

属性基加密(ABE)[61]作为一种模糊身份基加密(Fuzzy IBE)机制,将身份看作是一组属性集,具有很多特点和优势,近年来被逐步应用于传感网安全协议设计中。2009 年,Yu 等[62]针对传感器网络提出了一个细粒度分布式数据访问控制机制,采用属性基加密方案来进行细粒度的控制数据访问,可以有效抵御节点捕获和用户共谋等攻击。2010 年,祁正华等[63]提出了属性基加密和身份基签名一体化(ABE – IBS)方法,进而提出一个有效的 HSN 签密方案。

马春光、付小晶等在前期公钥密体制研究的基础上,一直在进行身份基密码用于在 HSN 密钥管理的研究。2010 年,付小晶、马春光等[64]提出了一个基于身份的可认证密钥协商协议。同年,付小晶、马春光等[6554]针对无线传感反应网络(一种 HSN)提出了一种身份基加密和属性基加密相结合的密钥协商协议,采用属性基加密和 DH 密钥交换相结合的方法,实现一对多的密钥交换消息加密传输,提高了协议效率,降低了低性能传感器节点能耗。

从传感网具体协议方面的研究成果看,无论是主流的、基于对称密码体制的,还是逐渐被认可的、基于身份基公钥密码体制的,由于对异构性的认识和研究不够深入,还没有可被学界和业界都认可的 HSN 密钥管理协议。

1.3 面临的挑战

一个典型的传感网通常由成百上千个随机部署在观测区域中的传感器节点和一个担任网关角色的基站组成。传感器节点通常是受限低功耗的,处理能力、存储能力和通信能力非常受限,并且采用近距离无线通信。比如:美国加州大学伯克利分校的 Mica 平台中,传感器节点采用 8 位 4MHz 爱特梅尔 ATmega128L 处理器,具有 128KB 程序空间和 4KB SRAM。处理器仅支持最小 RISC 型指令集,不支持乘法。100 英尺范围内 ISM 频段的无线电接收器通信的峰值速率40kb/s。基站与网络基础设施相连通担任数据处理计算机。传感器节点与局部邻居节点通信,通过一对一传送数据直至基站。传感网的以下特征使得传感网安全方案的设计复杂化并极具挑战性:

（1）资源受限。传感器节点通常是低功耗的，电池供电且补充困难，节点内存、运算速度、带宽等均受限。表1-3列出了市面上常见的传感器节点相关硬件参数。

表1-3　常见传感器节点参数

节点	处理器	工作频率	存储器	传输速率/(kb/s)
MICAz	ATmega128L	2.4 GHz	128KB Program Flash,512 KB Serial Flash	250
IMote2	Intel PXA271	416 MHz	256KB SRAM,32MB SRAM,32MB Flash	250
Tmote sky	MSP430F1611	2.4 GHz	48KB Flash,10KB RAM	250
Waspmote	ATmega1281	8 MHz	128KB Flash,8KB SRAM,1GB SD Card	250
IRIS	ATmega1281	2.4 GHz	128KB Program Flash,512KB Serial Flash,8KB RAM	250

这些节点在程序存储器和数据存储器上基本处于 KB 或 MB 级别，仅体积较大的 Waspmote 节点能够提供额外的大容量 SD 卡。低带宽和电池供电也使得传感器节点单位信息的传输代价相对较高。此外，传感器的尺寸越小，制造越复杂，对硬件资源的限制越大，成本也越高。2012 年 11 月，Sensirion 公司发布了迄今为止最小的湿度和温度传感器节点 SHTC1，其测量尺寸仅为 2mm × 2mm ×0.8mm。如何既缩小传感器尺寸又保持其能力一直是传感器设计领域的热点研究问题。

（2）部署知识。比如在采用随机部署方式中（如：飞机投掷方式），节点不能事先知晓哪些节点将是部署后彼此通信范围内的邻居节点。即使通过手动部署，由于节点数量巨大，预先确定每个节点位置的代价极高。因此，密钥管理方案不能事先确定哪些节点作为网络邻居。

（3）可信公钥基础设施。异构传感网中虽部署众多传感器节点和一个担任网关角色的基站，但网络中却不存在可信公钥基础设施（PKI）。这是因为公钥技术的实施代价远超过普通资源受限的传感器节点所能承受的范围，难以在传感网中得以实行。PKI 的缺失使得异构传感网无法通过公钥技术和签名认证协议来管理密钥，利用密码机制来保障通信信息的保密性、完整性等特性只能通过对称密码机制来实现。

（4）传感器节点容易遭到物理捕获。在许多应用中，传感器节点部署在公共区域或敌对区域（比如：公共场所或战场前沿阵地）。由于节点数目众多，每个传感器节点必须是低成本，使得生产商难以为每个节点提供防篡改硬件。因此，传感器节点往往面临攻击者物理攻击。在最坏情况下，攻击者可以轻易控制传感器节点和并获得相应加密密钥。

（5）遭受各种攻击。一方面传感器节点可能部署在商场、医院、图书馆等公开场所，或运用在战场，敌军军事领地等危险性高的环境中，攻击者可以直接通过物理捕获得到节点设备。受节点体积、成本和内存等限制，生产商难以为节点提供安全软件或防篡改硬件。一旦节点被捕获，攻击者可以掌控节点预加载的全部信息，包括建立的共享密钥，甚至可以利用从被捕节点中获得的信息和分析总结结果，进一步对其他未妥协节点造成连带影响。另一方面，传感器节点间采用近距离无线公开通信，这使得节点摆脱了有线的束缚，能够很好地适应不同的环境，便于部署和移动。但同时也使得通信信道暴露在外，攻击者能够监听信道，甚至向信道中注入恶意、虚假信息，使网络遭受虚假路由信息攻击等。

① 虚假路由信息攻击。攻击者向异构传感器网中注入大量欺骗路由信息，或者截获并篡改路由信息，把自己伪装成发送路由请求的汇聚传感节点，使整个网络内报文传输被吸引到某一局域内，致使各传感节点之间能量失衡，或者在网络内造成环形路由，重发以前收到的路由信息，增加网络延迟。

② 欺骗收到报文攻击。该攻击方式充分利用了传感器节点无线通信的特性。当某个传感节点向某一邻居传感节点发送数据报文时，其他的邻居传感节点也会收到同样的报文。当攻击点侦听到其邻居传感节点处于"死"或"将死"状态时，便冒充其邻居传感节点反馈一个收到报文，该传感节点误以为其邻居处于"激活"状态，据此发往其邻居传感的报文相当于进入了"黑洞"。

③ 选择转发攻击。HSN 是多跳传输，每一个传感器节点既是终端传感器节点又是路由中继传感器节点，因此要求传感器节点在收到报文时无条件转发（该传感器节点为报文的目的地时除外）。攻击者利用异构传感器网络这一特点，在俘获传感器节点后丢弃一部分应转发的报文，从而迷惑邻居传感器节点。当选择转发的攻击点处于报文转发的最优路径上时，这种攻击方式尤其有效。

④ HELLO 洪泛攻击。很多路由协议需要传感器节点定时地发送 HELLO 包，以声明自己是其他传感器节点的邻居传感器节点，但是一个较强的恶意传感器节点以足够大的功率广播 HELLO 包，收到 HELLO 包的传感器节点误认为这个恶意传感器节点是它们的邻居传感器节点。在以后的路由选择中，这些传感器节点很可能会使用含有恶意传感器节点的路径，从而向恶意传感器节点发送数据包，事实上，由于该传感器节点离恶意传感器节点距离较远，以普通的发射功率传输的数据包无法到达目的地，从而造成这些数据包的丢失。

⑤ Sybil 攻击。异构传感器网中每一个传感器节点都应有唯一的一个标识符与其他传感器节点进行区分。当前具有容错功能的路由协议都是靠不同的传感器节点分布式地存储路由信息，从而在不同传感器节点之间实现从源传感

器节点到目的传感器节点的多径路由。Sybil 攻击的特点是攻击点伪装成具有多个身份标识的传感器节点,当通过该传感器节点的一条路由遭到破坏时,网络会选择另一条自认为完全不同的路由。由于该传感器节点的多重身份,该路由实际上又通过了该攻击点。因此,Sybil 攻击大大降低了多径路由的效果。

⑥ Sinkhole 攻击。攻击者通过声称自己电源充足、性能可靠而且高效,吸引周围的传感器节点选择它作为路由路径中的传感器节点,然后和其他的攻击(如选择性攻击)结合起来达到攻击的目的。由于异构传感器网络固有的通信模式,即所有的数据包都发到同一个目的地,因此特别容易受到这种攻击的影响。

⑦ Wormhole 攻击。当异构传感器网规模达到一定程度时,采用分簇算法对网络进行分簇管理。Wormhole 可以将不同簇里的传感器节点距离拉近,使得彼此之间成为邻居传感器节点,破坏异构传感器网络的正常分簇。Wormhole 简单说就是,攻击者通过强大的收发能力实现两个传感器节点的报文中继,使客观上使多跳的路由传感器节点误以为彼此单跳。两个 Wormhole 联合作用可以实现 Sinkhole 攻击。

1.4　小结

综合国内外相关资料可以看出,传感网密钥管理问题已受到广泛关注,已有许多研究成果出现。但由于对异构性这一传感网自然属性的认识和研究不够深入,使得这些成果多集中于微观的、具体的协议设计方面,还缺少有份量的从框架、模型等宏观角度对密钥管理问题进行的系统性、形式化的研究成果,传感网密钥管理这一最基本的问题还远没有从根本上得到解决。从异构性的深入研究入手,对密钥管理框架、模型、协议进行系统的研究是非常必要、基础性的工作。

参 考 文 献

[1] 苏忠,林闯,封富君. 无线传感器网络密钥管理的方案和协议[J]. 软件学报,2007,18(5):1218－1231.

[2] Akyildiz I F, Su W, Sankarasubramaniam Y, et al. Wireless sensor networks: a survey[J]. Computer networks,2002,38(4):393－422.

[3] 秦宁宁,张林,徐保国. 异构传感器网络覆盖势力剖分算法[J]. 电子与信息学报,2010,32(1):189－194.

[4] Traynor P, Choi H, Cao G H, et al. Establishing Pair－Wise Keys in Heterogeneous Sensor Networks[C]//Proceedings － INFOCOM 2006:25th IEEE International Conference on Computer Communications,2006,1－12.

［5］ Camtepe S,Yener B. Key Distribution Mechanisms for Wireless Sensor Networks:a Survey［R］. Rensselaer Polytechnic Institute,Technical Report TR－05－07,2005.

［6］ Du X J,Lin F Q. Maintaining Differentiated Coverage in Heterogeneous Sensor Networks［J］. Eurasip Journal on Wireless Communications and Networking,2005,4:565－572.

［7］ Yarvis M,Kushalnagar N,Singh H,et al. Exploiting Heterogeneity in Sensor Networks［C］//The Conf. on Computer Communications － 24th Annual Joint Conf. of the IEEE Computer and Communications Societies, 2005,878－890.

［8］ Mhatre V P,Rosenberg C,Kofman D,et al. A Minimum Cost Heterogeneous Sensor Network with a Lifetime Constraint［C］//IEEE Transactions on Mobile Computing,2005,4（1）:4－14.

［9］ Dong Seong Kim,Khaja Mohammad Shazzad,Jong Sou Park. A Framework of Survivability Model for Wireless Sensor Network［C］//Proceedings of the First International Conference on Availability,Reliability and Security（ARES'06）,2006.

［10］ Mache J,Wan C Y,Yarvis M. Exploiting Heterogeneity for Sensor Network Security［C］. 2008 5th Annual IEEE Communications Society Conf. on Sensor,Mesh and Ad Hoc Communications and Networks,SECON, 2008,591－593.

［11］ Moslem Noori,MasoudArdakani. A Probability Model for Lifetime of Event－Driven Wireless Sensor Networks［C］//Proceedings of IEEE SECON 2008. 2008:269－277.

［12］ Yunbo Wang,Mehmet C Vuran,Steve Goddard. Stochastic Analysis of Energy Consumption in Wireless Sensor Networks［C］//Proceedings of IEEE SECON 2010,2010.

［13］ De Poorter E,Troubleyn E,Moerman I,et al. IDRA:A flexible system architecture for next generation wireless sensor networks［J］. Wireless Networks,2011,17（6）:1423－1440.

［14］ Attea B A,Khalil E A. A new evolutionary based routing protocol for clustered heterogeneous wireless sensor networks［J］. Applied Soft Computing,2012,12（7）:1950－1957.

［15］ Luo X,Yu H,Wang X. Energy－aware self－organisation algorithms with heterogeneous connectivity in wireless sensor networks［J］. International Journal of Systems Science,2013,44（10）:1857－1866.

［16］ Tanwar S,Kumar N,Niu J W. EEMHR:Energy－efficient multilevel heterogeneous routing protocol for wireless sensor networks［J］. International Journal of Communication Systems,2014.

［17］ Chand S,Singh S,Kumar B. Heterogeneous HEED Protocol for Wireless Sensor Networks［J］. Wireless Personal Communications,2014:1－23.

［18］ 卿利,朱清新,王明文. 异构传感器网络的分布式能量有效成簇算法［J］. 软件学报,2006,17（3）: 481－489.

［19］ 潘巨龙,闻育. 无线传感器网络的异构性研究［J］. 航空计算技术,2007,37（2）:124－130.

［20］ 孙瑞华,马春光,张国印,等. 异构传感器网络代价最小模型［J］. 计算机应用,2008,28（5）:1280－ 1286.

［21］ 蔡海滨,琚小明,曹奇英. 多级能量异构无线传感器网络的能量预测和可靠聚簇路由协议［J］. 计算机学报,2009,32（12）:2393－2402.

［22］ 刘林峰,邹志强,张登银,等. 异构传感器网络中基于闲时能量开销优化的密度控制算法研究［J］. 通信学报,2010,31（4）:72－79.

［23］ 汤阳,张宏,李千目. 一种能量均衡的异构传感网密钥管理协议［J］. 南京理工大学学报（自然科学版）,2012,35（6）:738－743.

［24］ 马春光,钟晓睿,王九如. 异构传感网密钥管理协议分析模型与性能评测［J］. Journal of Software,

2012,23(10).

[25] Wang X,Han S,Wu Y,et al. Coverage and energy consumption control in mobile heterogeneous wireless sensor networks[J]. Automatic Control,IEEE Transactions on,2013,58(4):975 – 988.

[26] 韩丽,刘彬,李雅倩,等. 能量异构的无线传感器网络加权无标度拓扑研究[J]. 物理学报,2014:0 – 0.

[27] Qian Y,Lu KJ,Rong B,et al. Optimal Key Management for Secure and Survivable Heterogeneous Wireless Sensor Networks[C]//GLOBECOM – IEEE Global Telecommunications Conference,2007,996 – 1000.

[28] Lu K J,Qian Y,Guizani M,et al. A Framework for a Distributed Key Management Scheme in Heterogeneous Wireless Sensor Networks[C]//IEEE Transactions on Wireless Communications,2008,7(2):639 – 647.

[29] Martin K M,Paterson M. An Application – Oriented Framework for Wireless Sensor Network Key Establishment[J]. Electronic Notes in Theoretical Computer Science,2008,192(2):31 – 41.

[30] 纪豫宣,马恒太,郑刚,等. 卫星网络密钥管理模型设计与仿真[J]. 系统仿真学报,2009,21(13):4153 – 4158.

[31] 马春光,楚振江,王九如,等. 异构传感器网络密钥管理框架研究[J]. 武汉大学学报(信息科学版),2010,35(5):509 – 511.

[32] Ma Chunguang,Zhong Xiaorui,Chu Zhengjiang,et al. KMSPN:A Key Management Analyze Model for Sensor Networks[A]. Procceddings of the IET International Conference on Wireless Sensor Networks 2010[C]. 15 – 17 Nov 2010 Beijing,China,302 – 311.

[33] Lu K J,Qian Y. On the Performance of a Distributed Key Management Scheme in Heterogeneous Wireless Sensor Networks[C]//Proceedings – IEEE Military Communications Conference MILCOM,2006,1 – 7.

[34] Durresi A,Bulusu V,Paruchuri V,et al. Key Distribution in Mobile Heterogeneous Sensor Networks[C]// GLOBECOM IEEE Global Telecommunications Conference,2007,1 – 5.

[35] Du X J,Ci S,Xiao Y,et al. A Routing – Driven Key Management Scheme for Heterogeneous Sensor Networks[C]//IEEE International Conference on Communications,2007,3407 – 3412.

[36] Kausar F,Saeed M Q,Masood A. Key Management and Secure Routing in Heterogeneous Sensor Networks [C]//In Proc. of IEEE International Conf. Wireless & Mobile Computing,Networking & Communication, 2008,549 – 554.

[37] Tian B,Han S,Dillon T. A Key Management Scheme for Heterogeneous Sensor Networks Using Keyed – Hash Chain[C]//MSN 2009 – 5th International Conference on Mobile Ad Hoc and Sensor Networks, 2009,448 – 456.

[38] Zhang J W. A Routing – Driven Key Management Scheme for Heterogeneous Wireless Sensor Networks Based on Deployment Knowledge[C]//Proc of the World Congress on Intelligent Control and Automation , 2010,1311 – 1315.

[39] Gu W,Chellappan S,Bai X,et al. Scaling laws of key predistribution protocols in wireless sensor networks [J]. Information Forensics and Security,IEEE Transactions on,2011,6(4):1370 – 1381.

[40] Mi Q,Stankovic J A,Stoleru R. Practical and secure localization and key distribution for wireless sensor networks[J]. Ad Hoc Networks,2012,10(6):946 – 961.

[41] Bechkit W,Challal Y,Bouabdallah A. A new class of Hash – Chain based key pre – distribution schemes for WSN[J]. Computer Communications,2013,36(3):243 – 255.

[42] Gandino F,Montrucchio B,Rebaudengo M. Key management for static wireless sensor networks with node adding[J]. 2014.

［43］ 丁晓宇,刘建伟,邵定蓉. 基于 OKS 的无线传感器网络对偶密钥预分配方案[J]. 传感技术学报,2008,21(9):1590-1594.

［44］ 周琴,李腊元,程真. 一种基于分簇的无线传感器网络动态密钥分发协议[J]. 传感技术学报,2009,22(7):1002-1006.

［45］ 王巍,赵文红,李凤华,等. 无线传感器网络中基于 EBS 的高效安全的群组密钥管理方案[J]. 通信学报,2009,30(9):76-82.

［46］ 孔繁瑞,李春文. 无线传感器网络动态密钥管理方法[J]. 软件学报,2010,21(7):1679-1691.

［47］ 陆阳,叶晓国,王汝传,等. 一种多类型异构混合的无线传感器网络密钥管理方案[J]. 计算机研究与发展,2011,2.

［48］ 张永,温涛,郭权,等. WSN 中基于全同态加密的对偶密钥建立方案[J]. 通信学报,2012,33(10):101-109.

［49］ 王小刚,石为人,周伟,等. 一种基于二次型的无线传感器网络密钥管理方案[J]. 电子学报,2013(2):214-219.

［50］ Malan J,Welsh M,Smith D. A Public-Key Infrastructure for Key Distribution in TinyOS Based on Elliptic Curve Cryptography[C]//In Proceedings of IEEE SECON,October 2004:71-80.

［51］ Oliveira L B,Dahab R,Lopez J,et al. Identity-Based Encryption for Sensor Networks[C]//In Proceedings of the 5th Annual IEEE International Conference on Pervasive Computing and Communications Workshops,2007:290-294.

［52］ Shamir. Identity-based Cryptosystems and Signatures Schemes[C]//In Proceedings of CRYPTO 84 on Advances in Cryptology,1985:47-53.

［53］ Zhang Y Y,Gu D W,Li J R. Exploiting Unidirectional Links for Key Establishment Protocols in Heterogeneous Sensor Networks[J]. Computer Communications,2008,31(13):2959-2971.

［54］ Rahman S M,Nasser N,Saleh K. Identity and Pairing-based Secure Key Management Scheme for Heterogeneous Sensor Networks[A]. In Proceedings of the 2008 IEEE International Conference on Wireless & Mobile Computing,Networking & Communication[C],IEEE Computer Society,2008:423-428.

［55］ Boujelben M,Cheikhrouhou O,Abid M,et al. A Pairing Identity based Key Management Protocol for Heterogeneous Wireless Sensor Networks[C]//International Conference on Network and Service Security,2009:1-5.

［56］ Boujelben M,Cheikhrouhou O,Abid M,et al. Establishing Pairwise Keys in Heterogeneous Two-tiered Wireless Sensor Networks[C]//In proceedings of the Third International Conference on Sensor Technologies and Applications,IEEE Computer Society,2009:442-448.

［57］ Szczechowiak P,Collier M. Tiny IBE:Identity-Based Encryption for Heterogeneous Sensor Networks[C]//In Proceedings of 5th International Conference on Intelligent Sensors,Sensor Networks and Information,2009:319-354.

［58］ Mizanur Rahman S M,El-Khatib K. Private Key Agreement and Secure Communication for Heterogeneous Sensor Networks[J]. Journal of Parallel and Distributed Computing Archive. 2010,70:858-870.

［59］ Fanian A,Berenjkoub M,Saidi H,et al. A high performance and intrinsically secure key establishment protocol for wireless sensor networks[J]. Computer Networks,2011,55(8):1849-1863.

［60］ Lee J H,Kwon T. GENDEP:Location-Aware Key Management for General Deployment of Wireless Sensor Networks[J]. International Journal of Distributed Sensor Networks,2014,2014.

［61］ Amit Sahai,Brent Waters. Fuzzy Identity-Based Encryption[C]//In Proceedings of EUROCRYPT. Aarhus,Denmark,2005:457 – 473.

[62] Yu Hucheng,Ren Kui,Lou Wenjing. FDAC:Toward Fine – grained Distributed Data Access Control in Wireless Sensor Networks[C]//In Proceedings of IEEE Conference on Computer Communications,2009: 963 –971.

[63] 祁正华,杨庚,任勋益,等. 基于 ABE – IBS 的无线传感器网络签名加密一体化方法[J]. 通信学报, 2010,4(31):37 –44.

[64] 付小晶,张国印,马春光. 异构传感器网络基于身份的认证及密钥协商方案[J]. 武汉大学学报(信息科学版),2010,35(5):582 –585.

[65] Fu XiaoJing,Zhang GuoYin,Ma ChunGuang. An Identity and Attribute – based Key Agreement Scheme for Wireless Sensor and Actor Networks[C]//The 6th International Conference on Wireless Communications, Networking and Mobile Computing. 23 –25 Sept. 2010:1 –4.

第2章 密钥管理框架与模型

在异构传感网中,节点的能力差异、职能差异,使得不同节点单次能耗量不同,能耗速率不同,消耗同样能量以后节点的残留执行能力也不同,这就意味着简单地从能耗次数的角度进行协议能耗和寿命分析的评估方法对异构传感网不再适用。与此同时,这种计算一次通信或一组通信能耗的方式虽然能够反映协议的短期静态性能,却无法衡量协议的长期动态性能,对异构性的适应能力也极其薄弱。为了适应异构传感网中多类型节点在网络中各自分工合作的情况,本章首先介绍异构传感网密钥管理方案分析指标,提出异构传感网密钥管理框架,明确界定所研究问题的思路、范围、内容和作用。随后,基于有色随机Petri网提出了层级密钥管理逻辑(HKML)形式化模型,并根据所提框架的核心策略模型建立起密钥管理的 Top 层 KML 模型,依据能耗模型建立 Button 层KML 模型,同时将框架的物理层所限定的不同类型传感节点替换为 HKML 网模型的 token。

2.1 密钥管理指标

2.1.1 分析指标

作为安全机制的一部分,密钥管理协议必须满足下述传统安全需求:保密性,可认证性,新鲜性,完整性和不可抵赖性。此外,针对无线传感网的特性和应用范围,密钥管理协议还涉及一些特殊的分析指标。目前,密钥管理协议的公认分析指标可被划分为三类[1,2]。

1. 安全性指标

密钥管理协议必须预防并阻止网络内部恶意节点的恶意活动,以安全的方式提供加/解密密钥。主要指标包括:

(1) 节点撤销能力。一旦探测到有节点妥协,则妥协节点的当前密钥必须立刻撤销,新的密钥应当随之分配给受妥协节点影响的相关密钥。这种机制能够防止妥协节点向网络中注入虚假信息或篡改可信节点的数据。

(2) 前、后向安全性。前向安全性是指防止利用旧的密钥对新密钥加密的新消息进行解密。后向安全性是指防止利用新的密钥对旧密钥加密的旧消息进行解密。

（3）抗共谋性。恶意节点可能首先妥协一部分节点，使这些节点共谋并协作地泄露所有系统密钥，最终攻破整个网络。因此，一个好的密钥管理协议应当能够抵御新加入节点与妥协节点之间的共谋，保护密钥安全。

（4）抗毁性。抗毁性反映了节点抵御节点捕获攻击的能力。一旦节点设备被物理捕获，攻击者将试图恢复节点内存中的秘密信息。在分析中，常以被捕节点对其他未妥协节点的影响程度来衡量。如果攻击者除了被捕获节点以外，无法影响其他任何节点，则抗毁性高；相反，若单个节点的妥协会使得整个网络妥协，则说明抗毁性极低。

2. 有效性指标

密钥更新消息的数量、所需加密密钥的数量以及操作的数量应当尽可能少。同时，密钥长度也应当尽可能短。这可以使得网络规模受有限节点资源的限制更小。密钥管理协议要适应节点的固有受限资源，需要考虑下述三个指标。

（1）内存占用量：用于存储密钥材料、密钥或证书等所需的内存空间大小。这是保障协议能够在传感器网络中正常运行的基础。

（2）信息量：密钥产生、更新和撤销过程中所需交换的信息数量与大小。

（3）能量消耗：密钥协议过程中，数据的传输和接收，以及新的密钥的生成和分发的计算过程中所涉及的全部能量消耗。

3. 灵活性指标

密钥管理协议应当足够灵活，能够适应传感网的各种应用场景和部署规模。分析灵活性的重要指标主要有：

（1）移动性。在大多数传感网应用中，传感器节点是固定不动的。但在某些特定应用中，节点移动却是必需的。因此，应用于这些特定场景中的密钥管理协议需要考虑如何将密钥分配给移动节点的问题，使得它们能够在动态变化的拓扑中，与自己的邻居节点通信。

（2）可扩展性。是指密钥管理协议所能支持的最大网络规模，以及能够支持节点动态加入和离开的特性。

（3）连通性。是指密钥建立或更新后，网络中任意两节点能够建立共享密钥的概率。局部连通概率仅考虑两个邻居节点的连通概率，而全局连通概率则考虑全网所有的连通性。为了保障网络安全，每次密钥建立或更新之后，都应当维持一个较高水平的连通概率。

2.1.2　分析方法

传感网密钥管理协议的性能分析一直是学术界研究的热点与难点。在协议能耗分析方面,文献[3]分析了信息收发过程中节点所处状态,并根据状态的不同,将传感网节点通信过程的能耗进行分步建模,该能量模型在后续研究中被频繁引用。Arvinderpal 等[4]在 8bit 的微控制平台上对基于公钥的无线传感网认证协议和密钥交换协议的能耗情况进行了实际测试和分析,并证明了公钥算法在 8bit 能量受限节点上的可用性。2010 年,基于能耗的虚加密和密钥协议被提出[5],该协议以通信次数作为能耗的衡量标准,以减少通信次数的方式来减少密钥更新代价。最近,文献[6]也对密钥管理技术进行了分类,并按照协议操作的类别来计算协议的总能量花销。在协议时延分析方面,文献[7]分析对比了 PM IPv6 和其他一些已经存在的 IP 移动管理协议的交付时延,这对传感网密钥管理协议的时延分析具有很好的借鉴作用。为了找到使得网络寿命最大化的最优批量密钥更新时间间隔,Cho 等[8]建立了一个随机 Petri 网模型来分析网络安全性与其他性能之间的权衡方式。Qian 等[9]把密钥管理的成本、安全性和持久生存性的权衡问题当作一个多目标优化问题,基于遗传算法提出了一个 HSN 密钥管理方案多目标优化模型,为传感网密钥管理的全局性能优化提供了评判依据。Alcaraz 等[10]提出了一种应用需求与协议分析指标之间的相互映射方法,为网络设计者如何选择更适用于特定需求的密钥管理协议提供了指导。Yum 等[11]证明了 $q - composite$ 协议的抗毁性计算方法存在缺陷,计算结果差强人意,提出了一个新的精确的抗毁性计算公式。可见,对于传感网相关协议的指标分析所采用的方法是多种多样的。总的来说,对于"能否抵抗窃听攻击"等具有明显二选性的问题,主要采用逻辑推理方法求解;对具有随机特性(如能耗、时延等)或需要检测达到何种程度(如连通概率等)的性能,常采用随机过程、随机图论等数学模型的方法进行求解;对具有强数值性的性能(如计算开销),则主要采用直接数值计算。

除了上述方法以外,仿真分析以其直观性、可控性、灵活性和低代价等特点,也一直受到学术界和工业界的广泛关注与认可。2010 年,Khalil 等[12]就在 OMNET ++ 平台基础上,采用星形拓扑,对单一网络密钥方案、E - G 方案[13]和 $q - composite$ 方案[14]等典型方案的连通性、存储开销、通信开销和抗毁性进行了统一的仿真分析。除了 OMNET ++ 以外,可用于传感网仿真的工具还有 NS3、OPNET、TOSSIM、SensorSim 等。

2.2 密钥管理框架

密钥管理框架的研究一直是学术界关注的重点,近年来最具代表性的密钥管理框架由文献[15,16]提出。文献[15]提出的框架主要针对异构传感网中的分布式密钥管理协议,文献[16]则提出了包含周期认证机制和新注册机制的密钥管理框架。与这些框架不同,本章提出的异构传感网密钥管理框架从整体上融合了各种异构性因素(如节点能力异构、链路异构和网络协议异构等),对HSN密钥管理机制的结构特征进行规范的细粒度刻画,如图2-1所示。密钥管理框架的三层结构,可形式化为一个七元组:

$$KMM = <E, S, P; K, M; f_{es}, g_{sp}>$$

式中:E 为实体层;S 为策略层;P 为评价层;K 为整个网络系统的知识集,包括实现密钥管理策略的所有方法;M 为指标集;f_{es} 和 g_{sp} 分别为从实体层到策略层和从策略层到评价层的层间映射。

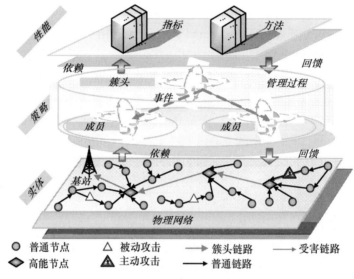

图 2-1 异构传感网密钥管理框架

密钥管理框架的三层结构是一个交互模型,其实体层的构建将限制策略层密钥管理解决协议的提出;反过来,策略层密钥管理解决协议的设计,又可能为实体层引入新的实体元素,构建更完善的物理网络。同样,策略层解决协议的侧重点不同,评价层设定的分析指标和方法也会相应改变;而评价层的分析结果,将进一步优化策略层的协议设计;三者从下到上提供依据,起支撑作用,从上到下提供反馈,起调控作用。各层相辅相成,共同组成 HSN 密钥管理框架结构。

2.2.1 实体层

网络实体层 E 是对应用密钥管理机制的异构传感网中物理网络实体和网络环境的客观描述,是整个密钥管理框架的物理基础。由于异构性既是传感网的本质属性,又可以人为地有目的地添加到网络中,因此网络通常形成典型的"基站—簇头—簇成员"(BCM)三层拓扑结构。能力较弱的节点作为簇成员节点,安全级别最低,负责感知任务,并将感知信息在规定的时间内传送给能力较高的簇头节点。簇头节点对簇内节点进行管理,对信息做进一步的检验、融合等处理,并经由簇头链路传递给基站,安全能力高于普通节点。基站是信息的最终处理者和用户,向网络提出感知需求,管理整个网络,并接收分析感知结果,安全级别最高。网络中链路异构、底层协议异构还可能使网络发生局部划分,从而使得簇间节点通信完全或不完全独立。同时,在整个网络的运行过程中,既存在不易发现的被动攻击,又存在危害性极强的主动攻击,安全条件恶劣,安全需求迫切。

2.2.2 策略层

基于实体层所决定的典型分簇物理网络结构,策略层 S 描述了解决各类密钥在簇间和簇内节点间生成、分配和维护等一系列问题的技术流程,为实现密钥管理提供实际的解决协议。策略层的实例化结果为若干的密钥管理协议,它们均遵循管理策略所规范的、为授权各方之间实现密钥关系建立和维护所奉行的基本思想,并实现对策略所描述的各个步骤的进一步细化。

图 2-2 给出了 HSN 密钥管理策略的逻辑模型。密钥管理周期涵盖六个过程:密钥产生、密钥存储、密钥分配、密钥使用、密钥撤销和密钥更新。密钥产生是一个密钥从无到有的过程,既包括节点部署前密钥池中预分配密钥的生成,

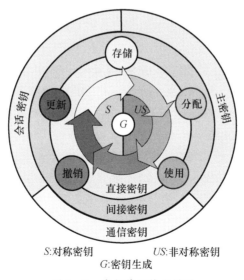

S:对称密钥　　　　US:非对称密钥
G:密钥生成

图 2-2　密钥管理策略模型

也包括在节点布撒之后会话密钥的生成。密钥产生的结果可能有对称密钥，也可能产生非对称密钥。如果称预分配的密钥是静态密钥，网络部署后才动态确立的有固定使用期限的密钥为动态密钥，则在安全链路建立期，会不断地由静态密钥通过密钥共享等方式直接建立动态密钥（直接密钥），或者通过路径密钥等间接方式建立动态密钥（间接密钥）。密钥产生阶段所产生的密钥将用于组内通信（组密钥）、簇内成员通信（簇内对密钥）以及簇间通信（簇间对密钥），并受整个密钥管理过程的完全管理。

2.2.3 评价层

显然，能够适应所有需求的密钥管理协议是不存在的，一项协议通常在某些性能之间寻求多目标平衡，这就需要对密钥管理协议进行性能分析，以寻求满足特定需求的适当协议。评价层 P 描述了采用什么方法对密钥管理协议的哪些性能进行评价。分析层严格依赖于策略层与实体层，换句话说，对 HSN 密钥管理的分析实际上是分析特定的密钥管理策略应用于某种实体特性的网络所能达到的某种性能效果。常见的性能分析指标包括能量开销、时间开销、抗毁性、连通性、前后向安全性、可扩展性等。

2.3 密钥管理逻辑

1962 年联邦德国的 Carl Adam Petri[17]在其博士论文中首次提出了 Petri 网的数学定义，后经 Peterson J L 等[18]不断研究，逐渐发展成为一套兼具图形与数学理论的形式化分析模型，且善于描述与分析系统的并发同步行为。作为对其描述功能的一种扩充，时间概念被引入到 Petri 网中，由此产生了时间 Petri 网、随机 Petri 网（SPN）以及广义随机 Petri 网（GSPN）。随着应用需求和复杂度的增加，Petri 网已经从最初的 P\T 系统逐渐演化为许多高级 Petri 网系统，加强了其模型描述和分析能力。Zenie[19]在 1985 年为随机 Petri 网的 token 添加了不同的颜色，提出了有色随机 Petri 网（Colored Stochastic Petri Nets，CSPN），其库所、变迁和弧都受到了颜色集的约束，因此可以看做是一种语义受限的随机高级 Petri 网[20]。类似地，融入了 token 颜色集的广义随机高级 Petri 网[21]也逐渐登上历史的舞台。国内林闯[22]、吴哲辉等人一直在研究 Petri 网理论及其应用。发展至今，Petri 网理论不仅可以更准确形象地对网络异构元素和密钥管理行为进行形式化描述，更能有效地压缩模型规模，提供合理的模型性能量化分析，非常适合具有异构特性的传感网动态行为建模。为了分析密钥管理协议的能耗性能，本节首先结合 CGSPN 给出一些相关定义。

定义 2 - 1 非空有限颜色集 S 上的多重集(Multi - set) ms 是一个函数表达式:

$$\sum_{s \in S} m(s) \cdot s \qquad (2 - 1)$$

式中:$m(s)$ 为有限集 S 中的颜色 s 在多重集 ms 里的重复个数,或称为 s 的重复度。S 上的所有多重集记为 S_{MS}。ms 中所有元素的重复度组成的集合 $\{m(s) \mid s \in S\}$ 称为多重集 ms 的系数。

密钥管理协议消耗的能量除了电路的固定能耗以外,还有节点信息交换产生的通信能耗。通信能耗在系统中常常表现为一个与通信距离有关的随机变量。虽然有许多方法可以用来在 Petri 网中表示能量,本节选择将随机能耗、固定能耗加载到变迁中,使之语义更明确清晰。

定义 2 - 2 将密钥管理逻辑(Key Management Logic,KML)定义为一个 10 元组:

$$KML = (N, CS, V; D, ND, C, W; M_0, \lambda, r)$$

其中:

(1) $N = (P, T; F)$ 是一个网,$P \cup T \neq \varnothing$,$P \cap T = \varnothing$,保证了网的非空二元性。定义 $P = P_c \cup P_n$ 且 $P_c \cap P_n = \varnothing$,$T = T_t \cup T_v$ 且 $T_t \cap T_v = \varnothing$,其中,$P_c$ 为消耗库所集,P_n 为普通库所集,T_t 为消耗变迁集,T_v 为控制变迁集。$F \subseteq (S \times T) \cup (T \times S)$ 是库所与变迁之间的有向流关系。

(2) $CS = \{c_1, c_2, \cdots, c_n\}$ 为有限非空的颜色集。

(3) $V = \{v_1, v_2, \cdots, v_n\}$ 为有限变量集合。

(4) $D: V \times CS \rightarrow CS$ 为变量的色彩实例化函数,其作用是为相应的变量绑定颜色值。

(5) $ND: F \rightarrow (P \times T) \cup (T \times P)$ 为弧 F 的节点函数。规定 ND_P 和 ND_T 分别为中的库所集和变迁集。其反函数 ND^{-1} 返回对应节点周围的弧。

(6) $C: P \cup T \rightarrow CS_{MS}$ 为节点颜色函数,特别地,$C(T) = \cup D(\mathrm{Var}(ND^{-1}(t) \cup t))$ 其中 $\mathrm{Var}(x)$ 表示 x 中的所有变量 v,即任意变迁的颜色函数是其周围弧上的颜色变量和其自身谓词集上变量的绑定。

(7) $W: F \rightarrow CS_{MS}$ 为流关系上的损益函数,它规定了每次流的形成必须消耗或产生的 token 类型和数目的限制。它既可以是一个多重颜色集,也可以是映射到某个多重颜色集的分段函数。满足:$\mathrm{Type}(\mathrm{Var}(W(F))) \subseteq CS \wedge \mathrm{Type}(D(W(F))) \subseteq CS_{MS}$。

(8) M_0 为网络初始状态,为一个 n 元有序向量,表示网中全部 n 个库所的颜色分布情况。

(9) $\lambda = \{(\lambda_t^f, \lambda_t^e, lvl) \mid t \in T\}$ 为消耗变迁 t 的属性集合,三个参数分别表示

点火速率、能耗速率和变迁触发的优先级。点火速率限定了单位时间内变迁能够触发的次数,单位为次/单位时间。能耗速率则限定了变迁触发 1 次状态转换需要消耗的能量,单位为 J/次。根据耗能方式的不同,能耗速率可以细分为固定能耗和随机能耗两种,分别对应传感器节点的电路能耗和放大器能耗。若 $\exists t_i, t_j \in T, t_i.lvl = i, t_j.lvl = j, i < j$,则称 t_i 的优先级高于 t_j 级,记为 $t_i.lvl > t_j.lvl$。

(10) r 为消耗库所的属性。在 KML 中,任意两个状态之间转换都是瞬间发生的,变迁的速率仅刻画变迁发生的频率,这就意味着,能量的消耗既有状态瞬间变换的变迁消耗 λ_i^e,又可能存在因为驻留在某些状态中而产生的驻留能耗。后者定义为特定状态下(库所中)单位驻留时间内的能耗量,即 r。

复杂系统的模型存在大量的图元和限制条件,平面建模复杂度大,且容易出错,此时对大规模的 KML 进行分层是一种有效的化简手段。基于 CPN 的层次化理论[21],给出融合库所的定义。

定义 2-3 若 M 为从 P 映射到非负整数集 N^* 的标识函数,对 $FPS \subseteq P$, $\forall p_i \in FPS, p_j \in \{FPS - p_i\}$,有

$$[C(p_i) = C(p_j)] \wedge [M(p_i) = M(p_j)] \wedge M(p_i)[t > M'(p_i)$$
$$\Rightarrow M(p_j)[t > M'(p_j) \wedge [C'(p_i) = C'(p_j)] \wedge [M'(p_i) = M'(p_j)]$$

则称 FPG 为融合库所组,其中的每个元素都是一个融合库所 FP。由融合库组成的集合称为融合库所集 FPS。显然,FPG 中的所有融合库所在整个网络运行过程中,始终保持行为一致,而 FPS 则不然。

定义 2-4 层级密钥管理逻辑(Hierarchical Key Management Logic, HKML)是以分页的方式,按照不同的层次级别组合多级逻辑层的密钥管理逻辑网。其定义如下:

$$HKML = \{PG; TP, IO\}$$

其中:

(1) $PG = KML \cup RTS \cup FPS$ 是页面集,每个层级页面至少为一个 KML 网,可能含有一个融合库所集 FPS 以及替换变迁 RTS。

(2) RTS 是替换变迁集合,一个替换变迁 RT 可以由一个页面代替,且称 RT 所在页面为父页面(super),替换 RT 的页面为子页面(sub)。

(3) $FPS = (P_{Socket} \times P_{Port}) \cup P_{fusion}$ 是融合库所集。属于同一个融合库所集的库所始终有相同的静态属性和动态行为。其中 P_{fusion} 是同一个页面上的融合库所集;$(P_{Socket} \times P_{Port})$ 是不在同一页面上但同组的融合库所组成的融合库所集,在父页面的融合库所为 Socket 库,在子页面的融合库所为 Port 库所。

(4) $TP: RT \to PG$ 是从替换变迁到替换页面的映射函数,它决定了两个页面的父子关系,且 $\forall p_{Socket} \in {}^\bullet RT^\bullet \exists p_{Port} \in TP(RT).Ps.t.(p_{Socket}, p_{Port}) \in FPS$。

（5）$IO:(P_{\text{Socket}} \times P_{\text{Port}}) \rightarrow IN \mid OUT$ 是输入/输出函数,限定了一对父子融合库所的数据流向关系,满足: $\forall\, t \in RT$

$$\left[p_{\text{Socket}} \in {}^{\bullet}t, IO(p_{\text{Socket}}, p_{\text{Port}}) = IN \wedge p_{\text{Socket}} \xrightarrow{\text{data}} p_{\text{Port}} \right]$$

$$\wedge \left[p_{\text{Socket}} \in t^{\bullet}, IO(p_{\text{Socket}}, p_{\text{Port}}) = OUT \wedge p_{\text{Port}} \xrightarrow{\text{data}} p_{\text{Socket}} \right]$$

2.4 基于 KML 的策略模型形式化

研究表明,HSN 中传感节点的能量主要消耗在信息传递的过程中[3]。因此,将密钥管理策略和节点信息收发过程结合起来有利于从全局的角度刻画密钥管理策略的能量消耗问题。根据密钥管理策略模型,利用 HKML 网进行密钥管理能耗模型形式化的描述,可以使得整个密钥管理能耗过程具有精确的数学定义和逻辑推理能力、预测能力,便于模型检验和性能分析。

1. 顶层策略模型

图 2-3 给出的 HSN 密钥管理策略模型已经从结构上对密钥管理的管理对象及管理流程进行了形象的刻画。根据该模型,密钥管理策略首先需要处理主密钥 MK 如何产生的问题,然后解决通信对密钥 CK 如何建立。如果通信密钥不作为会话密钥,则还需要管理会话密钥 SK 的建立。传感器节点的主密钥通常采用预分配的方式预先存储到节点中,其能耗忽略不计,在节点布撒后,通过信息交换建立对密钥的过程统称为耗能密钥建立。通过耗能密钥建立,节点就可以利用各自的密钥材料和既定协议对数据通信进行加/解密。与此同时,运行期密钥还面临着密钥撤销和密钥更新两大操作。造成密钥撤销的原因主要有三种:节点能量耗尽,可信活节点主动离开和不可信节点被迫撤离[8]。通常,为了保证网络信息的前向安全性和后向安全性,可能存在两种密钥更新方式,分别是周期性更新和触发性更新(由新节点加入操作和旧节点撤销操作触发)。因此,从整个密钥管理生命周期来看,可以对密钥管理策略结构模型进行如图 2-3 所示的形式化建模。

设网络节点密钥材料(主密钥)已经预加载完成,且刚刚布撒完毕,则:

（1）准备态 p_1 中节点以速率 $(\lambda_3^f, \lambda_3^e, lvl_3)$ 经过密钥建立事件 t_3 进入正常运行态 p_2。

（2）正常运行态 p_2 中的节点以 $(\lambda_4^f, 0, lvl_4)$ 的速率被捕获,进入妥协未检测态 p_3,转入步骤(6)。

（3）正常运行态 p_2 中的节点以 $(\lambda_6^f, 0, lvl_6)$ 的速率耗尽能量而失效,进入能竭库所 p_6,转入步骤(7)。

33

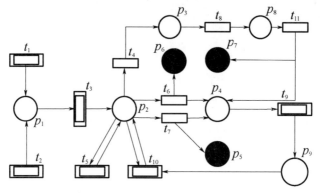

图 2 - 3　顶层 HKML 模型

（4）正常运行态 p_2 中的节点以 $(\lambda_7^f, 0, lvl_7)$ 的速率可信离开网络，进入可信离开库所 p_5，转入步骤(7)。

（5）正常运行态 p_2 中的节点以 $(\lambda_5^f, \lambda_5^e, lvl_5)$ 的速率周期性更新并重新回到态 p_2。

（6）入侵检测以 $(\lambda_8^f, 0, lvl_8)$ 的速率发现 p_3 中的妥协节点，并将之移入妥协库所 p_7，转入步骤(7)。

（7）系统进入等待撤销态 p_4，并以速率 $(\lambda_9^f, \lambda_9^e, lvl_9)$ 触发撤销，进入等待密钥更新态，受影响的正常态节点以速率 $(\lambda_{10}^f, \lambda_{10}^e, lvl_{10})$ 触发更新，更新后重新回到正常运行态 p_2。

（8）新普通节点以 $(\lambda_1^f, \lambda_1^e, lvl_1)$ 的速率到达网络，进入准备态 p_1。

（9）新高能节点以 $(\lambda_2^f, \lambda_2^e, lvl_2)$ 的速率到达网络，进入准备态 p_1。

以上模型能够以有色 token 来合理刻画异构元素，例如异构数据、异构信息、异构的传感器节点等。这种优势使得我们所提的模型能够在不改变其结构的同时，通过更改库所类型、变量类型来模拟不同对象在同一个操作中的不同行为。

2. 底层模型

传感网需要考虑每个无线电过程的能耗，包括信息传输、接收和空闲状态[23]。在密钥管理过程中体现为收/发密钥信息、加/解密数据以及执行休眠机制产生能量消耗，而节点用于信息传输、接收的开销要远大于节点存储和计算开销，成为了节点能耗的主要诱因[3]。为此，对密钥管理的信息接收过程和发送过程进行分别建模。从整体层次结构上来看，图 2 - 4 所示的收/发模型是最底层的能量模型，它向上层网络提供输入/输出接口，在内部实现信息收/发模拟，直接反映能量消耗情况。单位信息的传播能耗仅与信息长度和节点硬件

34

性能有关,可以简单地划分为电路能耗和放大器能耗两部分。其中电路能耗为固定值,放大器能耗却是与传输距离有关的随机变量。

发送方模型如图 2-4(a)所示,采用信息退避策略控制信息发送。其消耗的能量既包括电路能耗 t_6,又包括放大器能耗 t_7。当发送方 p_1 有信息需要发送时,节点一定处于苏醒态,触发退避策略后,探测信道,如果成功,则发送信息;否则重复退避探测过程,直到信息发送出去或操作超时。

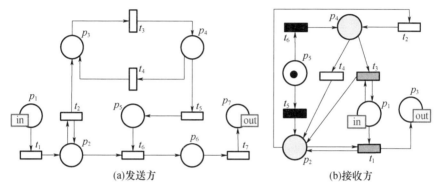

(a)发送方 (b)接收方

图 2-4 底层 HKML 模型

图 2-4(b)所示是接收方模型,采用节点本身休眠/苏醒机制应对信息接收。信息到达接收方时,接收方节点可能处于苏醒态 p_2 或者休眠态 p_4,并分别以 r_2 和 r_4 的驻留能耗速率消耗能量。如果处于休眠态,则需要触发高优先级的即时苏醒变迁 t_3 来唤醒沉睡节点。同样,如果处于苏醒态,将优先执行 t_1 参与信息接收,并消耗固定能量,而非进行休眠转换 t_2。库所与变迁实际映射意义见表 2-1 和表 2-2。

表 2-1 发送方符号说明

库所		变迁		
库所	意义	变迁	意义	速率
p_1	发送者	t_1	传输信息	$(\lambda_1^f, \lambda_1^e, lvl_1)$
p_2	信息	t_2	退避一段时间	$(\lambda_2^f, \lambda_2^e, lvl_2)$
p_3	退避状态	t_3	探测信道是否繁忙	$(\lambda_3^f, \lambda_3^e, lvl_3)$
p_4	尝试状态	t_4	尝试失败	$(\lambda_4^f, 0, lvl_4)$
p_5	信道准备状态	t_5	尝试成功	$(\lambda_5^f, 0, lvl_5)$
p_6	尝试发送状态	t_6	电路处理	$(\lambda_6^f, \lambda_6^e, lvl_6)$
p_7	输出信息	t_7	通过放大器发送数据	$(\lambda_7^f, \lambda_7^e, lvl_7)$

表 2 - 2　接 收 方 符 号 说 明

库所			变迁		
库所	意义	速率	变迁	意义	速率
p_1	信息库所	—	t_1	接收到信息	$(\lambda_1^f, \lambda_1^e, lvl_1)$
p_2	激活状态	r_2	t_2	进入休眠	$(\lambda_2^f, 0, lvl_2)$
p_3	接收到信息	—	t_3	立即激活	$(\lambda_3^f, \lambda_3^e, lvl_3)$
p_4	休眠状态	r_4	t_4	激活	$(\lambda_4^f, \lambda_4^e, lvl_4)$
p_5	控制库所	—	t_5	进入激活或休眠态	$(\infty, 0, lvl_5)$

3. 变迁实施规则

在同一个标识 M 下,可能发生多个变迁同时满足实施条件,其中一个的实施将抑制其他变迁的实施,从而造成变迁之间竞争资源 token 的情况。为了解决此类冲突,就需要为可实施变迁集定义实施规则,使变迁的触发公平按序进行。假设网络中共有 n 种优先级,令标识 M 下的若干个可实施变迁组成的集合为 H,其中最高级别的变迁组成的集合记为 TL,则有:

(1) 若 $\exists t_i \in H \cap T_v \cap TL, \forall t_j \in H, t_j. lvl < t_i. lvl \bigvee t_j \in T_t,$ 则

$$\begin{cases} P_f(M[t_i >) = \sum_{p_i \in {}^{\cdot}t_i} M(p_i) \Big/ \sum_{t_k \in TL} \sum_{p_k \in {}^{\cdot}t_k} M(p_k) \\ P_f(M[t_j >) = 0 \end{cases} \quad (2-2)$$

(2) 若 $\exists t_i \in H \cap T_t \cap TL \wedge \neg (\exists t_v \in H \cap T_v \cap TL), \forall t_j \in H, t_j. lvl < t_i. lvl,$ 则

$$\begin{cases} P_f(M[t_i >) = \left(\lambda_i^f \Big/ \sum_{t_k \in TL} \lambda_k^f\right) \times 0.5 + \left(\sum_{t_k \in TL} \lambda_k^e \Big/ \lambda_i^e\right) \times 0.5 \\ P_f(M[t_j >) = 0 \end{cases} \quad (2-3)$$

根据上述实施规则,只有具有 TL 级别的瞬时变迁可实施,或者在不存在可实施瞬时变迁的条件下,速度最快、能耗最低的延时变迁实施概率最大。

2.5　模型实例和分析

2.5.1　模型实例

对 Top 层策略模型的替换变迁进行子页替换可以实现对具体密钥管理协议的建模和实例化。替换顺序和内容的不同使得对模型的实例化可以形成一棵以 Top 层页面为根的实例化树,树的叶子节点就是 Button 层收发模型的实例。以 Jolly 等人提出的低能耗密钥管理协议为例[24],假设 Sensor 节点完全不可信,仅负责信息收集工作;高能节点为网关节点 G,负责信息收发,所有簇头

节点间能够直接通信；命令节点 C 具有无限能量，能获取入侵检测信息并触发相应的节点撤销事件，且绝对安全。协议定义了密钥建立、密钥撤销、密钥触发性更新和新节点到达四部分操作，则该协议的顶层模型如图 2-5(a)所示，其中声明、注释等代码全部采用标准 ML 语言。

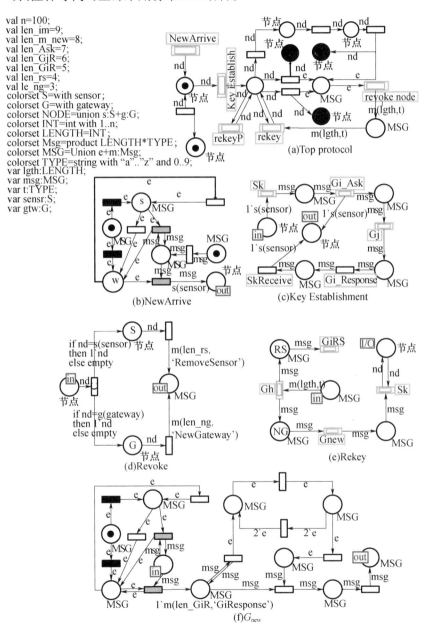

图 2-5　低能耗密钥管理协议的完整 HKM

37

密钥预分配后,节点布撒到监测区域,首先执行密钥建立操作:传感器节点 S 广播 Hello 信息,网关 G_j 检测自己是否存在与 S 的共享密钥。如有,则完成密钥建立;否则向 S 的默认网关 G_0 索取共享密钥,并告知 S 节点,如图 2-5(c)所示。

密钥建立结束后,网络正常运行,当有新节点到达时,由具有无限能量的 C 节点向网中任一节点 G_0 发送其与新节点的共享密钥信息,布撒新传感器节点后,重新执行密钥建立过程。因此,Top 层中的新传感器节点到达的替换变迁只需要对 G_0 节点接收信息的耗能过程进行建模,忽略 C 对网络的作用。而对新网关节点的到达则只需要被动等待,而不需要主动建立密钥。如图 2-5(b)所示。

密钥撤销操作(图 2-5(d))和密钥更新操作(图 2-5(e))是关联进行的。由于触发的密钥撤销包括了对 S 节点的撤销和对 G 节点的撤销,因此首先根据传递的信息不同对撤销对象进行分类,记录死亡节点,并向任一 G_h 节点发送更新信息。在更新操作中,如果是撤销网关操作,则 G_h 向新网关 G_{new} 发送通知,G_{new} 再通知 S 更换网关;否则,G_h 向 S 所在网关 G_i 发送通知,G_i 接收信息并做相应处理。

对信息收发的替换变迁,如 G_{new}(图 2-5(f)),都各自建立一个收发模型实例,整个层次模型共有 3 级变迁,瞬时变迁(黑色)为 1 级变迁,优先时间变迁(灰色)为 2 级变迁,普通时间变迁(白色)为 3 级变迁。

应当注意,本章对新节点加入(new),节点撤销(revoke)的定义有别于以往。通常来说新节点加入操作是指节点加入触发对密钥建立,而本章将两者分开,新节点加入操作仅包含新节点以一定速率进入网络,并为密钥建立做准备的过程,不包含密钥建立过程。同样,传统节点撤销操作是指特定节点离开并触发其他节点更新,在本章中该过程划分为离开节点的判定及移除和触发性更新两个操作,前者为本章意义上的节点撤销。

2.5.2 模型求解

对 HKML 网模型的协议实例化为基于概率方法的协议性能分析提供了条件。HKML 网是一个连续时间系统,假设每个变迁从可实施到实施的延迟时间是一个连续随机变量 λ,且服从指数分布,则上述 HKML 网实例可以看作一个双参数带吸收壁的 GSPN 模型。在不考虑能耗的情况下,所建立的 HKML 模型退化为一个普通的 GSPN,且由标识的可数性和时延变迁实施速率的指数分布所导致的无记忆特性可知,该模型的可达图与一个齐次离散有穷状态、连续时间随机点过程(Stochastic Point Process,SPP)同构[25,26],且包含三种类型的标识

（状态）：实存态、消失态和吸收态。在下述计算过程中涉及的状态也均是 SPP 中的各个标识状态。显然，该 SPP 的嵌入马尔可夫链（Embedded Markov Chain，EMC）的转移概率矩阵容易表示为

$$P = \begin{bmatrix} VV,VT,VS \\ TV,TT,TS \\ 0,0,E \end{bmatrix} = \begin{bmatrix} Q,R \\ 0,E \end{bmatrix} \qquad (2-4)$$

P 由变迁的相应的随机开关分布和实施速率决定，其中 V、T、S 分别表示消失态、实存态和吸收态，E 是单位矩阵。P 的每一个元素 P_{ij} 表示从状态 i 到状态 j 的一步转移概率，且从 i 状态转移到其他所有状态的概率的和为 1。由于非吸收态最终要进入到吸收态，故 $\lim\limits_{n\to\infty}Q^n=0$，则根据式（2-4）容易得到

$$\lim_{k\to\infty}P^{(k)} = P^k = \begin{bmatrix} \lim\limits_{k\to\infty}Q^k,(\sum\limits_{m=0}^{\infty}Q^m)R \\ 0,E \end{bmatrix} = \begin{bmatrix} 0,(E-Q)^{-1}R \\ 0,E \end{bmatrix} \qquad (2-5)$$

令 $M=(E-Q)^{-1}$，是一个 $m\times m$ 的矩阵，其元素 m_{ij} 就表示从状态 i 出发进入吸收态之前，经过状态 j 的平均次数[27]。因此在到达吸收态前，进入状态 j 的平均次数为 M 矩阵的第 j 列元素的和，进而在状态 j 的驻留时间的均值可以通过式（2-6）计算得到，其中 H_j 是在状态 j 下可实施的所有变迁组成的集合。

$$\overline{T_j} = (\sum_{t\in H_j}\lambda_t^f)^{-1} \times \sum_{i=1}^{m}m_{ij} \qquad (2-6)$$

2.5.3 模型分析

1. 能耗时延分析

文献［28］已经给出了基于随机距离的单次通信能耗计算公式。由于传输时间与信号传递的距离是成正比关系，因此可采用式（2-7）对具有随机能耗速率的变迁上的能耗速率求解：

$$\lambda_t^e(t\in\mathrm{rsend}(T_e)) = c_s + c_{\mathrm{time}} \times \left(\frac{1}{\lambda_t^f}\right)^{\alpha} \qquad (2-7)$$

式中：c_s 为发送 1bit 数据的固定电路能耗；c_{time} 为 1bit 数据已经传输了 1 个单位时间的能耗；α 为传输过程的损益函数。此外，对于接收过程，仅消耗固定接收电路能耗：

$$\lambda_t^e(t\in\mathrm{receive}(T_e)) = c_r \qquad (2-8)$$

令耗能库所组成的集合为 ES，则在进入吸收态 j 前，耗能库所 s 的能耗量为

$$E_s = \sum_{s\in ES}\sum_{k\in VE(s)}\overline{T_k} \times r_s \qquad (2-9)$$

式中：$VE(s)$ 为耗能库所 s 中 token 数不为 0 的所有状态的集合。在本实例中，

耗能库所仅为节点休眠态库所。

抛开库所能耗单独来看变迁能耗。由于 HKML 网模型是层级结构,可以利用文献[22]所验证的等价公式对每个页面内的库所和变迁进行等价速率替换,同时保留瞬时变迁和能耗库所。替换库所可以替换为等价速率变迁或者一个含少量能耗库所或瞬时变迁的简单网,从而整个层级网简化为一个精简状态的有色 Petri 网。应该注意,与文献[26]不同,HKML 网具有耗能库所,因此在父页面替换变迁对子页面进行能耗参数等价时,应当加上式(2 - 9)计算的库所驻留能耗。因此,Top 层所有替换变迁的等价变迁速率都可以通过子页面的速率等价得到。用 $V(s)$ 表示所有在库所 s 标识不为 0 的标识状态集合,则进入吸收态前,Top 层密钥建立替换变迁的执行次数为

$$F_{\text{establish}} = \sum_{j \in V(P_2)} m_{ij} \qquad (2-10)$$

同理,撤销和密钥触发性更新替换变迁的执行次数为

$$F_{\text{revoke}} = F_{\text{rekey}} = \sum_{j \in V(P_9)} m_{ij} \qquad (2-11)$$

而周期性更新的执行次数则与网络寿命有关:

$$F_{\text{rekeyP}} = \text{Life} / \lambda_5^f \qquad (2-12)$$

于是有各个过程的宏观总能耗为

$$E = F \times \lambda_t^e \qquad (2-13)$$

类似地,也可以求得各个过程的时延:

$$T = F / \lambda_t^f \qquad (2-14)$$

2. 寿命分析

从状态 i 出发,到达吸收态前的平均等待时间就是进入各个非吸收态的次数之和,即矩阵 M 的第 i 行元素之和:

$$T'_i = \sum_{j=0}^{m} m_{ij} \qquad (2-15)$$

再令 $B = M \times R$,其元素 b_{ij} 表示从状态 i 进入吸收态 j 的概率[107],则网络寿命可以表示为

$$Life = \sum_{j \in A} \left(T'_{M_0} + \sum_{k \in NA} \frac{1}{r_{kj}} \right) \times b_{i,j} \qquad (2-16)$$

式中:A 为所有吸收态组成的集合;NA 为所有非吸收态组成的集合;r_{kj} 为 R 的元素。

3. 多色系统的单色处理

由于 token 是具有颜色的,不同的颜色代表不同能力的节点,就密钥管理来说,这些节点的能耗速率和变迁发生速率可能不同,甚至有较大差异。因此单纯地按照上述方法对密钥管理的能耗、时延和寿命进行分析是不合理的。本节

采用极端单色方法对结果进行最终权衡处理。

（1）分别准备不同颜色 token 所对应的能耗和变迁速率参数。本实例中仅有高能节点和低能节点两种颜色，分别称为 a 色和 b 色。

（2）构建两个一步转移概率矩阵 $\boldsymbol{A}$ 和 $\boldsymbol{B}$。对 $\boldsymbol{A}$ 来说，所有唯一色 token 可触发的变迁有与 $\boldsymbol{B}$ 相同的参数，所有不区分颜色的变迁，即 a 色 token 可以经过、b 色 token 也可以经过的变迁，全部采用 a 色 token 所代表角色的参数。$\boldsymbol{B}$ 则刚好与之相反。

（3）按照上述三种性能分析方式，分别采用矩阵 $\boldsymbol{A}$ 和 $\boldsymbol{B}$ 进行求解，即在 a 色 token 和 b 色 token 均可触发的变迁上，采用矩阵 $\boldsymbol{A}(\boldsymbol{B})$ 时仅执行 $a(b)$ 色 token，在具有色彩选择功能的结构中，也仅选择 $a(b)$ 色支路。

按照各色 token 的初始比例分析结果进行加权求和，并作为最终结果。

4. 模型本身正确性分析

模型本身的正确性决定了其求解的有效性和可靠性。对于密钥管理策略来说，一定具有以下两个性质：①任意一个传感器节点在同一时刻要么不执行任何密钥操作，要么仅执行一项密钥操作；②任何节点都必然经历密钥建立，且可能参与密钥更新和撤销。对于网模型来说，系统有界是 HKML 模型的正确性条件。因此规定，密钥管理策略正确性和 HKML 网正确性的实例模型是正确的网模型。

在 2.2.1 节所给出的密钥管理策略模型的 Top 层模型中，令 $M'_k(p_i)$ 表示状态 M_k 下库所 i 中的 token 集合，则有以下性质成立：

性质 2 - 1 $\forall ct \in ColorTokens(node)$，$\exists p_1, p_2 \in P$ s. t. $\forall M_k \in M, ct \in M'_k(p_1)$ $\wedge ct \in M'_k(p_2)$

显而易见，性质 2 - 1 是肯定成立的，因为任何一个 token 在任何一个时刻都只可能存在于一个库所，而实例用 token 代表节点，也就是说，任何一个节点在一个时刻只可能在一项操作的某个状态或者位置中，这使得密钥管理策略正确性条件①成立。

性质 2 - 2 $\forall ct \in ColorTokens(node)$，$\exists M_1, M_2 \in M, ct \in M'_1(p_{Top\_1}) \wedge ct \in M'_2(p_{Top\_2})$

由于在 Top 层中，如果有满足条件的 token 处于 P_1，则密钥建立变迁将以概率 1 触发。而 P_1 库所是网络准备库所，是初始状态下的非空库所，总是可以改变初始状态标识使得 P_1 以概率 1 触发，性质 2 - 1 成立。

性质 2 - 3 $\forall ct \in ColorTokens(node)$，$\exists M_1[t_{Top\_5} > M_2, M_3[t_{Top\_9} > M_4, M_5$ $[t_{Top\_10} > M_6$，

$$\text{s. t. } \left[Pr(ct \in M'_1(^{\bullet}t_{Top\_5})) \wedge ct \in M'_2(t^{\bullet}_{Top\_5})) > 0 \right] \wedge$$
$$\left[Pr(ct \in M'_3(^{\bullet}t_{Top\_9}) \wedge ct \in M'_4(t^{\bullet}_{Top\_9})) > 0 \right] \wedge$$
$$\left[Pr(ct \in M'_5(^{\bullet}t_{Top\_10}) \wedge ct \in M'_6(t^{\bullet}_{Top10})) > 0 \right]$$

因为竞争变迁的触发概率由变迁触发速率和随机开关决定,所以当库所 P_2 中的标识数 $M(p_2) > 0$ 时,$Pr(fire(t_5)) > 0$。由性质 2.2 可知,Top 层库所 P_2 是所有角色为传感器节点的 token 的必达库所,即 $Pr(\exists M, M(p2) > 0) = 1$,因此 $\forall ct \in ColorTokens(node)$,$ct$ 触发 t_5 的概率 $Pr(t_5) > 0$,触发前后的状态分布是 M_1 和 M_2。类似地,$Pr(t_6) > 0$,$Pr(t_7) > 0$,使得 $Pr(ct \in p_4) > 0$。由于 P_4 是变迁 t_9 的唯一前驱,所以 $Pr(fire(t_9)) = Pr(ct \in p_4) > 0$。更进一步,当 t_9 触发,$M(p_{10}) > 0$,$Pr(M(p_2) > w(p_2, t_{10})) > 0$,则 $Pr(fire(t_{10})) > 0$,点火前后的状态分别为 M_5 和 M_6。故性质 2.3 成立。

性质 2 - 2 和性质 2 - 3 说明了所建立 HKML 模型满足密钥管理策略正确性条件②。

有界性是指 HKML 的所有库所的最大 token 数是有限可数的,这使得模型的状态空间有限,进一步保证了对模型进行分析的方法是可行的。HKML 网模型的有界性可以由性质 2 - 4 提供。

性质 2 - 4 $\exists c, c_1 \in N^+$,$\forall t_1 \in T, M_1, M_2 \in M, M_1[t_1 > M_2$,有 $\sum_{p \in P} M_0(p) = c$,

且若 $\sum_{p_{a1} \in t_1^\bullet} M_2(p_{a1}) - \sum_{p_{b1} \in {}^\bullet t_1} M_1(p_{b1}) = c_1$

则 $\exists c_2 \in N^+$,$t_2 \in T, M_3, M_4 \in M, M_2[t_i, t_k \cdots > M_3]t_2 > M_4$,

s. t. $\sum_{p_{a2} \in t_2^\bullet} M_4(p_{a2}) - \sum_{p_{b2} \in {}^\bullet t_2} M_3(p_{b2}) = c_2 \geq c_1$

其中,$M_i(p)$ 标识状态 i 下库所 p 中的 token 数目。性质 2.4 说明了在 HKML 模型实例中,初始标识 token 数有限可数,且在网络模拟过程中,不会增加其数目,而这样的系统一定是有界的。所建立的 HKML 网模型实例所具有的上述 4 个性质决定了该网系统的逻辑正确性。

2.6 小结

本章在研究异构传感网密钥管理协议需求和能耗分析协议的基础上,融合并扩展了有色层级 Petri 网和广义随机 Petri 网,使得所提 HKML 模型能够适应传感网的异构特性,并能适应短期和长期性能分析,成功地扩大了密钥管理协议性能分析的范围的同时,降低了形式化建模和分析的复杂度。本章主要内容包括:

(1)提出了异构传感网密钥管理框架,细粒度地刻画了密钥管理机制,为相应协议设计和分析提供了一条参考思路。

(2)结合并扩展了有色层级 Petri 网和广义随机 Petri 网,提出了适合密钥管理协议建模的 HKML 形式化模型。

（3）在确定实体层物理网络的分簇结构基础上，建立了 Top 策略层和 Button 通信层 HKML 模型，确立了密钥管理协议分析模型的基本结构。

（4）详细介绍了密钥管理协议的 HKML 模型的能耗、时延和寿命分析方法，为基于所提模型的密钥管理协议分析提供了坚实的数学理论支持。

（5）最后，通过实例说明了所提 HKML 模型在密钥管理协议建模和分析方面的应用。实验结果说明，利用所提 HKML 模型来对密钥管理协议进行建模、完成短期和长期性能分析的方法是可行且有效的。

参 考 文 献

［1］ Simplicio Jr M A，Barreto P S L M，Margi C B，et al. A Survey on Key Management Chanisms for distributed Wireless Sensor Networks［J］. Computer Networks,2010,54(15):2591 – 2612.

［2］ He X，Niedermeier M，De Meer H. Dynamic key management in wireless sensor networks：A survey［J］. Journal of Network and Computer Applications,2013,36(2):611 – 622.

［3］ Haapola J，Shelby Z，Pomalaza – Raez C，et al. Cross – layer energy analysis of multi – hop wireless sensor networks［C］//Proceedings of 2nd European Workshop on Wireless Sensor Networks. Istanbul,Turkey：Institute of Electrical and Electronics Engineers Computer Society,2005:33 – 44.

［4］ Wander A S，Gura N，Eberle H，et al. Energy analysis of public – key cryptography for wireless sensor networks［C］//Proceedings of Third IEEE International Conference on Pervasive Computing and Communications（PerCom'05）. Kauai Island,Hawaii：Institute of Electrical and Electronics Engineers Computer Society,2005:324 – 328.

［5］ Uluagac A S，Beyah R A，Li Y，et al. VEBEK：Virtual energy – based encryption and keying for wireless sensor networks［J］. IEEE Transactions on Mobile Computing,2010,9(7):994 – 1007.

［6］ Majidi M，Mobarhan R，Hardoroudi A H，et al. Energy cost analyses of key management techniques for secure patient monitoring in WSN［C］//Proceedings of IEEE Conference on Open Systems. Langkawi,Malaysia：IEEE Computer Society,2011:117 – 121.

［7］ Kong K，Lee W，Han Y，et al. Handover latency analysis of a network – based localized mobility management protocol［C］//Proceedings of IEEE International Conference on Communications（ICC'08）. Beijing,China：Institute of Electrical and Electronics Engineers Inc. ,2008:5838 – 5843.

［8］ Cho J H，Chen I R，Feng P G. Performance analysis of dynamic group communication systems with intrusion detection integrated with batch rekeying in mobile Ad Hoc networks［C］//Proceedings of International Conference on Advanced Information Networking and Applications. Gino – wan,Okinawa,Japan：IEEE Computer Society,2008:644 – 649.

［9］ Qian Y，Lu K，Rong B，et al. Optimal key management for secure and survivable heterogeneous wireless sensor networks［C］//Proceedings of GLOBECOM 2007. Washington,DC,United states：Institute of Electrical and Electronics Engineers Inc. ,2007:996 – 1000.

［10］ Alcaraz C，Lopez J，Roman R，et al. Selecting key management schemes for WSN applications［J］. Computers and Security,2012,31:956 – 966.

［11］ Yum D H，Lee P J. Exact formulae for resilience in random key predistribution schemes［J］. IEEE Transactions on Wireless Communications,2012,11(5):1638 – 1642.

[12] Khalil Ö,Özdemİr S. Performance evaluation of key management schemes in wireless sensor networks [J]. Gazi University Journal of Science,2012,2(25):465 –476.

[13] Eschenauer L,Gligor V D. A key – management scheme for distributed sensor networks[C]//Proceedings of the ACM Conference on Computer and Communications Security (CCS'02). Washington,DC,United states:ACM,2002:41 –47.

[14] Chan H,Perrig A,Song D. Random key predistribution schemes for sensor networks[C]//Proceedings of 2003 Symposium on Research in Security and Privacy. Berkeley,CA,United States:IEEE Computer Society,2003:197 –213.

[15] Lu K,Qian Y,Guizani M,et al. A framework for a distributed key management scheme in heterogeneous wireless sensor networks[J]. IEEE Transactions on Wireless Communications,2008,7(2):639 –647.

[16] Alagheband M R,Aref M R. A secure key management framework for heterogeneous wireless sensor networks[C]//Proceedings of 12th IFIP TC –6 and TC –11 Conference on Communications and Multimedia Security,7025 LNCS. Ghent,Belgium:Springer Verlag,2011:18 –31.

[17] Petri C A. Communication with Automata[D]. Ph. D,University Hamburg,1966.

[18] Peterson J L. Petri net theory and the modeling of systems[M]. Englewood Cliffs,NJ:Prentice – Hall,Inc,1981. 290.

[19] Alexandre Z. Coloured stochastic Petri nets[C]//Proceedings of International Workshop on Timed Petri Nets. Torino,Italy:1985:262 –271.

[20] Chiola G,Dutheillet C,Franceschinis G. et al. Stochastic well – formed colored nets and symmetric modeling applications[J]. IEEE Transactions on Computers,1993,42(11):1343 –1360.

[21] Chiola G,Bruno G,Demaria T. Introducing a color formalism into generalized stochastic Petri nets[C]// Proceedings of the 9th European Workshop on Applications and Theory of Petri Nets. Venezia,Italy:1988:202 –215.

[22] 林闯,田立勤,魏丫丫. 工作流系统模型的性能等价分析[J]. 软件学报,2002(08):1472 –1480.

[23] Xing G,Lu C,Zhang Y,et al. Minimum power configuration for wireless communicationin sensor networks [J]. ACM Transactions on Sensor Networks (TOSN),2007,3(2):1 –33.

[24] Jolly G,Kuscu M C,Kokate P,et al. A low – energy key management protocol for wirelesssensor networks [C]//Proceedings of the 8th IEEE International Symposium on Computers and Communication. Antalya,Turkey:IEEE,2003:335 –340.

[25] Chan H,Perrig A. PIKE:Peer intermediaries for key establishment in sensor networks[C]//Proceedings of 24th Annual Joint Conference of the IEEE Computer and Communications Societies (INFOCOM'05), 1. Miami,FL,United states:Institute of Electrical and Electronics Engineers Inc. ,2005:524 –535.

[26] Hangyang D,Hongbing X. Key predistribution approach in wireless sensor networks using LU matrix[J]. IEEE Sensors Journal,2010,10(8):1399 –1409.

[27] 熊斌斌,林闯,等. 无线传感器网络随机投递传输协议性能分析[J]. 软件学报,2009(04):942 – 953.

[28] Roman R,Alcaraz C,Lopez J,et al. Key management systems for sensor networks in thecontext of the Internet of Things[J]. Computers & Electrical Engineering,2011,37(2):47 –159.

第3章 对称密钥管理协议

根据所使用的密码体制,密钥管理可分为对称密钥管理和非对称密钥管理两类。在对称密钥管理中,通信双方使用相同的密钥对数据进行加/解密,由于密钥特点,使得对称密钥管理相对于非对称密钥管理具有密钥长度相对较短、计算、通信和存储开销相对较小等优点。但由于通信双方加/解密密钥的相同,如何进行密钥预分配、协商共同密钥、保证密钥传输的安全性等成为对称密钥管理协议的主要研究目的。本章设计了三个基于对称密钥体制的密钥管理协议:与扰动技术、LU 攻击原理相结合,提出抗 LU 攻击的异构传感密钥管理协议;利用跨层设计的思想和技术,设计了基于 E - G 协议的异构传感网跨层密钥管理协议;利用了网络的动态异构性,设计了一个能量有效的密钥预分配协议。

3.1 一种抗 LU 攻击的异构传感网密钥管理协议

密钥预分配的目的是在节点部署前,为传感网的通信节点预置一些密钥或密钥原材料,以便后续根据约定规则选择或生成共享密钥。现有的传感网配对密钥预分配协议主要分为随机性和确定性密钥预分配两种。前者只能以一定的概率为欲通信节点建立配对密钥。这意味着在即使是地理位置上靠近的两节点也存在无法建立安全链路的可能。与之不同,确定性密钥预分配协议则常通过牺牲存储空间来确保任意两个通信范围内的节点能以 100% 的概率建立配对密钥,弥补了随机性协议的不足。利用对称矩阵来建立配对密钥的协议就是一类典型的确定性协议。其基本思想是将矩阵或矩阵的行列向量作为密钥材料预先加载到传感器节点,待节点布撒后再通过节点间的协商获得共享密钥。这类协议以基于 LU 矩阵分解的协议[1,2,3](统称为 LU - B 协议)和以 Blom 协议[4]为基础的密钥预分配协议(如文献[5],统称为 Blom - B 协议)为主,受到业界的广泛关注。

当小于或等于 λ 个节点被获捕时,以 Blom - B 协议是安全的,也称这类协议具有 λ 安全性。然而,一旦被捕获节点数目大于 λ,节点持有的私有信息就可能迅速暴露。此外,这类协议的存储复杂度与参数 λ 密切相关,随着 λ 减小,存储复杂度与安全性降低;反之,随着 λ 增大,存储复杂度和安全性也相应增高。如何在空间与安全性之间寻求平衡,已成为保障这类协议能够有效运行的关键。相比 Blom – B 协议,LU – B 协议更易压缩和扩展,且不受安全阈值参数限制。故 LU – B 协议能够灵活支持动态网络拓扑变化,减小存储空间需求,提供随妥协节点数目增多而降低的安全性。可见,倘若设计得当,在妥协节点数目超过 λ 时,LU – B 协议就能够以更低的存储复杂度换取更高的安全性。

然而,由于 LU 分解产生的两个三角矩阵具有线性相关性,而现有的 LU – B 协议又无一例外地直接采用这些矩阵来构建共享密钥,故攻击者容易利用线性相关性对 LU – B 协议实施 LU 攻击。最早 LU 攻击出现在 2009 年,由 Zhu 等[6]发起,他们证明了攻击者的攻击能力与收集到的秘密向量的非零元素数目相关,当非零元素数目足够大时,利用 LU 分解建立的共享密钥就可以通过计算获得。LU 攻击已经严重威胁到 LU – B 协议的安全性,为了解决上述问题,本节在构造矩阵时引入了扰动技术,再结合随机比特串截取方法,提出一种抵抗 LU 攻击的动态密钥预分配协议。此协议通过噪声因子控制矩阵元素的受干扰位数,通过随机参数控制密钥组件截取,通过循环组件连接生成目标密钥,通过反向利用 LU 攻击原理快速扩展矩阵材料,使得所提协议不仅能够适应网络拓扑结构的动态变化、抵抗 LU 攻击和窃听攻击,更具有较以往 LU – B 协议显著提高的抗毁性。

3.1.1　研究基础

LU 分解是指将对称矩阵 K 分解为一个下三角矩阵 L 和一个上三角矩阵 U 的乘积,即 $K = L \times U$。为了避免二义性,全章涉及的符号在表 3 – 1 中统一给出。

表 3 – 1　符号说明

符号	说明	符号	说明
L_a^r	矩阵 L 的第 a 行	r	噪声因子
U_a^c	矩阵 U 的第 a 列	s_a	第 a 个节点的 ID
kmg	密钥材料组的简称	nkm	节点密钥材料的简称
$^{(u)}mid$	第 u 个密钥材料组 ID	$^{(u)}m$	第 u 个密钥材料组
$rd(a,b)$	$[a,b]$ 的随机整数	$B(b)$	b 的最简形式
$R(k,r)$	扰动 k 的末 r 位	cl_g	第 g 个簇的 ID
$^{(u)}A$	第 u 组密钥材料的 A	$A^{(v)}$	第 v 轮的 A
$length(A)$	比特串 A 的实际位数	Len	最终密钥长度
$non(A)$	A 的非零元个数	$(A)_x$	x 进制表示的 A
$k_{a,b}$	矩阵 K 的第 a 行 b 列元素	$cbs_{a,b}$	a,b 节点的公共比特串
$cm(b,p,q)$	截取比特串 b 的前 $p – q$ 位	len	密钥组件长度

现有 LU – B 协议建立共享密钥的方法主要涉及下述三个步骤：

（1）对一个对称矩阵 $\boldsymbol{K}$ 实施 LU 分解，得到矩阵 $\boldsymbol{L}$ 和 $\boldsymbol{U}$。

（2）将 $\boldsymbol{L}_a^r$ 和 $\boldsymbol{U}_a^c$ 分配给节点 s_a 作为其密钥材料，令其中一个向量保密，另一个公开。

（3）欲共享密钥的 a、b 两节点相互交换公开向量，再将对方的公开向量与自己的秘密向量相乘还原得到对称矩阵的 a 行 b 列或 b 行 a 列元素（$k_{a,b} = \boldsymbol{L}_a^r \boldsymbol{U}_b^c = k_{b,a}$）。

这些共性使得现有 LU – B 协议均无法抵抗 LU 攻击[6]。Zhu 等[6]证明了 LU 分解结果矩阵是线性相关的，即其对应元素的乘积 $l_{a,m} u_{m,b} = l_{b,m} u_{m,a}$（$1 \leq a$, $b, m \leq n$）。这样若有攻击者 A，他已获得节点 s_a 的两个非零元素个数均为 z 的向量 $\boldsymbol{L}_a^r$ 和 $\boldsymbol{U}_a^c$，以及另一节点 s_b 的公开向量 $\boldsymbol{U}_b^c$，则根据式（3 – 1），A 可计算 s_b 的秘密向量 $\boldsymbol{L}_b^r = <l_{b,1}, l_{b,2}, \cdots, l_{b,n}>$ 的前 z 个元素：

$$l_{b,m} = l_{a,m} u_{m,b} / u_{m,a}, (u_{m,a} \neq 0, 1 \leq m \leq z) \qquad (3-1)$$

可见，当 $\boldsymbol{L}_b^r$ 的非零元素个数不大于 z 时，攻击者可计算得到整个 $\boldsymbol{L}_b^r$ 向量，此时节点 s_b 与任意节点的共享密钥 $k_{b,x} = \boldsymbol{L}_b^r \boldsymbol{U}_x^c$ 均被攻破。综上所述，攻击者能否通过 LU 攻击得到节点的秘密向量，取决于是否有这样的秘密向量已经泄露：它的最大非零元素个数大于等于目标向量的非零元素个数。

要改变 LU – B 协议无法抵抗 LU 攻击的现状，首要任务是打破 LU 分解结果矩阵间的相关性，保护节点的秘密信息。扰动技术能够实现这一目标。虽然基于扰动多项式的密钥管理协议容易受到文献[7]提到的攻击，但这种攻击仅能在密钥计算方法未知且相关参数公开的条件下，通过恢复扰动多项式来破解节点密钥。而 LU – B 协议的共享密钥计算方法对攻击者是公开的，且参数具有秘密部分，故该攻击对解除在 LU 分解结果矩阵上实施的扰动影响是无效的。

3.1.2　抗 LU 攻击的关键问题与主要思路

要利用扰动技术改变 LU – B 协议难以抵抗 LU 攻击的现状，需要解决两个关键问题：①如何恰当地执行扰动，使得在 LU 分解的结果既可以打破原有相关性，又能够保持一定的共享信息以供构建共享密钥；②如何恰当地利用共享信息建立共享密钥，使得通过秘密信息获得共享密钥的概率降低，削弱 LU 攻击的影响力，增加共享密钥安全性。

设传感网由 m 个节点 $I = \{s_1, s_2, \cdots, s_m\}$ 组成，对称矩阵 $\boldsymbol{K}$ 及其 LU 分解结果矩阵 $\boldsymbol{L}$ 和 $\boldsymbol{U}$ 已构造完毕，$\boldsymbol{K} = \boldsymbol{LU}$。若可以构造矩阵 $\boldsymbol{K}' = \boldsymbol{WU}$，其元素与 $\boldsymbol{K}$ 相比，仅同位置元素的最末 r 个比特位不同，则任意两个已知 $k'_{a,b}$ 或 $k'_{b,a}$ 的节点 s_a

和 s_b 便可以通过截取随机长度的共享比特串来获得共享信息,从而构造共享密钥,如图 3-1 所示。

$$\overset{K}{\begin{bmatrix} 834 & 573 & 222 \\ 573 & 120 & 464 \\ 222 & 464 & 76 \end{bmatrix}} = \overset{L}{\begin{bmatrix} 1 & 0 & 0 \\ \dfrac{191}{278} & 1 & 0 \\ \dfrac{37}{139} & -\dfrac{1401}{1231} & 1 \end{bmatrix}} \times \overset{U}{\begin{bmatrix} 834 & 573 & 222 \\ 0 & -\dfrac{6842}{25} & \dfrac{12459}{40} \\ 0 & 0 & \dfrac{17827}{48} \end{bmatrix}}$$

$$\begin{bmatrix} 1101000\underline{010} & 1000111\underline{101} & 11011\underline{110} \\ 1000111\underline{101} & 1111\underline{000} & 111010\underline{0000} \\ 11011\underline{110} & 111010\underline{000} & 1001\underline{100} \end{bmatrix}$$

$$+ns = \begin{bmatrix} \dfrac{5}{834} & \dfrac{119}{2619} & -\dfrac{261}{3527} \\ -\dfrac{2}{417} & \dfrac{116}{25361} & \dfrac{93}{6124} \\ \dfrac{1}{278} & -\dfrac{136}{9165} & \dfrac{85}{3749} \end{bmatrix}$$

$$\begin{bmatrix} 1101000\underline{111} & 1000110\underline{100} & 11010\underline{010} \\ 1000110\underline{01} & 1110\underline{100} & 111010\underline{110} \\ 11011\underline{011} & 111010\underline{010} & 1001\underline{111} \end{bmatrix}$$

$$\overset{K'}{\begin{bmatrix} 839 & 564 & 210 \\ 569 & 116 & 470 \\ 219 & 466 & 79 \end{bmatrix}} = \overset{W}{\begin{bmatrix} \dfrac{839}{834} & \dfrac{119}{2619} & -\dfrac{261}{3527} \\ \dfrac{569}{834} & \dfrac{659}{656} & \dfrac{93}{6124} \\ \dfrac{73}{278} & -\dfrac{4591}{3982} & \dfrac{857}{838} \end{bmatrix}} \times \overset{U}{\begin{bmatrix} 834 & 573 & 222 \\ 0 & -\dfrac{6842}{25} & \dfrac{12459}{40} \\ 0 & 0 & \dfrac{17827}{48} \end{bmatrix}}$$

图 3-1 扰动示例,$r=4,m=3$

令 $R(k,r)$ 表示正整数 k 和 r 的函数,它执行的结果是随机地变换用二进制表示的 k 的末 r 位。例如 $R(45,2)$ 可能是 101100、101110、101111 中的任意一个。参数 r 称为噪声因子。在图 3.1 中,K 是初始对称矩阵,而 K' 的元素 $k'_{a,b} = R(k_{a,b},4)$。由于 $K' = WU$,U 的转置始终存在,则容易得到 $W = K'U^{-1}$,$ns = W - L$。称矩阵 ns 为噪声矩阵,ns 的行向量为噪声向量,并称矩阵 K' 是 K 关于 ns 的受扰矩阵,而 W 是 L 关于 ns 的受扰矩阵。从图 3-1 中容易发现,$U_1^r = K_1^r$,而 U^c 是被公开传播的,则攻击者能够通过请求 $s_i(i \neq 1)$ 的公开列向量来计算出节点 s_1 和 $s_i(i \neq 1)$ 之间的共享密钥。

考虑节点 s_2 和 s_3,若将 (L_2^r, U_2^c) 和 (L_3^r, U_3^c) 分别加载到两节点内存,保持行向量秘密,列向量公开,在交换彼此列向量之后,s_3 便可根据式(3-1)发起 LU 攻击,计算出 $l_{2,1} = l_{3,1}u_{1,2}/u_{1,3}$ 和 $l_{2,2} = l_{3,2}u_{2,2}/u_{2,3}$,$L_2$ 暴露。此时 s_2 与任一节点 s_x 共享的密钥 $k_{2,x} = L_2^r U_x^c$ 完全暴露。然而,倘若经过矩阵干扰,即先利用噪声矩阵 ns 扰动矩阵 L 秘密产生新的三角矩阵 W,再将新密钥材料 (W_2^r, U_2^c) 和 (W_3^r, U_3^c) 分别分配给 s_2 和 s_3,此时计算 $w_{3,1}u_{1,2}/u_{1,3}$ 已经不能再帮助 s_3 得到 $w_{2,1}$,W_2 安全。虽然新矩阵 W 与公开矩阵 U 的新乘积 K' 不再是对称矩阵,但任

意一对$(k'_{i,j}, k'_{j,i})$的二进制表示都享有公共的比特串,如$k'_{1,2} \neq k'_{2,1}$却共享比特串10011。至此,解决了第一个关键问题。

一旦两节点具有共享比特串,就可以利用它协商共享密钥。最简单的办法是直接采用共享比特串作为最终密钥。但这种办法会过分依赖噪声向量的干扰作用,并不十分安全。因为受矩阵L与U的关联性影响,一旦ns中任意一个噪声向量暴露,都可能导致秘密矩阵L的某些行向量泄露,进而重演LU攻击的悲剧。可见,削弱共享密钥与共享比特串间的直接映射关系是保障协议安全的另一重要屏障。设计使用截取随机长度的公共比特串的方法来产生共享密钥可以实现这一目标。令$B(b)$表示二进制比特串b的最简形式,函数$cm(b,p,q)$表示从二进制比特串b的所有p位中去掉最后q位的结果,且各参数满足关系$r \leqslant q < length(B(b)) \leqslant length(b) \leqslant p \leqslant Len$,$length(\cdot)$表示取比特串长度,$Len$表示最终构造完毕的共享密钥长度。例如$b = 01101$,则$B(b) = 1101$,$length(B(b)) = 4$,$cm(b,8,3) = 00001$。当两节点欲建立共享密钥时,为了构造长度一定的密钥,可以多次协商随机截取参数p和q,截取多个共享比特串并综合得到最终密钥。称每次截取到的比特串为一个密钥组件。

3.1.3 LU3D 协议设计

大多数 LU – B 协议都是静态密钥管理协议,并未考虑如何适应分簇网络及其拓扑变化、节点加入和离开等问题。事实上,对于资源受限的异构传感网,传感器节点很可能因为能量耗尽又无法及时补给而死亡;妥协节点一旦被检测系统察觉,也需要从网络中主动删除。因此,为了使得 LU – B 协议既能抵抗 LU 攻击,又能提供动态扩展能力,本节提出一个新的动态 LU – B 协议,以支持节点的加入与删除,简称为 LU3D 协议(LU Decomposition – based, Deterministic and Dynamic Protocol)。为了减少存储开销,本节所提协议采用与文献[8]相同的压缩方式,即将向量分成零元素和非零元素两部分,保留非零元素不变,并以一个表示零元素个数的整数代替零元素部分。

假设共有 n 个传感器节点同时部署在监控区域,构成一个完整的传感器网络。节点细分为高级节点和普通传感器节点两类。高级节点自动担任簇头并以有限个普通节点作为成员节点,组成一个簇。基站是传感网与外界网络通信的桥梁和接口。它不仅是数据的汇聚地,也是网络控制信息的根本源头。簇头负责在成员节点与基站之间传递信息。与成员节点不同,簇头具有更充足的能力和更安全的保护机制。全网共分为 G 个簇,默认每个簇有 m 个成员。簇头与基站构成顶级簇,簇头与其成员节点组成普通簇。网络拓扑动态变化,旧节点可能随时退出网络,新节点自由加入。

在上述异构传感网中,任意节点加入网络前均加载完毕所需密钥材料。部署后立刻建立链路配对密钥,拓扑改变时,由簇头或新节点触发密钥更新过程。

1. 密钥材料初始化

步骤 1:生成密钥池与备用函数。基站随机选择 $|P| = 2^{\tilde{q}} - 1$($\tilde{q} \in N^+ \wedge \tilde{q} \neq 1$)个备选密钥,生成大规模密钥池 P,其中 q 是大素数。构造函数 $cm(b, p, q)$ 和随机数生成器 $rd(\min, \max)$,$rd(\min, \max)$ 将返回一个正整数 $i \in [\min, \max]$。

步骤 2:产生密钥材料组。基站从密钥池 P 中随机选择 $n(n+1)/2$ 个密钥构成对称矩阵 $\boldsymbol{K}_{m \times m}$。对 $\boldsymbol{K}_{m \times m}$ 进行 LU 分解,产生矩阵 $\boldsymbol{L}$ 和 $\boldsymbol{U}$。随机选择噪声因子 r,$r < \min\{0.5q, len\}$。计算矩阵 $\boldsymbol{K}' = \{k'_{a,b}\} = \{R(k_{a,b}, r)\}$ 和 $\boldsymbol{W} = \boldsymbol{K}'\boldsymbol{U}^{-1}$,$\boldsymbol{ns} = \boldsymbol{W} - \boldsymbol{L}$,其中 $1 \leqslant a, b \leqslant m$。为每一组矩阵 $(\boldsymbol{K}, \boldsymbol{K}', \boldsymbol{L}, \boldsymbol{W}, \boldsymbol{U})$ 分配一个唯一的标识 mid。重复上述过程产生若干个密钥材料组 $kmg = (mid, \boldsymbol{K}, \boldsymbol{K}', \boldsymbol{L}, \boldsymbol{W}, \boldsymbol{U}, \boldsymbol{ns})$。

步骤 3:加载密钥材料。为簇 g 随机选择 t 个密钥材料组 $KMG^g = \{^{(1)}kmg^g, {}^{(2)}kmg^g, \cdots, {}^{(t)}kmg^g\}$,其中 $^{(u)}kmg^g = (^{(u)}mid^g, {}^{(u)}\boldsymbol{K}^g, {}^{(u)}\boldsymbol{K}'^g, {}^{(u)}\boldsymbol{L}^g, {}^{(u)}\boldsymbol{W}^g, {}^{(u)}\boldsymbol{U}^g, {}^{(u)}\boldsymbol{ns}^g)$ 为簇 g 的第 u 个密钥材料组。为簇 g 的成员节点 s_a 加载节点密钥材料 $nkm = \{g, a, r, cm, rd, m_{1,a}^g, \cdots, m_{t,a}^g\}$,其中 $m_{u,a}^g = (^{(u)}mid^g, {}^{(u)}\boldsymbol{W}_a^{gr}, {}^{(u)}\boldsymbol{U}_a^{gc})$,整数 a 是簇 g 中成员 s_a 的索引。

初始化完成以后,每个簇头都持有两套节点密钥材料,一套用于顶层簇,另一套用于普通簇。应当注意的是,节点 s_a 的索引 a 在其所属簇中是唯一的,在数值上等于 $\boldsymbol{L}_a'$ 的非零元素个数。因此节点索引并不能用于区别节点或代替节点 ID。

2. 配对密钥建立

初始化以后的节点均匀地成簇布撒在监控区域中。同簇任意两节点 s_a 和 s_b 均可以建立共享密钥。假设为了得到最终长度为 Len 比特的密钥,产生密钥组件的过程需要经历 ξ 轮。则共享密钥建立过程如下。

步骤 1:选定密钥材料组。在第 v($1 \leqslant v \leqslant \xi$)轮,$s_a$ 选择当前簇 g 中预加载的密钥材料组的第 u 组,广播 $\{^{(u)}mid^g, {}^{(u)}\boldsymbol{U}_a^{gc}\}$。

步骤 2:产生随机参数。当 s_b 接收到来自 s_a 的广播消息时,计算 $b^{(v)} = (^{(u)}\boldsymbol{W}_b^{gr} \cdot {}^{(u)}\boldsymbol{U}_a^{gc})_2$,$l_b = length(b^{(v)}) = length(k_{a,b}^{(v)})$,以及最简共享比特串 $cbs^{(v)} = cm(b^{(v)}, l_b, r)$。随后,$s_b$ 选择两个随机参数 $q^{(v)} = rd(r, l_b - 1)$,$p^{(v)} = rd(l_b, q^{(v)} + Len)$,发送消息 $\{E_{cbs^{(v)}}\{p^{(v)}, q^{(v)}\}, {}^{(u)}\boldsymbol{U}_b^{gc}\}$ 给 s_a。

步骤 3:产生密钥组件。s_a 计算 $b^{(v)} = (^{(u)}\boldsymbol{W}_a^{gr} \cdot {}^{(u)}\boldsymbol{U}_b^{gc})_2$,$cbs^{(v)} = cm(b^{(v)}, l_b, r)$,解密消息 $E_{cbs^{(v)}}\{p^{(v)}, q^{(v)}\}$ 得到随机参数 $(p^{(v)}, q^{(v)})$,并最终计算得到第 v 轮密钥组件 $k_{a,b}''^{(v)} = cm(b^{(v)}, p^{(v)}, q^{(v)})$。同理 s_b 计算得到 $k_{b,a}''^{(v)}$,且 $k_{a,b}''^{(v)} = k_{b,a}''^{(v)}$。

步骤4:产生配对密钥。重复步骤(1)~(3)ξ次,使得$length(k_{a,b}^{(1)})+\cdots+length(k_{a,b}^{(v)})\geqslant Len$。链接密钥组件得到$k=k_{a,b}''^{(1)}||\cdots||k_{a,b}''^{(v)}$,则$s_a$和$s_b$的配对密钥$k_{a,b}''=cm(k,length(k),length(k)-Len)$。

图3-2给出了第v轮密钥组件$k_{a,b}''^{(v)}$与$p^{(v)}$、$q^{(v)}$、cbs$^{(v)}$$b^{(v)}$之间的相互关系,其中圆圈表示比特位,左向箭头表示数值,双向箭头表示比特串。

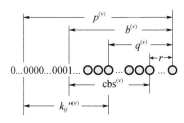

图3-2 密钥建立过程中的变量关系

3. 新节点加入

如之前提到的,每个簇默认有m个初始成员节点。当有新节点s_{m+1}到达,原来的矩阵(K,K',L,U,W,ns)必须扩展其维度以支持与新节点之间的配对密钥建立。有意思的是,虽然LU攻击威胁着秘密L矩阵的安全,但它却为扩展原始矩阵提供了一条捷径。

1)矩阵扩展

向已有簇添加新节点需要扩展原始矩阵(K,K',L,U,W,ns)的行和列。为了不影响已经建立的旧配对密钥,这些矩阵中的已有元素应当保持。在扩展之后,矩阵维度从$m\times m$扩展到$(m+1)\times(m+1)$。考虑到L和U矩阵均是三角矩阵,L_i^r和$U_i^c(1\leqslant i\leqslant m)$的最末元素均是零,可以按照下述方法进行扩展矩阵。

步骤1:扩展K。从密钥池P中随机选择$m+1$个密钥作为K的第$m+1$行和列。

步骤2:设置零元素。将$L_{i,m+1}$和$U_{m+1,i}(1\leqslant i\leqslant m)$均设置为0。

步骤3:扩展L。求解线性等式组(3-2),将$L_{m+1,m+1}$设定为一个随机值。

步骤4:扩展U。根据LU攻击原则,$l_{a,k}u_{k,b}=l_{b,k}u_{k,a}$,则可构造如式(3-3)所示线性等式组。求解式(3-3),完成对U的扩展。

$$\begin{cases}k_{m+1,1}=l_{m+1,1}u_{1,1}\\k_{m+1,2}=l_{m+1,1}u_{1,2}+l_{m+1,2}u_{2,2}\\\vdots\\k_{m+1,m}=l_{m+1,1}u_{1,m}+\cdots+l_{m+1,m}u_{m,m}\end{cases}\Rightarrow\begin{cases}l_{m+1,1}=k_{m+1,1}/u_{1,1}\\l_{m+1,2}=(k_{m+1,2}-l_{m+1,1}u_{1,2})/u_{2,2}\\\vdots\\l_{m+1,m}=(k_{m+1,m}-l_{m+1,1}u_{1,m}-\cdots-l_{m+1,m-1}u_{m-1,m})/u_{m,m}\end{cases}$$

$$(3-2)$$

$$\begin{cases} l_{1,1}u_{1,m}=l_{m+1,1}u_{1,1} \\ l_{1,2}u_{1,m+1}+l_{2,2}u_{2,m+1}=l_{m+1,1}u_{1,2}+l_{m+1,2}u_{2,2} \\ \vdots \\ l_{m,1}u_{1,m+1}+\cdots+l_{m,m}u_{m,m} \\ \quad =l_{m+1,1}u_{1,m}+\cdots+l_{m+1,m}u_{m,m} \\ k_{m+1,m+1}=l_{m+1,1}u_{1,m+1}+\cdots+l_{m+1,m+1}u_{m+1,m+1} \end{cases} \Rightarrow \begin{cases} u_{1,m+1}=l_{m+1,1}u_{1,1}/l_{1,1}=\cdots=l_{m+1,1}u_{1,m}/l_{m,1} \\ u_{2,m+1}=l_{m+1,2}u_{2,2}/l_{2,2}=\cdots=l_{m+1,2}u_{2,m}/l_{m,2} \\ \vdots \\ u_{m,m+1}=l_{m+1,m}u_{m,m}/l_{m,m} \\ u_{m+1,m+1}=(k_{m+1,m+1}-l_{m+1,1}u_{1,m+1}- \\ \quad \cdots -l_{m+1,m}u_{m,m+1})/l_{m+1,m+1} \end{cases}$$

$$(3-3)$$

步骤 5：扩展 K'。设定 $k'_{i,j}=R(k_{i,j},r)$，其中 $i=m+1 \bigwedge j\in[1,m+1]$ 或 $j=m+1 \bigwedge i\in[1,m+1]$。

步骤 6：扩展 W 和 ns。$W=K'U^{-1}$，$ns=W-L$。

所有操作均在基站完成。图 3-3 展示了以图 3-1 所示矩阵为原矩阵进行扩展的过程。

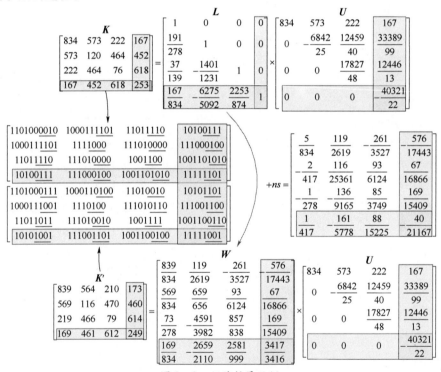

图 3-3　矩阵扩展示例

2）密钥更新

矩阵完成扩展以后，同簇内每个旧节点就可以与新节点建立配对密钥。令 s_{new} 为当前簇新加入节点的 ID。簇 g 的簇头节点 ID 为 s_{ch}^g，它在顶级簇中的索引

52

为 ch^g，在普通簇中的索引为 g。为了避免重放攻击，选择从节点到其簇头的通信往返时间为一个时间阈值 T。簇中节点 s_i 进行密钥材料更新的过程如下。

步骤 1：初始化新节点。基站为新节点 s_{new} 选定欲加入的簇 g，并扩展簇 g 的所有原始矩阵。将密钥材料 $(g, m+1, r, cm, rd, m_{1,m+1}^g, \cdots, m_{t,m+1}^g)$ 加载到 s_{new} 后将之部署到簇 g 中。

步骤 2：通知簇头。基站将消息 $B_{new} = E_{ch^g, base}\{m+1, {}^{(u)}w_{1,m+1}, \cdots, {}^{(u)}w_{m,m+1}, time | 1 \leq u \leq t\}$ 发送给簇 g 的簇头节点 s_{ch}^g，通知有新节点加入。

步骤 3：通知成员节点。s_{ch}^g 使用密钥 $k_{ch^g,base}''$ 解密消息 B_{new}，检查：①第一个元素 $m+1$ 是否等于当前向量 W 的维度加 1；②$time < T$ 是否成立。如果①和②均满足，s_{ch}^g 从 B_{new} 中抽取 ${}^{(u)}w_{ch,m+1}$（$1 \leq u \leq t$），将 ${}^{(u)}u_{m+1,ch}$ 设为 0 并将 $B_{new}' = E_{i,ch}\{m+1, {}^{(u)}w_{i,m+1}, time | 1 \leq u \leq t, i \neq ch\}$ 传递给自己的成员节点。

步骤 4：更新成员节点密钥材料。s_i 使用密钥 $k_{i,ch}''$ 解密消息 B_{new}'，同样检查：①第一个元素 $m+1$ 是否等于当前向量 W 的维度加 1；②$time < T$ 是否成立。若均满足，s_i 从 B_{new}' 中抽取 ${}^{(u)}w_{i,m+1}$，并将 ${}^{(u)}u_{m+1,i}$ 设定为 0。

当上述过程完成，簇 g 中任意两节点就可以利用共享密钥建立安全通信链路了。如果 s_{new} 是簇头节点，基站只需为构建新簇产生一系列新的密钥材料并将 s_{new} 部署到网络即可。

4. 旧节点撤销

假设所有妥协节点和能量耗尽节点都将最终被簇头探测到。出于安全或节省资源的考虑，一旦这些节点被发现，无辜节点必须更新它们的密钥信息，启动密钥删除过程。从簇中删除这些失效节点主要就是要逆向执行矩阵扩展过程。与矩阵扩展相比，逆向过程要容易得多。

1）从簇 g 中撤销一个普通节点 s_i

步骤 1：通知成员。簇头 s_{ch}^g 通过向成员节点 $s_j (j \neq i)$ 发送消息 $B_{rvk} = E_{i,ch}\{m-1, i, time\}$ 通知成员索引 i 已无效。

步骤 2：更新密钥材料。一旦接收到通知，s_j 使用 $k_{i,ch}''$ 解密消息 B_{rvk}，检查：①第一个元素 $m-1$ 是否等于当前向量 W 的维度减 1；②$time < T$ 是否成立。如果均成立，s_j 分别删除向量 ${}^{(u)}W_j^{gr}$ 和 ${}^{(u)}U_j^{gc}$（$1 \leq u \leq t$）中的第 i 个元素。倘若节点的索引 $j > i$，则更新索引为 $j = j-1$。

2）从簇 g 中撤销簇头节点 s_{ch}^g

步骤 1：向簇中添加新簇头。基站为簇 g 选择一个新簇头 s_{chnew}^g，按照添加普通节点的方法将它同时添加到顶级簇和簇 g 中。

步骤 2：从顶级簇删除目标节点。按照删除普通节点的方法将 s_{ch}^g 从顶级簇中删除。

步骤 3：从簇 g 中删除目标节点。簇头 s_{ch}^g 发送消息 $B_{rvk} = E_{i,ch}\{m, chnew, time\}$ 给成员节点 s_i，包括新簇头 s_{chnew}^g。s_i 检查：①第一个元素 m 是否等于当前向量 W 的维度；②$time < T$ 是否成立；③新簇头索引 $chnew$ 是否不等于当前簇头索引 ch。如果均成立，s_i 删除 $^{(u)}W_i^{gr}$ 和 $^{(u)}U_i^{gc}$（$1 \leqslant u \leqslant t$）的第 ch 个元素。倘若节点的索引 $i > ch$，则更新索引为 $i = i - 1$。

3.1.4　协议分析

1. 安全性分析

在安全性方面，本节主要探讨窃听攻击、Albrecht 等人的攻击[7]、节点捕获攻击和 LU 攻击[6]对 LU3D 协议产生的影响，并在此基础上，将所提协议与典型的基础 LU 协议[2]、压缩 LU 协议[8]、MKPS 协议[3]、多项式 LU 协议[9]（后统称为 4 种典型协议）进行对比分析。

1）窃听攻击

假设网络中存在一个全局窃听者能够及时窃听到网络中传输的全部消息。在 4 种典型协议中，密钥建立所交换的信息仅为公开的矩阵 U 的向量信息。攻击者在仅窃听到公开矩阵信息而对秘密向量完全无知的情况下，无法计算共享密钥，因此这 4 种典型协议是抗窃听攻击的。与之类似，LU3D 协议的密钥建立过程也能够很好地抵抗窃听攻击。一方面以明文方式交互的信息同样仅涉及公开矩阵 U 的信息；另一方面，秘密的随机参数 p 和 q 是由最简共享比特串加密的，攻击者利用获得的公开信息也无法计算共享比特串，故无法获得 p, q。此外，对于需要交换的更新信息 B_{new} 和 B_{rvk}，它们均由节点与簇头间的配对密钥加密，窃听者没有正确的密钥仍然无法解密这些更新信息。综上所述，LU3D 协议与 4 种典型协议一样，均能抵抗窃听攻击。

2）Albrecht 等人的攻击

为了在保持有效性的同时增加抗毁性，一些协议利用"扰动多项式"来向基于多项式的系统添加"噪声"，从而为信息提供更高的安全性。Albrecht 等[7]对使用"扰动多项式"来设计安全密码协议的可行性提出质疑，并对这类协议发起了攻击。Albrecht 等人的攻击具有下述两个条件：

（1）共享密钥是通过扰动多项式 $s_i(x) = F(x_i, x) + b \times h(x) + (1 - b) \times g(x)$ 建立的。其中 $F(\cdot, \cdot)$ 是一个二元多项式，$h(\cdot)$、$g(\cdot)$ 是两个 Hash 函数，x_i 是一个预加载到节点 i 中的公共点，$b = 0$ 或 $b = 1$。

（2）点 x 必须是满足 $|h(x) - g(x)| < r$ 的整数，这样 $s_i(x)$ 才能与 $F(x_i, x)$ 共享一个公共比特串。

在条件（1）和（2）下，如果攻击者已经妥协了 n 个节点，并获得了这些妥协节

点预加载的点 $x_1, x_2, \cdots, x_n$ 和多项式 $s_1(x), s_2(x), \cdots, s_n(x)$，则攻击者可以利用纠错算法和公开点 x^* 来恢复另一个未妥协节点 v 的多项式 $f^*(z) = F(z, x^*) + b \times h(x^*) + (1-b) \times g(x^*)$。此时，节点 v 与任意其他节点 v' 的共享密钥 $k_{v,v'}$ 泄露，因为 $k_{v,v'}$ 是 $F(x', x^*) + b \times h(x^*) + (1-b) \times g(x^*)$ 产生的比特串的一部分。

同样是基于扰动技术，Albrecht 等人的攻击是否也对 LU2D 和 LU3D 造成影响呢？答案是否定的。实际上，Albrecht 等人的攻击是在参数，即公开点 x 完全已知的条件下，试图使用纠错算法来恢复出未知的配对密钥的计算方法，即恢复共享多项式。但所提两个协议的情况与基于扰动多项式的协议的情况是完全相反的。在所提协议中，配对密钥的计算方法对所有参与方来说都是公开的，而参数 $\boldsymbol{W}$、p 和 q 却是始终保密的。显然，Albrecht 等人的攻击对暴露这些参数是无效的，故而 LU3D 协议能够抵抗 Albrecht 等人的攻击。

3）节点捕获攻击与 LU 攻击

传感器节点需要冒着遭受物理捕获攻击的危险部署到恶意环境中收集信息。当有 x 个节点妥协时，未妥协节点间共享密钥泄露的概率称为协议的抗毁性。一个传感器节点被捕获后，攻击者能够获知它所携带的一切信息，包括密钥材料以及它与其他节点的共享密钥。假设网络中共有 x 个妥协节点 $C_x = \{s_{c1}, s_{c2}, \cdots, s_{cx}\}$，其他未妥协节点组成节点集 UC，有节点 $s_i \in C_x, s_a, s_b \in UC, s_j \in C \cup UC$。

（1）抗毁性分析。当节点 s_i 妥协，攻击者将获得噪声因子 r，函数 $cm(\cdot, \cdot, \cdot)$，随机数生成器 $rd(\cdot, \cdot)$ 以及所有的 $^{(u)}\boldsymbol{W}_i^r (1 \leq u \leq t)$。如果噪声向量 $^{(u)}\boldsymbol{ns}_i^r (1 \leq u \leq t)$ 尚未暴露，则由于扰动技术的加入，攻击者无法计算 $^{(u)}\boldsymbol{L}_i^r$，LU 攻击无效，s_a 和 s_b 的共享密钥 $k_{a,b}$ 仍然安全。反之，$^{(u)}\boldsymbol{L}_i^r$ 暴露，攻击者发起 LU 攻击以计算其他未妥协节点间秘密向量。

令 $e(A)$ 表示事件 A 暴露，$!e(A)$ 则表示事件 A 没有暴露。首先考虑最简单的情形，即总执行轮数 $\xi = 1$，总 KMG 数 $t = 1$，$\boldsymbol{K}, \boldsymbol{K}', \boldsymbol{L}, \boldsymbol{U}, \boldsymbol{W}, \boldsymbol{ns}$ 均是 $m \times m$ 维矩阵。对于妥协节点 $s_i \in C_x$，攻击者已得到 $k'_{i,j}$ 并能计算 $k_{i,j} = R(k'_{i,j}, r)$，其中 $1 \leq j \leq m$。在这种情况下容易得到 $\boldsymbol{L}_i^r = \boldsymbol{K}_i^r \boldsymbol{U}^{-1}$ 和 $\boldsymbol{ns}_i^r = \boldsymbol{W}_i^r - \boldsymbol{L}_i^r$。因此，攻击者得到一个正确的 $\boldsymbol{ns}_i^r$ 的概率等于暴露 $k_{i,j}$ 的概率，即

$$A_{ns} = Pr(e(\boldsymbol{ns}^r) | e(\boldsymbol{W}^r)) = \frac{1}{2^r} \tag{3-4}$$

当 $\boldsymbol{ns}_i^r$ 暴露，$\boldsymbol{L}_i^r$ 暴露。假设攻击者已经成功获得 y 个 $\boldsymbol{L}_i^r$，构成集合 $Q_y = \{\boldsymbol{L}_{a1}^r, \boldsymbol{L}_{a2}^r, \cdots, \boldsymbol{L}_{ay}^r\}$。将向量 A 中非零元素个数记为 $non(A)$，将 Q_y 中行向量的最大非零元素个数记 $\max n(Q_y)$，即 $\max n(Q_y) = \max\{non(\boldsymbol{L}_{a1}^r), non(\boldsymbol{L}_{a2}^r), \cdots, non(\boldsymbol{L}_{ay}^r)\}$。实际上，$\max n(Q_y)$ 直观地反映了攻击者的攻击能力。因此当一个

攻击者获得 Q_y 时,能够计算出 $\boldsymbol{L}_j^r (\boldsymbol{L}_j^r \notin Q_y)$ 的元素数目等于

$$\begin{cases} m, non(\boldsymbol{L}_j^r) < \max n(Q_y) \\ \max n(Q_y), non(\boldsymbol{L}_j^r) \geqslant \max n(Q_y) \end{cases} \tag{3-5}$$

回顾密钥组件建立过程可知,s_a 和 s_b 间的最简共享比特串 $cbs_{a,b}$ 满足

$$cbs_{a,b} = cm(\boldsymbol{W}_a^r \boldsymbol{U}_b^c, length(\boldsymbol{W}_a^r \boldsymbol{U}_b^c), r) = cm(\boldsymbol{L}_a^r \boldsymbol{U}_b^c, length(\boldsymbol{L}_a^r \boldsymbol{U}_b^c), r) \tag{3-6}$$

因此 $\boldsymbol{L}_a^r$ 和 $\boldsymbol{L}_b^r$ 当中的任何一个暴露,$cbs_{a,b}$ 也就随之暴露。此时,攻击者需要找到恰当的 p,q 才能攻破 $k''_{a,b}$。在簇 g 中,当有 y 个行向量 $\boldsymbol{L}^r$ 暴露时,如果 $y \geqslant m - 1$,则矩阵 $\boldsymbol{K}$ 暴露,此时 $cbs_{a,b}$ 安全的概率为 0。否则,

$$Pr(!\ e(cbs_{a,b}) | Q_y) = Pr(!\ e(\boldsymbol{L}_a^r \boldsymbol{U}_b^c) | Q_y) = Pr(non(\boldsymbol{L}_a^r) > \max n(Q_y) \wedge non(\boldsymbol{L}_b^r) > \max(Q_y))$$

$$= \sum_{z=x}^{m-2} \{ Pr(\max n(Q_y) = z) \times Pr(non(\boldsymbol{L}_a^r) > z) \times Pr(non(\boldsymbol{L}_b^r) > z | non(\boldsymbol{L}_a^r) > z) \}$$

$$= \sum_{z=y}^{m-2} \left(\frac{1}{m - x + 1} \times \frac{m - z}{m} \times \frac{m - z - 1}{m} \right) \tag{3-7}$$

进一步来说,由于 $k''_{a,b} = k''^{(1)}_{a,b} \parallel \cdots \parallel k''^{(\xi)}_{a,b}$,$k_{a,b}$ 是安全的,直到所有密钥组件都暴露。在第 v 轮运算中,$k''^{(v)}_{a,b}$ 的安全性依赖于 $cbs^{(v)}_{a,b}$、$p^{(v)}$ 和 $q^{(v)}$ 的安全性。令 $Pr(NS_y | C_x)$ 表示 Q_x 的节点中,已经有 y 个暴露了噪声向量的概率。由于每个节点从 t 个 KMG 中存储了 t 个 NKM,则有

$$Pr(NS_y | C_x) = \sum_{y=1}^{xt} \binom{xt}{y} \left(\frac{1}{2^r} \right)^y \left(1 - \frac{1}{2^r} \right)^{xt-y} \tag{3-8}$$

显然,$Pr(Q_y | NS_y) = 1$。令 $Q_{(u)y}$ 表示第 u 个 KMG 中已暴露$^{(u)}$ y 个噪声向量数目,则

$$Pr(Q_{(u)y} | Q_y) = \sum_{(u)y=1}^{y} \binom{y}{(u)y} \left(\frac{1}{T} \right)^{(u)y} \left(1 - \frac{1}{T} \right)^{y-(u)y} \tag{3-9}$$

式中:T 为 KMG 总数。如果第 v 轮运算中选择了第 u 个 KMG,则攻破 $cbs^{(v)}_{a,b}$ 的概率为

$$Pr(e(cbs^{(v)}_{a,b}) | C_x) = Pr(e(\boldsymbol{L}_a^{(v)r} \boldsymbol{U}_b^{(v)c}) | C_x)$$

$$= \sum_{y=1}^{x} Pr(NS_y | C_x) Pr(Q_{(u)y} | Q_y) Pr(e(\boldsymbol{L}_a^{(v)r} \boldsymbol{U}_b^{(v)c}) | Q_{(u)y}) \tag{3-10}$$

一旦 $cbs^{(v)}_{a,b}$ 暴露,应当考虑下述两种攻破 $k''_{a,b}$ 的情况:一种是 $k''^{(v)}_{a,b}$ 的建立过程尚未进行完毕。这种情况下,攻击者容易解密 $E_{B^{(v)}}\{p^{(v)}, q^{(v)}\}$,得到 $k''^{(v)}_{a,b} = cm$ $(cbs^{(v)}_{a,b}, p^{(v)} - r, q^{(v)} - r)$。此时,$Pr(e(k''^{(v)}_{a,b}) | C_x) = Pr(e(cbs^{(v)}_{a,b}) | C_x)$。另一种

是 $k''^{(v)}_{a,b}$ 的建立过程已经完毕。这种情况下,攻击者要妥协密钥,只能通过猜测 $p^{(v)}$ 和 $q^{(v)}$ 的值来实现。令 $E[A]$ 表示 A 的平均值。由于参数 p 和 q 满足关系

$$r \leqslant q^{(v)} \leqslant length(k^{(v)}_{a,b} - 1) < length(k^{(v)}_{a,b}) \leqslant p^{(v)} \leqslant Len + q^{(v)}$$

$cbs^{(v)}_{a,b}$ 和 r 已知,故有

$$Pr(e(p^{(v)}, q^{(v)}) \mid cbs^{(v)}) = Pr(e(p^{(v)}) \mid e(q^{(v)})) Pr(e(q^{(v)}) \mid cbs^{(v)}) \tag{3-11}$$

$$Pr(e(q^{(v)}) \mid cbs^{(v)}) = \frac{1}{length(cbs^{(v)})} \approx \frac{1}{E[length(k_{a,b})] - r} \tag{3-12}$$

$$Pr(e(p^{(v)}) \mid e(q^{(v)})) = \frac{1}{Len + length(cbs^{(v)}) - 1 - length(cbs^{(v)})} = \frac{1}{Len - 1} \tag{3-13}$$

进一步可以得到

$$
\begin{aligned}
Pr(e(k''^{(v)}_{a,b}) \mid C_x) &= Pr(e(cbs^{(v)}_{a,b}) \mid C_x) Pr(e(p^{(v)}, q^{(v)}) \mid e(cbs^{(v)}_{a,b}), C_x) \\
&= Pr(e(cbs^{(v)}_{a,b}) \mid C_x) Pr(e(p^{(v)}) \mid e(, q^{(v)})) Pr(e(q^{(v)}) \mid e(cbs^{(v)}_{a,b})) \\
&\approx Pr(e(cbs^{(v)}_{a,b}) \mid C_x) \times \frac{1}{Len - 1} \times \frac{1}{E[length(k_{a,b})] - r}
\end{aligned}
\tag{3-14}
$$

综上所述,所提协议在节点捕获攻击和 LU 攻击的双重作用下,密钥 $k''_{a,b}$ 被攻破的概率为

$$Pr(e(k_{a,b}) \mid C_x) \approx \sum_{i=0}^{\xi} \frac{\binom{\xi}{i}(e(cbs^{(v)}_{a,b}) \mid C_x)^{\xi}}{((Len - 1) \times (E[length(k_{a,b})] - r))^{\xi - i}} \tag{3-15}$$

（2）对比分析。虽然 4 种经典协议采用了不同的方法来使得通信双方能够构造 L' 和 U^c 的乘积并作为共享密钥（共享多项式），但仍然具有共信息一旦交互完毕,秘密信息就可计算的特性。故而这些协议享有几乎相同的抗毁性,且受 LU 攻击的影响很大。与 4 种经典协议相比,本节所提协议在抵抗节点捕获攻击和 LU 攻击上具有明显优势。

令参数 m 表示初始矩阵的维度,它等价于一个密钥材料组能够支持的最大节点数目。为了表达清晰,用标识"other4"标记 4 种经典协议,用 $ouri(Len, EL, \xi, r)$ 标记 LU3D 协议及其参数,包括所需密钥长度 Len、平均密钥组件长度 EL、执行轮数 ξ 和影响因子 r, i 的值等 1 或 0。当 $i = 0$ 标识攻击发起时尚无密钥组件建立完毕,而 $i = 1$ 标识所有密钥建立过程均已完毕。设每个簇的成员数目 $m = 30$,KMG 数目为 40,各协议的抗毁性对比结果如图 3 - 4 所示。横坐标 x 为

妥协节点数目,纵坐标 Pr 表示任意两个未妥协节点间共享密钥暴露的概率。显然,Pr 越大,协议抵抗捕获攻击和 LU 攻击的能力也越弱。

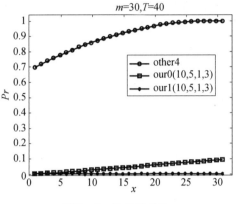

图 3-4　抗毁性对比

可见,LU3D 协议与 4 个经典协议的密钥暴露概率均随妥协节点数目的增加而升高。但 4 个经典协议的抗毁性始终大于 0.7,而 LU3D 协议的抗毁性却始终低于 0.1。曲线 our0(10,5,1,3)展示了所提协议在尚无密钥组件建立完毕的情况下就遭到攻击的抗毁性变化趋势。相应地,曲线 our1(10,5,1,3)展示了所提协议在所有密钥均建立完毕后才遭到攻击的抗毁性变化趋势。显然,不论攻击在何时发生,LU3D 协议都较 4 个经典协议要安全许多。尤其是在后一种情况下,LU3D 协议已经非常理想。

图 3-5 和图 3-6 分别展示了密钥长度、轮数和噪声因子对协议抗毁性的影响。可以验证,当攻击发生在密钥建立之前时,参数 Len 和 EL 对抗毁性不产生影响。即使攻击发生在密钥建立之后,它们对抗毁性的影响也较弱。与之不同,ξ 和 r 产生的影响却十分明显,且满足 $Len,EL<\xi<r$。

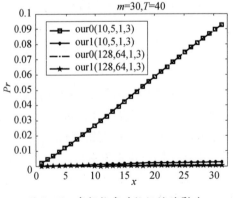

图 3-5　密钥长度对抗毁性的影响

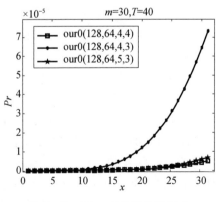

图 3-6　ξ 和 r 对抗毁性的影响

58

2. 性能分析

1）有效性分析

简单起见，本小节从建立共享密钥所需运行轮数、参数数目、参数平均长度和每比特数据的传输代价等方面来分析 LU3D 协议的有效性。这里的参数包括矩阵、标识、节点索引、随机整数等。假设参数的平均长度为 $l$bit，矩阵维度为 m。

（1）存储开销。与存储普通矩阵相比，存储一个三角矩阵能够节约存储空间。例如，压缩 LU 协议存储 L^r 和 U^c 的办法是将其元素分为零元素和非零元素两部分，对非零元素部分完全存储，而对零元素部分用一个常数标识其零元素个数即可。在 LU3D 中采用相同的存储方法，由于矩阵 W 已经不再是三角矩阵，仅矩阵 U 可以完全压缩。因此，LU3D 中每个节点的平均存储开销为

$$C_m = \left(\left(m + \frac{(m+1)}{2} + 1 \right) t + 5 \right) l = \frac{3lt}{2}(m+1) + 5l \qquad (3-16)$$

式中：t 为分配给当前簇的 KMG 的数目。

（2）通信开销。从运算轮数、欲建立配对密钥的两节点间传送的信息大小、接收每比特数据的代价（记为 r）、发送每比特数据的代价（记为 s）等方面来考察 LU3D 协议的通信开销。通常，$r < s$。假设建立一个共享密钥需要重复建立密钥组件 ξ 次，则每个节点耗费在密钥建立过程中的平均通信代价为

$$C_{cmm} = \frac{1}{2} \left(\left(2 \times \frac{(1+m)}{2} \right) + 3 \right) l\xi(r+s) = \frac{1}{2}(m+4)l\xi(r+s) \quad (3-17)$$

当有新节点需要入簇时，需要将矩阵扩展消息传送给相关节点。每条消息包含 $2+t$ 个 $l$bit 的参数。共有 m 条消息传递到簇头。故每个普通节点耗费在处理新节点加入事件上的平均通信开销 $C_{cmm\_join} = (t+2)lr$，簇头耗费在处理新节点加入事件上的平均通信开销 $C'_{cmm\_join} = (2+mt)lr + (2+t)(m-1)ls$。

当撤销节点时，网络中只需传递一条带 3 个参数的更新消息。故普通节点和簇头耗费在处理节点撤销事件上的平均通信代价分别为 $C_{cmm\_leave} = 3lr$ 和 $C'_{cmm\_leave} = 3ls$。当簇头离开时，通信代价分别为 $C_{cmm\_leave} = (t+5)lr$ 和 $C'_{cmm\_leave} = C'_{cmm\_join} + 3ls = (2+mt)lr + (tm+2m-t-1)ls$。

（3）计算开销。令加密或解密的计算代价为 b，向量乘法的计算代价为 c，比特串截取操作的计算代价为 d。则普通节点用于密钥建立操作的计算开销为

$$C_{cpt} = \xi(b+c+2d) \qquad (3-18)$$

当向簇中添加新节点时，簇头只需要解密 1 条消息，同时加密并向其成员节点发送 $m-1$ 条更新消息。这些加密消息被成员节点接收后，又将被重新解密。故容易得到簇头的计算开销 $C'_{cpt\_join} = mb$，普通节点计算开销为 $C_{cpt\_join} = b$。

当节点离开簇时，簇头执行 $m-1$ 次加密操作，花费代价 $C'_{cpt\_leave} = (m-1)b$。

与此同时,普通节点将执行一次解密操作,花费代价 $C_{cpt\_leave} = b$。当簇头离开时,计算代价分别变为 $C'_{cpt\_leave} = C'_{cpt\_join} + mb = 2mb$ 和 $C_{cpt\_leave} = C_{cpt\_join} + b = 2b$。

2)对比分析

以 Micaz 尘埃节点为普通传感器节点,以 MIB520 尘埃节点为簇头,构建传感网。由于大多数传感网应用对网络寿命的需求要大于对网络运算速度的需求,故本节选择轻量的 Table Look up AES[10] 作为 LU3D 协议默认的密码算法,AES 相关的代价参数与文献[10]一致。AES 的密钥长度通常为 128bit、192bit 或 256bit。MICAz 尘埃节点的内存 $M = 10.48576 \times 10^5$ bit。以 AES-128 为例,可以得到如表 3-2 所示的存储开销和支持网络规模的对比结果,其中 d 为多项式的阶。

对于 4 个经典协议来说,产生一定长度的密钥只需执行 1 次密钥建立操作,故而它们的参数平均长度也是相对固定的。LU3D 协议虽然需要重复执行多次密钥建立操作,但每次密钥建立操作所涉及的参数平均长度较 4 个经典协议来说更短。如表 3-2 所示,在参数平均长度相同且 $t = 1$ 的情况下,LU3D 协议的存储开销仅比压缩 LU 协议更大。虽然增加预加载的密钥材料组数目也会同时增加对节点存储空间的需求,但降低参数平均长度的方法能够在一定程度上弥补协议花费的代价。

表 3-2　各协议的存储开销、支持网络规模对比结果

协议	存储开销	l	其他参数	支持网络规模(m)
基础 LU 协议[2]	$2ml$		—	≤4096(全网)
压缩 LU 协议[8]	$(m+3)l$		—	≤8189(全网)
MKPS 协议[3]	$3ml$	128	—	≤2730(全网)
多项式 LU 协议[9]	$\dfrac{(d+1)(m+1)l}{2} + 2ceil(\log_2(m-1))$		$d=3$	≤4094(全网)
			$d=9$	≤1637(全网)
LU3D 协议	$\dfrac{3lt}{2}(m+1) + 5l$	128	$t=1$	≤5457(簇)
		128	$t=2$	≤2728(簇)
		64	$t=1$	≤10918(簇)
		64	$t=2$	≤5458(簇)

表 3-3 总结了各协议密钥建立过程所耗费的计算和通信开销情况。由于基础 LU 协议、压缩 LU 协议和多项式 LU 协议均是通过交换 m 维向量来建立共享密钥,它们的通信开销处于相同的水平。与 4 个经典协议相比,LU3D 协议的通信及计算开销与计算轮数密切相关,总体上高于经典协议。为了验证 LU3D 协议在计算和通信开销有所上升的情况下仍然适用于传感器网络,本节结合

MICAz 节点与有效性分析结果对所提协议进行了仿真分析。

表 3-3　密钥建立过程的计算与通信开销对比

协议	计算开销	通信开销	扩展性
basic LU scheme[2]	c	$(m+1)l(r+s)/2$	无
compressed LU scheme[8]	c	$(m+1)l(r+s)/2$	无
MKPS scheme[3]	$2c$	$(m+1)l(r+s)/2$	无
polynomial LU scheme[9]	c	$(m+1)l(r+s)/2$	无
LU3D scheme	$\xi(b+c+2d)$	$(m+4)l\xi(r+s)/2$	有

　　密钥管理协议在计算和通信上的开销将最终直观地表现为对节点能量的消耗,最终表现为寿命的长短。为此,我们利用 OMNET++ 构建了如所示的仿真场景,以模拟 MICAz 节点连续运行 LU3D 协议的情况下能量的消耗速度。

　　具体仿真过程如下:首先构造如图 3-7 所示网络拓扑场景。每个节点均已加载密钥材料,中间 6 个节点默认为簇头节点,能力充足,能够持续运行到其所在簇中最后一个普通节点离开或死亡为止。若簇中只剩下簇头,则认为该簇已经死亡,不允许新节点继续加入。当所有簇都死亡后,认为整个网络死亡。为了保证整个仿真过程可以顺利结束,网络部署完毕则开始运行,且仅将从某个簇中正常离开的节点当做新节点随机加入其他簇,而不再额外增加新节点。

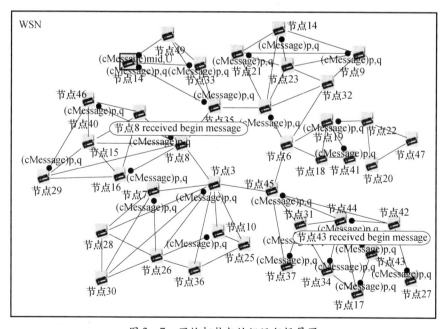

图 3-7　网络拓扑与协议运行场景图

任意两次节点添加或删除的更新操作时间间隔是随机的,相应的目标节点、目标簇也是随机选择的。在整个仿真过程中,活动节点数目始终小于等于初始网络节点数目。设参数平均长度128bit,测试三种更新间隔下的网络寿命得到了如表3-4所示结果。可见,在所设定的测试环境下,LU3D协议是可行且有效的。倘若在网络中额外添加一些新节点或使得簇头节点在无成员的情况下仍然等待新节点加入,则LU3D协议的寿命将更长。

表3-4 所提协议寿命仿真测试结果

更新间隔	平均执行轮数	节点最短寿命/天	节点最长寿命/天	平均寿命/天
1s	6.6898	15.8373	69.3464	35.8322
1min	5.2134	380.8722	8619.3339	1898.3921
10min	4.3933	8278.6451	29320.0564	19430.8296
1h	5.6621	41732.3432	105269.2083	69832.3475

3.2 基于E-G协议的异构传感网跨层密钥管理协议

在分层结构中,每层隐藏该层及其以下各层的复杂性为上层提供服务,使设计者能够把一个复杂问题分解为不同层面的几个子问题逐一解决。分层结构已在传统网络中取得了巨大的成功,为了更好地与现有网络互联互通,现有异构传感网密钥管理协议亦普遍遵循分层结构而设计。虽然分层结构逻辑结构清晰、易于实现,但是在严格的分层结构中,网络被分割成若干个独立层次,相邻层之间按照严格的层间接口交互,非相邻层之间由于操作屏蔽而不允许直接交互,不利于网络全局优化。

由于异构传感网具有大规模、自组织、拓扑易变、资源受限等固有特性,而分层结构阻断了层与层之间的沟通协调,制约了网络的性能改善,不适应异构传感网的呼声此起彼伏。因此,HSN不能完全照搬照抄现有网络协议栈设计[11]。为适应通信环境的变化和满足通信服务的需求,2001年,Hass[12]最早提出跨层设计的概念。后续研究人员也从改善网络性能的不同角度,对跨层设计做出解释并设计了若干跨层设计协议。大量研究实践证明:跨层设计技术能够显著提高HSN网络性能,是一种行之有效的技术[13]。利用跨层设计技术,降低异构传感网因拓扑结构易变、节点资源受限带来的不利影响,提高异构传感网网络性能、优化网络资源配置,已成为国内外一个新的研究热点。

跨层设计是指通过积极开拓协议层之间的依赖关系,以获得网络性能的提升。即:在维持现有协议栈层与层之间分离的同时,放松对分层结构的严格要求,允许在多个层面之间进行跨层信息共享和协同设计,通过多层信息之间的交互与协同,达到优化提高网络性能、延长网络寿命的目的。如图3-8所示,协议栈中层与层之间在维持现有分离状态的同时,为了从整体上提升网络安全与协作能力、能量管理效率以及网络性能,不同层之间打破层间限制,共享网络状态。本章将以跨层设计思想为指导,分析异构传感网分层安全的局限性,阐明跨层设计的理念和技术,探索异构传感网跨层密钥管理优化协议设计方法,设计一种基于E-G协议[14]的异构传感网跨层密钥管理协议。所提协议与E-G协议的区别主要在于:采用层间信息传递技术,高层安全服务跨越层界限与网络路由结构相互影响。高层安全服务依据路由结构有选择地建立密钥链路;在建立密钥链路的同时又影响网络路由结构。分析实验表明,所提协议既能有效地保证网络连通,又能节约网络能耗。

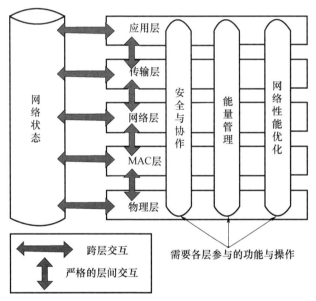

图3-8 跨层设计示意图

3.2.1 相关基础

随着无线通信和无线网络占据网络研究与发展的中心舞台,网络的基础——分层结构——正受到越来越多的质疑。为了解决这个问题,研究人员通常从各自的研究角度提出自己理解的跨层设计协议。因此,本小节将在总结现有跨层设计文献的基础上,剖析异构传感网分层安全的局限性,阐明跨层设计的理念和相关技术。

1. 分层安全局限

由于异构传感网自身固有的一些特性，使得其在传统网络得到广泛应用。传统加密算法在异构传感网中不能直接应用，主要表现在：①从经济效益看，传感器节点在能量、计算能力、通信能力方面受限。②与传统网络不用，传感器网络常常部署在无人值守的环境中，增加了节点受到物理攻击的可能性。③异构传感网构成了物理环境和人类之间的媒介，提出了新的安全问题。因此，已存在的密钥管理协议不能满足异构传感网的需要，针对某一层的网络安全协议[15-17]，往往不能从整体上有效解决 HSN 安全问题，新的密钥管理协议亟待提出。主要表现在以下几个方面：

（1）冗余安全服务。由于部署环境的复杂性与无线通信的开放性，异构传感网容易遭受大量攻击，每种安全机制都将消耗异构传感网网络资源（如：能量、存储、计算能力、带宽等）。假设每个节点都提供最多的安全服务必然会导致不必要的资源浪费，从而缩短网络寿命[18]。因此，如果不从系统的角度考虑安全协议设计，为不同层提供不同的安全服务显然将导致安全服务冗余和不必要的资源消耗。在一定程度上，无组织的安全服务容易导致大量网络资源消耗，引起无意识的 DoS 攻击[19]。一般来说，在网络协议栈中可能若干层提供相同的安全服务。因此，当数据流经每一层时，在每一层都将处理，一部分数据包经过不同层的安全服务导致安全冗余。

（2）非自适应性安全服务。因为针对异构传感网的安全攻击可能来自不同的协议，一个对等的安全机制不能保证持续安全。比如，链路层安全主要解决一致性、双方认证和数据新鲜性，却不涉及物理层安全问题。但是，在实际应用中如果物理层不安全会导致整个网络不安全[19]。显而易见，采用多层安全设计或跨层安全设计可以提供较好的安全服务。进一步来说，自适应的安全服务具有更好的安全服务能力，因为可以自适应地灵活应对网络拓扑结构的变化和各种攻击。

（3）能量有效性差。在异构传感网设计过程中，能量有效性是一个非常重要的指标。在异构传感网中有多种能量消耗，如空闲监听、冲突重放以及不必要的高速传输等。因此，不同层有不同的降低能耗的措施。例如：在网络层中，已经证明能量感知路由协议可以明显降低能耗。在 MAC 层中，在可能的时候关闭无线发射机[20]，可以有效降低空闲监听功耗和冲突数目。在网络层中，可以通过采用具有功率识别功能的路由协议有效地节省能量[21]。在应用层中，针对不同的应用可以采取不同的措施有效降低功耗。因此，能耗问题不能在网络中某一层得到彻底解决[20]，由密钥管理协议而导致的能量消耗同样也需要用跨层设计的方法加以解决。

2. 跨层设计理念

虽然当前涉及层设计思想的文献很多,但是关于跨层设计的准确概念业界还没有一个明确的定义。通俗地讲,跨层设计就是以改善网络性能(比如:提高网络吞吐量、降低通信延迟等)为目的,在维持层间分离的同时,放松对分层结构的严格要求,允许不同层、不同模块间进行跨层信息共享和协同设计,通过多层信息交互与协同优化提高网络性能,为网络运行提供必要的 QoS 保障。HSN跨层设计主要目的就是通过增加节点内层与层之间的直接交互,使得本地信息得以高效共享,从而降低不同节点间对等层通信和信息处理开销,以达到满足HSN 全局优化的需要。HSN 跨层设计需要特别强调以下两个方面:

(1)异构传感网跨层设计并非完全摒弃原有网络分层结构,而是在保持传统分层结构优点的基础上,通过允许不同层之间信息交互访问,增加信息共享度与控制灵活性。

(2)在异构传感网跨层设计中,并非将整个协议栈一同进行跨层设计,而是依据客观需要科学地选择若干层次进行有组织有计划的跨层设计。

3. 跨层设计技术

跨层设计可以显著地改善网络性能。当前跨层设计技术主要有松散耦合跨层设计和紧密耦合跨层设计两类。

在松散耦合跨层设计中,网络性能优化主要集中于网络协议栈中的某一层,但不跨越所有层。为了改善本层性能,把其他层参数纳入本层考虑范围之中。因此,其他层的信息必须传递至该层,如图 3 - 9 所示,层间信息传递包括信息上行(图 3 - 9(a))、信息下行(图 3 - 9(b))、信息同时上下行(图 3 - 9(c))三种方式。其中,最典型的层间信息传递方式便是信息上行,即由底层向上层传递信息。例如,MAC 层丢包率或物理层信道状态可以传递给传输层,以便 TCP 协议能从丢包中区分拥塞。物理层可以传递链路状态给路由层,使得路由算法获取一个额外的性能度量。

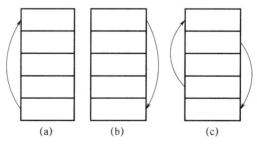

(a)　　　　(b)　　　　(c)

图 3 - 9　跨层设计技术分类

需要注意的是,当多层信息传递至某一层从而执行跨层设计时,对于这些传入信息主要有两种使用方式,其区别主要在于如何利用这些信息。第一种方式也是最简单、最常用的跨层设计技术,是把其他层信息作为该层参数使用。该层因获取了更精确、更可靠的参数而得以改善性能,但该层本身无需做本质改变。例如,物理层可以把链路质量传递给 TCP 层,使得 TCP 层可以从链路质量退化中区分出真正的拥塞,从而更智能地执行拥塞控制。第二种方式是基于其他层信息改变本层功能。例如,MAC 层可以提供本身性能给路由层,从而路由层可以利用空间差异执行多路径路由。然而,从单路径路由到多路径路由需要路由协议有一个显著的改变,而不仅仅是调整参数。

在紧密耦合跨层设计中,仅仅实现层间信息共享是不够的。在该跨层设计技术中,常常将整个网络看作一个系统优化器,终端用户的应用需求作为网络的优化目标,把不同层中的功能作为一个最优化问题做联合优化。网络中的每一层对应着一个分解的子问题,层与层之间的界面量化为对应的子问题中需要优化的基本变量和对偶变量的功能函数,如图 3-10 所示。例如,MAC 层和路由层在多信道时分多路复用中,时间片、信道和路由可以由同一个算法决定。

紧密耦合跨层设计一个极端例子是协议栈相邻层融合为一个层。按照分层是最优化分解的观点,相邻层融合则是为改善网络性能而重新分层。如图 3-10(b)所示,融合相邻层成为一个协议层保持紧密耦合跨层设计的优点。更进一步,可以避免跨层信息传递开销。而且,融合相邻层已经不仅仅停留在理论层面,在实际应用中已经有所采用。比如,在针对 Mesh 网的 802.11 标准中,路由协议被设计为 MAC 层的关键模块。这种路由层和 MAC 层融合方法提供了一个潜在同一层优化 MAC 和路由的巨大潜力。

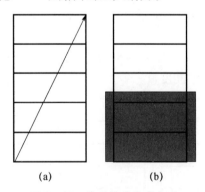

(a)   (b)

图 3-10 跨层设计技术分类

比较两类跨层设计技术可以看出,紧密耦合跨层设计比松散耦合跨层设计可以获得更好的网络性能。然而,松散耦合跨层设计的优点是没有摒弃协议层间的透明性。

3.2.2 基于 E‒G 协议的异构传感网跨层密钥管理协议

本小节首先阐述基于层间信息传递技术的异构传感网跨层密钥管理协议设计思路,接着提出一种基于 E‒G 协议的跨层密钥管理协议。所提协议与 E‒G 协议主要区别在于:在密钥链路选择时,采用层间信息传递技术,高层安全服务依据路由结构有选择地使用部分密钥链路,同时又可能改变部分原路由结构。其他方面,如密钥撤销、密钥重置等借助组播或广播实现,采用与 E‒G 协议相同方法。

一个典型的异构传感网通常由一个 Sink 节点、少量高端节点(High‒end Sensor,H‒sensor)和大量低端节点(Low‒end Sensor,L‒sensor)组成。Sink 节点能量无限、安全、可信。由于成本限制,L‒sensor 未装备防篡改软件。恶意攻击者在捕获 L‒sensor 之后,可以获取所有密钥原材料、数据和相关代码。H‒sensor 相对数量较少,比如:20 个 H‒sensor,1000 个 L‒sensor。因此,H‒sensor 可以装备防篡改硬件。H‒senor、L‒sensor 均由电池供电,与 L‒sensor 相比,H‒sensor 能量较多,计算、通信和存储能力较强。H‒senor、L‒sensor 拥有唯一 ID 标识,在网络中处于相对静止状态,借助定位算法可以确定所在位置。L‒sensor 经过一跳或多跳到达 H‒sensor,H‒sensor 经过一跳或多跳与 Sink 节点相连通。

1. 设计思路

跨层设计的核心概念就是以自适应的方式从整体的角度对系统进行优化设计[22]。从体系结构的观点来看,密钥管理协议要为其他安全机制提供基础服务,并与这些安全机制共同组成异构传感网的整体安全解决协议。实现跨层设计的异构传感网密钥管理将有利于明确设计目标和网络性能优化化[23]。

由于异构传感网节点资源限制,一个传感器节点仅仅能和有限通信半径范围内的邻居节点通信。按照 Lee 和 Stinson[24]的观点,异构传感网网络结构可以看作是物理层和网络层叠加之后选择的结果。因此,从密钥管理这一特定应用来看,物理层可用一个由节点位置决定的"物理图"表示;网络层可用一个网络路由决定的"路由图"表示;应用层可用一个由密钥决定的"密钥图"表示。从这种观点出发,在 E‒G 协议中路由图是随机图。文献[24]与文献[25]用强正则图和广义四边形的交集图作为路由图,而基于部署知识的密钥管理协议可看作"物理图"与"密钥图"协同设计的结果。

在异构传感网中,部署节点成簇之后,在一个给定的簇内,根据节点间能否一跳通信,可在网络层生成一个"路由图"。同时,簇内各节点经过共享密钥发现和路径密钥建立后,根据密钥连通关系,可在应用层生成一个"密钥图"。结合路由选择过程,"密钥图"和"路由图"可进一步融合为"密钥—路由树"(图 3 - 11)。由于 HSN 的多态性,节点的退出和增加可能随时发生。这时,"密钥图"和"路由图"便会随之变化。"密钥—路由树"需要适应这种变化,进行实时更新。

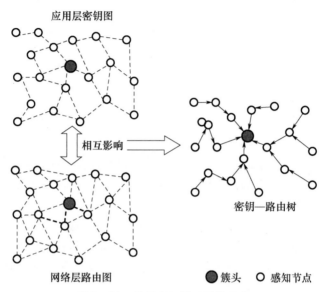

图 3 - 11 跨层密钥管理设计思路

本节将采用层间信息传递技术,使基于 E - G 协议建立的网络层路由图与物理层物理图相互影响,在依据路由结构做出链路选择时,又可能改变原有路由结构,从而提高了局部和全局自适应能力[26]。跨层设计可以在路由选择、能量消耗等方面进行均衡。如图 3 - 12 所示,位置、能量、拥塞等因素的改变,将导致网络路由结构的改变,高层安全服务也应随之改变,从而有效延长网络生命期。

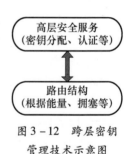

图 3 - 12 跨层密钥管理技术示意图

2. 密钥分配

可信的异构传感网密钥服务器为网络构建一个大的密钥池 P 中,并且为密钥池每个密钥分配一个唯一确定的密钥标示 ID。每个节点从密钥池 P 中随机取 S 个密钥构成自己的密钥环。S 的上边界取决于节点的存储能力。由于 H - sensor 具有较高的计算能力、通信能力和存储能力,所以 $|S|$ 较大;相反,L - sensor 由于计算能力有限,通信能力和存储相对能力较弱,所以 $|S|$ 相对较小。

68

3. 节点成簇

在成簇阶段,H-sensor 广播包含自身 ID 的 Hello 数据包(如图 3-13 消息 1 所示),随机延迟一段时间,避免信号碰撞。Hello 数据包格式如图 3-14 所示。其中,ID_{dist} 为目标节点 ID 号,ID_{sour} 源节点 ID、X、Y 为节点坐标。由于 Hello 数据包传输距离足够远,每个 L-sensor 将收到若干个 Hello 数据包。L-sensor 从中选择信噪比(SNR)最佳的 H-sensor 作为簇头(Cluster Head,CH),其他未被选择的 H-sensor 作为后备簇头。

1. $H_a \Rightarrow *$:Hello($*,id_{Ha},x,y,\cdots$)
2. $L_i \Rightarrow H_a$:Hello($*,id_{Ha},id_{Li},x,y,\cdots$)
3. $H_a \Rightarrow L_i$:HelloReply(id_{Ha})

图 3-13　成簇消息

ID_{dist}	ID_{sour}	X	Y	...

图 3-14　Hello 数据包格式

L-sensor 向所选簇头发送入簇请求数据包(如图 3-13 消息 2 所示)。由于簇头位置信息可以从 Hello 数据包中获取,L-sensor 有方向性地向邻居节点发送请求数据包,邻居节点转发数据包直到到达簇头。簇头在收到请求数据包后,借助地理位置信息或数据融合方式构建簇内路由。并依次向每个 L-sensor 发送应答信息(如图 3-13 消息 3 所示)。

至此,H-sensor 得到以 H-sensor 为中心点的 Voronoic 图[27,28]。L-sensor 和 H-sensor 构成物理层随机图。

4. 邻居密钥形成

节点成簇之后,簇内节点将形成邻居密钥,完成网络层路由图建立。

共享密钥发现:如果节点和一跳之内的邻居节点有共享密钥,则建立一条通信链路。最简单的共享密钥发现方式如图 3-15 所示,节点间以明文方式向邻居节点发送自己密钥环中的密钥 ID,完成密钥认证;或者采用 Markel 树的方式,要求对方解 Puzzle,完成密钥认证。

由于节点采用随机密钥分配方式获取密钥,一对密钥可能被多对节点采用。但并不会引起安全问题,因为在移除被捕获节点时将移除捕获节点所有密钥环中的所有密钥。

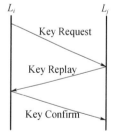

图 3-15　共享密钥发现

路径密钥建立:如果节点与一跳之内邻居节点没有共享密钥,但具有两个或多个具有共享密钥的链路链接,则借助共享密钥建立路径密钥(图 3-16)。HSN 密钥预分配机制保证了经共享密钥发现之后,密钥环中还有大量密钥没有指派到任何节点。正如实验分析所述,在节点完成共享密钥发现之后,还有大量未分配密钥。

在邻居密钥形成之后,网络层构建与节点分布无关的路由图。

5. 密钥链路选择

邻居密钥形成之后,L - sensor 虽然(几乎)与所有邻居节点建立了密钥链路,但是根据传感器网络数据多对一传输特性,不需要与每个节点交换信息。根据 3.2.2 节成簇阶段 CH 的反馈信息,L - sensor
仅选择 SRN 较优的邻居节点作为通信链路,其余节点作为后备通信链路。

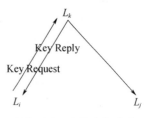

图 3 - 16 路径密钥建立

至此,簇头依据节点位置信息形成物理层物理图,网络层在路由图基础上,依据路由信息选择部分密钥链路建立最终路由图,同时可能改变部分物理层物理图结构(图 3 - 17)。HSN 完成节点成簇和密钥交换,网路通信采用加密消息。

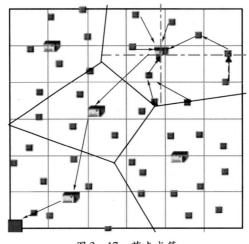

图 3 - 17 节点成簇

3.2.3 分析实验

本部分将以经典 E - G 协议为参照,从密钥配置、连通性分析、能耗分析三个方面对所提协议进行实验分析。

1. 密钥配置

由于异构传感网中 H - sensor 与 L - sensor 存在性能差异,H - sensor 具有较大的存储空间,所以 H - sensor 密钥环长度比 L - sensor 要大。另一方面,由于本密钥管理协议是在 E - G 协议基础上设计的,其基本思想是一致的,区别主要在于共享密钥发现和路径密钥建立上。E - G 协议最终是形成网状拓扑结构,而本协议是形成以簇头为中心的树状拓扑结构,所以密钥分配方式上是一致的。

2. 连通性分析

在异构传感网中,H - sensor 与 L - sensor 节点存储能力不同,它们密钥环长度也不一致。假设 H - sensor 的密钥环长度为 l,L - sensor 的密钥环长度为 k ($l \geqslant k$)。由于 L - sensor 节点采用与 E - G 协议相同的密钥配置方法,所以 L - sensor 节点间连通性相同:

$$p = 1 - \frac{\left(1 - \dfrac{k}{P}\right)^{2\left(P - k + \frac{1}{2}\right)}}{\left(1 - \dfrac{2k}{P}\right)^{\left(P - 2k + \frac{1}{2}\right)}} \tag{3-19}$$

由于 P 很大,借助 Stirling 公式

$$n! \approx \sqrt{2\pi}\, n^{n + \frac{1}{2}} \mathrm{e}^{-n} \tag{3-20}$$

求得 H - sensor 与 L - sensor 共享至少一个密钥的概率为

$$p = 1 - \frac{\left(1 - \dfrac{l}{P}\right)^{\left(P - l + \frac{1}{2}\right)} \left(1 - \dfrac{k}{P}\right)^{\left(P - k + \frac{1}{2}\right)}}{\left(1 - \dfrac{l + k}{P}\right)^{\left(P - l - k + \frac{1}{2}\right)}} \tag{3-21}$$

如图 3 - 18 所示,在密钥池分别为 $P = 1000, 2000, 5000, 10000, 100000$ 时,L - sensor 间共享至少一个密钥的概率。各条曲线从上至下,依次为可以看出在密钥池保持不变的情况下,随着节点密钥环的变大节点间共享至少一个密钥的概率也明显变大;但是在节点密钥环不变的情况下,随着密钥池的变大节点间共享至少一个密钥概率下降。图 3 - 18 为在密钥池 $P = 2000$ 时,H - sensor 与 L - sensor 共享至少一个密钥的概率。如图 3 - 19 所示,随着 H - sensor 密钥环变长共享至少一个密钥的概率变大。

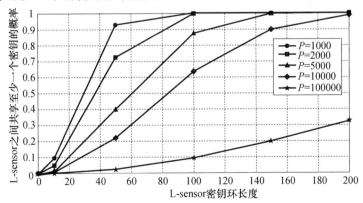

图 3 - 18　L - sensor 共享至少一个密钥示意图

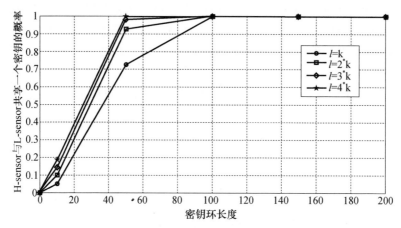

图 3 - 19　H - sensor 与 L - sensor 共享至少一个密钥示意图

3. 能耗分析

　　为使 E - G 协议与所提协议的能量消耗情况更加直观,假设 H - sensor 与 L - sensor采用相同大小的密钥环。由于信息传输能耗包括发送和转发两部分,与路径长度成正比,所以本节采用以平均网络链路长度变化展示能耗变化。E - G协议中,每个节点要与所有一跳之内能建立共享密钥或者路径密钥的节点建立链路;本协议中由于每个节点只与某一个双亲节点建立链路。当网络节点总数为分别为 100、400、900、1600 时,由文献[29]结论可知,以 H - sensor 为簇头的簇大小近似为 10、20、30、40。如图 3 - 20 所示,E - G 协议与所提协议平均网络链路长度均逐次变大,但所提协议平均网络链路长度远小于 E - G 协议平均网络链路长度,所以节能效果明显。

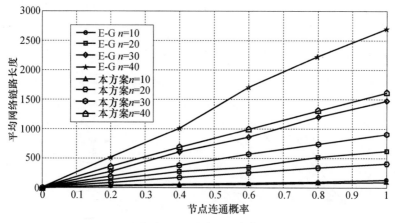

图 3 - 20　平均链路长度

3.3　多阶段能量有效的密钥预分配协议

对于以 E - G 协议[14]为基础的若干随机密钥管理协议来说,资源受限的节点均匀部署在网络中,以固定的通信半径彼此通信。事实上,大范围通信确实能够减少信息通信的跳数,增加直接密钥建立概率,但需要消耗大量的能量用于信号放大和抵抗路径损耗。倘若能够在保证网络连通概率的条件下,动态调整节点的通信半径,则可以在减少跳数和降低放大能耗之间寻求平衡,延长网络寿命。另一方面,对于多阶段部署的网络来说,节点在不同的阶段先后部署到网络中,节点密度增大,即使缩小节点的通信半径,也能够保持一定的全网连通概率。

3.3.1　动态异构的变化趋势

随着网络的运行,主观异构不断发生变化,最终转变为客观异构。如高级节点因为处理复杂的操作而大量耗费能量,与执行低能耗操作的普通节点的能量差距逐渐减小,甚至低于普通节点,这使得人为引入的高能节点可能无法继续产生积极作用,反而可能随着协议的持续运行快速死亡。可见,虽然主观异构能够在理想的静态网络中带来优势,但由于缺少对动态异构类在整个网络运行周期中的长期作用情况的研究,无法合理预测网络运行趋势,更无法为协议的设计与改进提供契合现实的模型。这也是我们致力于划分和刻画异构性,研究动态异构类随机变化对协议产生何种长期影响的根本原因。

假定网络中共有 N 个节点,网络的异构空间为 $(X, \mathcal{T})$,极小基为 $\mathcal{B} = \{\varnothing, \{x_1\}, \cdots, \{x_p\}\}$。在初始时刻,网络的各种简单异构性相互独立存在。随着时间的推进,由于信息的收发量、电池电量的减少量、受外界环境的影响等的差异,异构类的异构态将越来越复杂。当所有节点都呈现出不同异构值时,其异构度达到峰值 N。当某些节点出现死亡或撤销,网络规模开始减小,异构度又随之降低。可见,网络中动态异构类的异构状态是在不断地发生随机波动的。

假定 $N(t)$ 是一个计数过程,表示到时刻 t 为止已经发生的波动次数,且 $N(0) = 0$。单位时间内发生波动事件的次数服从参数为 λ 的泊松分布,则在时间区间 $[s, s+t]$ 内发生 i 次波动的概率为

$$Pr(N(t+s) - N(s) = i) = \frac{(\lambda t)^i}{i!} e^{-\lambda t} \tag{3-22}$$

令 $s = 0$,容易得到至时刻 t 已经发生 i 次波动的概率为

$$Pr(N(t) = i) = \frac{(\lambda t)^i}{i!} e^{-\lambda t} \tag{3-23}$$

异构类的波动有两种情况：①单调波动的，如无能量补给的节点，其能量波动呈现递减趋势；②伯努利正负向波动，即对应异构值要么升高若干个单位，要么降低若干个单位，且每次波动都是独立无记忆的（之后的波动与过去的波动无关）。

对于单调波动，由式（3-23）可知，到时刻 t 波动总次数的期望为

$$C(t) = \sum_{i=1}^{\infty} i \times p(N(t) = i) = \lambda t \tag{3-24}$$

对于伯努利正负波动，其波动规律服从二项式分布。令 p 是正向波动的概率，$q=1-p$ 是反向波动的概率，则在 t 时刻，已发生的 i 次波动中有 x 次正向波动的概率为

$$k_i(x) = \binom{i}{x} p^x q^{i-x} \tag{3-25}$$

故对于发生伯努利波动的异构类，在时刻 t 整体波动（正向）总次数的期望为

$$C(t) = \sum_{i=1}^{\infty} \left(\left[\sum_{j=0}^{i} (2j-i) \times k_i(j) \right] \times Pr(N(t) = i) \right) \tag{3-26}$$

3.3.2 协议设计

本节提出了一个动态的多阶段随机密钥建立协议，该协议以动态调整节点半径和密钥环长度来延长网络寿命的同时，保持随机密钥管理协议的网络连通率。协议的具体内容如下：

1. 初始化

在第一个部署期 DP_1，基站首先产生一个容量为 M 的密钥池 $KP_1 = \{(k_i, id_{ki}) \mid i \in [1,M]\}$，其中 k_i 为第 i 个密钥，id_{ki} 为 k_i 的唯一标识。每个预部署的节点 u 都分配一个全局唯一标识 id_u，设定其初始通信半径 r_u 为最大通信半径 r_{max}，并从 $KP_i(i \geq 1)$ 中随机选取 m_1 个不重复密钥构成密钥环 KC_u，加载密钥材料 $\{id_u, cnt_u, KC_u\}$ 到节点 u 中。其中，cnt_u 是阶段计数器，初始为 1。

2. 直接密钥建立

令 u 和 v 为两个在彼此通信范围以内，欲建立共享密钥的节点。二者分别在半径为 r_u 和 r_v 的范围内通过广播 Hello 消息进行邻居发现。Hello 消息包含节点标识、阶段计数器 cnt、随机 $nonce$ 和密钥环 ID 列表 $KCidList$。接收到该消息的节点首先检查计数器是否一致，若小于对方，则先进行 Hash 运算直到计算器相等再进行后续操作。ID 较小的节点 u 随机选择 $q \geq 1$ 个共享密钥组成集合 S，计算所有共享密钥的异或结果。以该结果为密钥加密所选集合 S 对应的标识集合 S_{id} 发送给节点 v。节点 v 接收到 S_{id} 之后，同样计算所有共享密钥的异或，并解密得到本次密钥建立所选择的共享密钥材料标识。最后，双方利用随

机 *nonce* 和单向累加器[30]$f(x,y)$生成共享密钥。其中,单项累加器具有累加集合元素可交换性,即若有 $Y=\{y_1,y_2\}$,则 $f(x,Y)=f(f(x,y_1),y_2)=f(f(x,y_2),y_1)$。令 (u) 表示 u 的内部操作,$u\rightarrow^*$ 表示 u 的广播操作,$u\rightarrow v$ 表示 u 向 v 发送消息,直接密钥建立过程可表述如下:

$u\rightarrow *:Hello=\{id_u,cnt_u,nonce_u,KCidList_u\}$

$\quad(u):check(cnt_u\geqslant cnt_v)?$

$\quad\quad Yes:S=\{k_1,k_2,\cdots,k_q\},1\leqslant q\leqslant Q$

$\quad\quad\quad S_{id}=\{id_{k1},id_{k2},\cdots,id_q\}$

$\quad\quad\quad k=k_1\oplus k_2\oplus\cdots\oplus k_Q$

$\quad\quad No:cnt_u=cnt_v$

$\quad\quad\quad k_i=H^{cnt_v-cnt_u}(k_i)$

$\quad\quad\quad go\ back\ to\ check$

$u\rightarrow v:E_k(S_{id})$

$\quad(u):k_{u,v}=H(f(id_u\oplus id_v,S)\oplus nonce_u\oplus nonce_v)$

$v\rightarrow *:Hello=\{id_v,cnt_v,nonce_v,KCidList_v\}$

$\quad(v):check(cnt_v\geqslant cnt_u)?$

$\quad\quad Yes:k=k_1\oplus k_2\oplus\cdots\oplus k_Q$

$\quad\quad No:cnt_v=cnt_u$

$\quad\quad\quad k_i=H^{cnt_u-cnt_v}(k_i)$

$\quad\quad\quad go\ back\ to\ check$

$\quad(v):S_{id}=D_k(E_k(S_{id}))$

$\quad\quad S=\{k_1,k_2,\cdots,k_q\}$

$\quad(v):k_{v,u}=H(f(id_v\oplus id_u,S)\oplus nonce_v\oplus nonce_u)$

3. 多阶段动态部署

令 n_i 表示在 $DP_i(i\geqslant1)$ 中部署的节点数目,$\sum n_i=N$。对于 $DP_i(i>1)$,基站更新密钥池为 $KP_i=\{(H^{i-1}(k_i),id_{ki})\mid i\in[1,M]\}$。监测节点能量。若节点的平均能量较上一次测试时下降幅度 $\overline{E}_{DP_{i-1}}-\overline{E}_{DP_i}<\theta$,则记录 $\overline{E}_{DP_i}=\overline{E}_{DP_{i-1}}$,按照前述方法从 KP_i 中为预部署的 n_i 个节点加载密钥材料,保持密钥环规模为 $m_i=m_{i-1}$,通信半径为 $r_i=r_{i-1}$。否则记录 $\overline{E}_{DP_i}$,并更改节点通信半径和新部署节点的密钥环规模,具体方法是:计算欲缩减到的节点半径 $r=r_{i-1}-rstep$,新密钥环规模 $m=m_{i-1}+mstep$,以及在 DP_i 中部署完 n_i 个节点后的平均密度 $\overline{\rho}=N/A$ 和平均密钥环规模 $\overline{m}=\sum_{j=1}^i m_jn_j/N$。计算临界值 $r_{\min}$。若 $r>r_{\min}$,更新 $m_i=m$,$r_i=r$;否则 $m_i=m_{i-1}$,$r_i=r_{i-1}$。按照前述方法从 KP_i 中为预部署的 n_i 个节点加载密钥材料,其中密钥环规模为 m_i,设定通信半径为 r_i。基站通过安全信道广播动态更新通知,收到的节点重新调整自己的通信半径为 $r_i=r_{i-1}-rstep$。最后,将新节点均匀部署于网络中。

3.3.3　临界值计算

为了更好地把握由于通信半径 r 的降低,节点邻居数目 n' 减少,而对全网连通概率 Pc 造成的影响,需要对节点通信半径 r 的临界阈值 $r_{\min}$ 进行讨论。根据文献[14,31]和随机图理论,若承载随机密钥管理协议的网络共有 n 个节点,可以看做一个以概率 Pc 连通的随机图 $G(n,p)$,其中任意两点间以 $p=(\ln(n)+c)/n$ 的概率存在链路。则容易得到节点度期望

$$d = p \times (n-1) = \frac{(n-1)}{n} \times (\ln(n) - \ln(-\ln(Pc))) \qquad (3-27)$$

两邻居节点共享密钥(或具有安全链路)的概率

$$p' = 1 - \binom{M-m}{m} / \binom{M}{m} \approx 1 - \frac{(1-m/M)^{2(M-m+0.5)}}{(1-2m/M)^{(M-2m+0.5)}} \qquad (3-28)$$

式中:M 和 m 分别为密钥池和密钥环规模。此时,任意节点的度期望为 $d' = p' \times (n'-1)$,n' 为邻居节点数目。由于 $d' = d$,故可以得到邻居节点数目与全网连通概率的关系满足

$$p' \times (n'-1) = \frac{(n-1)}{n} \times (\ln(n) - \ln(-\ln(Pc))) \qquad (3-29)$$

令网络平均节点部署密度为 ρ,$Pc_{\min}$ 表示应用需求所要求的最小全网连通概率,$n'_{\min}$ 为邻居节点数目阈值。则节点通信半径的阈值为

$$r_{\min} = \sqrt{(n'_{\min}+1)/\pi\rho} \qquad (3-30)$$

其中:

$$n'_{\min} = \frac{(n-1) \times (\ln(n) - \ln(-\ln(Pc_{\min})))}{np'} + 1 \qquad (3-31)$$

根据式(3-28)、式(3-30)和式(3-31)就可以在确定密钥池、密钥环和网络规模、平均密度和最小全网连通概率的基础上,得到节点通信半径的最小临界值。对于动态的密钥环规模,该通信半径临界值也是动态的。

3.3.4 协议分析

设整个监测区域面积 $A = 100000\mathrm{m}^2$,密钥池规模 $M = 10000$,节点最大通信半径 $r_{\max} = 30\mathrm{m}$,初始阶段部署节点 1000 个,当全网平均能量下降值超过阈值 $\theta = 100\mathrm{J}$ 时,进入下一个部署期。设当前网络的异构空间 $(X, \mathcal{T})$ 极小基 $\mathcal{B} = \{\varnothing, \{x_1\}, \{x_9\}\}$,$\mathcal{T} = \{\varnothing, \{x_1\}, \{x_9\}, \{x_1, x_9\}\}$,初始异构态 $st = \langle (27000\mathrm{J} \times 990, 54000\mathrm{J} \times 10)x_1, (0 \times 999, 1 \times 1)x_9 \rangle$,其中 1 表示妥协,0 表示为未妥协。此外,为了方便计算,设动态异构类的变化每次仅波动一个单位的异构值,半径的削减步长为 $1\mathrm{m}$。

1. 全连通概率分析

能量异构和敌手攻击能力异构是网络中存在的客观动态异构,它们随时间的推进而变化。此外,为了保证密钥连通概率,延长网络寿命,所提协议人为引入了通信半径异构和密钥环规模异构。由于能量异构值在无能量补给的条件下是单调递减的。因此在 t 时刻,任一节点的能量波动值期望满足式(3-24)。令节点初始能量为 E_0,则在部署期 DP_i 部署的节点在 t 时刻的能量 $E_t^i = E_0 - C(t') \approx E_0 - \lambda(t - (i-1) \times d_{DP})$,全网平均能量为

$$\overline{E}_t = \sum_{j=1}^{i} n_j E_t^j / \sum_{j=1}^{i} n_j \qquad (3-32)$$

$\overline{E}_t$ 每降低1个梯度,节点通信半径调整为 $r_t = r_{t-1} - step \leqslant r_{\min}$。此时节点邻居数为

$$n_t' = \pi r_t^{2-} \overline{\rho} - 1 \qquad (3-33)$$

根据式(3-28)可以得到网络的实时连通概率:

$$Pc_t = \exp\left(-\exp\left(\ln(N) - \frac{(n_t'-1)Np'}{N-1}\right)\right) \qquad (3-34)$$

图3-21(a)展示了不同参数 $pc(DP,nadd,mstep,pcmin)$ 下,所提协议的全网连通概率在40个部署期中的变化。其中,DP 表示部署期数目,$nadd$ 表示后续每个部署期的节点部署量,$mstep$ 表示节点密钥环的增长步长,$pcmin$ 表示要维持的最小全网连通概率。从图中可见,由于新部署节点数量相对全网节点数目来说非常少,因此密钥环增长步长对全网密钥连通概率的影响最小,而增加部署量和改变最小连通概率则会产生明显影响。对于前三条曲线来说,初始全网连通概率均无法达到最小连通概率需求,因此每个部署期都会在保持通信半径不变的基础上持续扩大密钥环规模。直到节点半径降低一个梯度的结果不会使全网连通概率重新低于最小阈值时,才将节点半径缩减一个梯度,此时全网连通概率将发生跃变,这也解释了 $Pc(40,5,10,0.999)$ 和 $Pc(40,5,10,0.95)$ 两条曲线的跃变点发生原因。

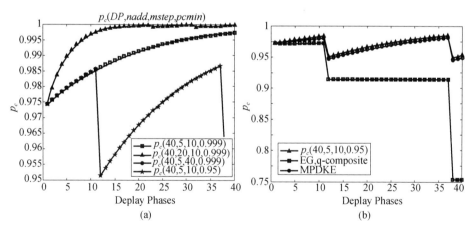

图3-21 全网连通概率分析
(a)全网连通概率趋势图;(b)全网连通概率对比分析图。

以跃变最明显的 $p_c(40,5,10,0.95)$ 为例,与 E-G 协议和 MPDKE 协议[31] 进行了对比分析。不难发现,所提协议的连通概率一旦达到阈值则始终保持在

阈值之上的范围内自主调整通信范围,以节省能量。MPKDE 协议和 E－G 协议均不能动态适应能量变化,在同等通信半径条件下,前者的连通概率略低于所提协议,后者则对半径变化十分敏感。如果随所提协议同步削减通信半径,则 E－G 的连通概率下降迅速;若保持固定的通信半径,E－G 和 MPKDE 均需要耗费额外的传输代价来维持更大的通信范围,降低了网络寿命。

2. 抗毁性分析

敌手攻击能力与攻击者获得的有效妥协节点数目成正比。一个妥协节点对攻击者来说是有效的,当且仅当其妥协状态没有被检测到。一旦妥协节点被检测出来,将被立刻从网络中删除。例如全网有 5 个节点,网络妥协状态异构态为 $(1×1,0×4)x_9$,此时网络中有效妥协节点比例为 1/5。若下一时刻,又一个未妥协节点被妥协,则网络妥协状态异构态变为 $(1×2,0×3)x_9$,有效妥协节点比例上升为 2/5。若随后有一个妥协节点被检测到并被删除,此时网络妥协状态异构态改变为 $(1×1,0×3)x_9$,有效妥协节点比例下降到 1/4。可见,在一段时间内,敌手的攻击能力可能随妥协节点数目的增多正向波动数个单位级,又可能在某一时刻由于妥协节点失效而负向波动,节点妥协数目服从伯努利分布,使得密钥管理协议的实时抗毁性也随之变化。

根据式(3－25)可知,若至第 t 个部署期已发生了 i 次波动,其中 x 次正向波动(相当于妥协了 x 个节点),则有 $i-x$ 次负向波动(相当于有 $i-x$ 个妥协节点被删除),此时全网节点的实时数目 $N_t = N-(i-x)$ 个,实时有效妥协节点数目 $x_t = x-(i-x) = 2x-i \geqslant 0$。故在 DP_t,有效妥协节点数目为

$$C(t) = \sum_{i=1}^{\infty} \left(\left[\sum_{x=0.5i}^{i} (2x-i) \times k_i(x) \right] \times p(N(t) = i) \right) \quad (3-35)$$

由于每一个新的部署期,新、旧节点的密钥均会通过 Hash 运算进行更新,而 Hash 运算具有单向性,因此即使攻击者捕获了一组节点,获得了其密钥环中全部密钥,也仅能对在之后的部署期利用这些密钥建立链路密钥的节点产生影响,而不能攻破之前部署期建立的链路密钥。例如,假设攻击者在部署期 DP_a 捕获了在 $DP_b(b \leqslant a)$ 中部署的节点 u,能够获得密钥材料 $H^{a-1}(k_1), H^{a-1}(k_2), \cdots,$ $H^{a-1}(k_l)$,则攻击者仅能继续更新得到后续密钥材料 $H^c(k_1), H^c(k_2), \cdots, H^c(k_l)$,$c > a$,以及用这些密钥材料建立的链路密钥,而对于使用 $H^d(k_1), H^d(k_2), \cdots,$ $H^d(k_l), 0 \leqslant d \leqslant a-2$,建立的链路密钥则无法攻破。考虑两个在部署期 DP_i 建立链路密钥的未妥协节点 u 和 v,当共有 $C(i)$ 个节点在部署期 DP_i 之前(包括 DP_i)妥协,由于攻击者知道 $k_{u,v}$ 到底选择了几个共享密钥来构建链路密钥,则 $k_{u,v}$ 暴露的概率为

$$P_i^r = \sum_{j=1}^{m_i} \left(1 - \left(1 - \frac{m_i}{M} \right)^{C(i)} \right)^j \frac{p_i(j)}{\sum_{k=1}^{m_i} p_i(k)} \qquad (3-36)$$

式中：m_i 为部署期 DP_i 的密钥环规模；$p_i(j)$ 为两节点恰好有 j 个共享密钥的概率。且

$$p_i(j) = \binom{M}{j}\binom{M-j}{2(m_i-j)}\binom{2(m_i-j)}{m_i-j} \bigg/ \binom{M}{m_i}^2 \qquad (3-37)$$

可见，所提协议的链路密钥妥协概率仅与其建立期和建立期之前妥协节点数目相关。从全网的角度来看，在 $DP_i(1 \leq i \leq L)$，欲部署新节点 n_i 个，平均邻居数目为 d_i，两邻居节点共享密钥的概率为 p_i^s，则所提协议的抗毁性可以表示为任一未妥协链路妥协的概率，即

$$P_{\text{resistent}} = \frac{\sum_{i=1}^{L} n_i d_i p_i^s p_i^r}{\sum_{i=1}^{L} n_i d_i p_i^s} \qquad (3-38)$$

图 3-22 展示了经典 E-G 协议、q-Composite 协议[32]、MPDKE 协议[31] 与所提协议的抗毁性对比情况。所提协议的部署期设定为 4 个，每个部署期被妥协节点均匀，即若共捕获 20 个节点，则每个部署期部署 5 个。q-Composite 协议的参数 q 设定为 2。实际上，所提协议的密钥数目选择过程可以看做 q-Composite 协议的 $q=1$ 的特例，即至少共享 1 个密钥的 2 节点可建立共享密钥，且二者自主选择大于等于 1 个预加载密钥进行链路密钥建立。即使所提协议比 q-Composite 的约束条件更为宽泛，仍然能够获得略优于 q-Composite、明显优于 E-G 和 MPDKE 协议的网络抗毁性。

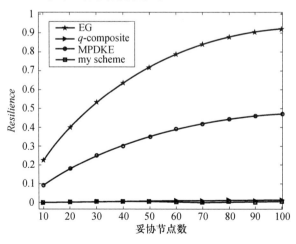

图 3-22　抗毁性对比

3. 寿命分析

借助 OMNET + + 平台定量分析三种协议的寿命。选择 Crossbow 公司的 MICAz 节点(ATmega128L,2.4GHz,传输速率 250kb/s,存储器 512KB)作为传感器节点,建立起测试网络,运行场景如图 3 - 23 所示。

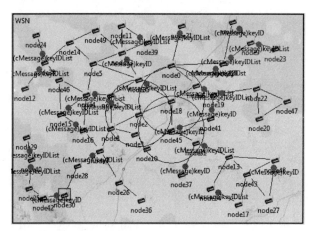

图 3 - 23　仿真场景

在测试过程中,只需考虑协议的运行方式和 MICAz 节点的性能参数。仿真过程中,采取以固定的时间间隔重复执行密钥建立过程的方式来实现寿命测试。所选取的测试时间间隔分别为 1s、1min 和 10min,得到了如表 3 - 5 所示的测试结果,单位为天。从表中容易看出,在保持全网连通概率始终大于 0.95 的条件下,改进协议的寿命较其他三项协议明显增长。

表 3 - 5　寿命仿真结果

更新间隔	E - G 协议	q - Composite 协议	MPDKE 协议	所提协议			
				寿命	E - G 协议相比	q - Composite 协议相比	MPDKE 协议
1s	3.4	2.7	2.1	23	↑19.6	↑20.3	↑20.9
1min	201.4	164.1	158.2	1369	↑1167.6	↑1204.9	↑1210.8
10min	2013.6	1641.5	1585.4	13694	↑11680.4	↑12052.2	↑12108.6

3.4　小结

对称密钥管理协议由于通信双方使用相同的密钥和加密算法对数据进行加/解密,具有密钥长度相对较短,计算、通信和存储开销相对较小等特点,较适用于 WSN,也是目前 WSN 密钥管理的主流研究方向。本章设计了三个对称密钥管理协议;结合扰动技术与随机比特串截取方法,提出了一种新的基于 LU 分解的动态密钥预分配协议,解决了现有的基于 LU - B 密钥预分配协议难以抵抗 LU 攻击的问题,结果表明 LU3D 协议能够通过牺牲少量的通信、计算代价换来安全性的显著提高,证明了所提协议适用于传感器网络;以跨层设计思想为指导,探索异构传感网跨层密钥管理设计方法,并利用层间信息传递技术设计了基于 E - G 协议的异构传感网跨层密钥管理协议,采用高层安全服务与网络路由结构相互作用,高层安全服务直接访问网络路由结构,有选择地建立密钥链路,在建立密钥链路的同时又影响网络路由结构。仿真分析表明,在密钥环大小适当的情况下,所提协议既能有效地保证节点建立共享密钥,又能节省系统能量;总结了动态异构类随时间的变化趋势,提出了能量有效的密钥管理协议,为如何利用异构性来辅助和优化传感网密钥管理协议设计与分析提供了思路。

参 考 文 献

[1] Choi S J,Youn H Y. An efficient key pre - distribution scheme for secure distributed sensor networks[C]// Proceedings of EUC 2005 Workshops:UISW, NCUS, SecUbiq, USN, and TAUES, 3823. Nagasaki, Japan: Springer Verlag,2005:1088 - 1097.

[2] Park C W,Choi S J,Youn A H Y. A noble key pre - distribution scheme with LU matrix for secure wireless sensor networks[C]//Proceedings of the 2005 International Conference on Computational Intelligence and Security,3802. Xi'an,CHINA:Springer - Verlag Berlin,Heidelberg,2005:494 - 499.

[3] Choi S J,Youn H Y. MKPS:A multi - level key pre - distribution scheme for secure wireless sensor networks [C]//Proceedings of 12th International Conference on Human - Computer Interaction,4551. Beijing,China:Springer Verlag,2007:808 - 817.

[4] Blom R. An optimal class of symmetric key generation systems [C]//Proceedings of the EUROCRYPT 84 workshop on advances in cryptology:theory and application of cryptographic techniques. Paris, France:Springer - Verlag Inc. NY,USA,1985:335 - 338.

[5] Du W,Deng J,Han Y S,et al. A pairwise key predistribution scheme for wireless sensor networks[J]. ACM Transactions on Information and System Security (TISSEC),2005,8(2):228 - 258.

[6] Zhu B,Zheng Y,Zhou Y,et al. How to Break LU Matrix Based Key Predistribution Schemes for Wireless Sensor Networks[C]//Proceedings of IEEE 6th International Conference on Mobile Ad Hoc and Sensor Systems. Macau (S. A. R.),China:IEEE,2009:237 - 245.

[7] Albrecht M,Gentry C,Halevi S,et al. Attacking cryptographic schemes based on perturbbation polynomials [C]//Proceedings of ACM Conference on Computer and Communications Security (CCS'09). Chicago,Illinois,USA:ACM,2009:1 - 10.

[8] Pathan A K,Dai T T,Hong C S. An efficient LU decomposition - based key pre - distribution scheme for ensuring security in wireless sensor networks[C]//Proceedings of the 6th IEEE International Conference on Computer and Information Technology. Seoul,Korea:IEEE,2006:227.

［9］ Hangyang D,Hongbing X. Key predistribution approach in wireless sensor networks using LU matrix［J］. IEEE Sensors Journal,2010,10(8):1399 – 1409.

［10］ Zhang F,Dojen R,Coffey T. Comparative performance and energy consumption analysis of different AES implementations on a wireless sensor network node［J］. International Journal of Sensor Networks（IJSNet）, 2011,10(4):192 – 201.

［11］ 柏荣刚,赵保华,屈玉贵. 一种节能的无线传感器网络跨层结构［J］. 中国科学技术大学学报. 2009.8,39(8):809 – 817.

［12］ Hass Z J. Design methodgies for adaptive and multimedia networks［J］. IEEE Communications Magazine, 2001,39(11):106 – 107.

［13］ Shakkottai S,Rappaport T S,Karlsson P C. Cross – layer design for wireless networks［J］. IEEE Communications Magazine,2003,41(10):74 – 80.

［14］ Eschenauer L,Gligor V D. A key management scheme for distributed sensor networks［C］//Proc. of the 9th ACM Conf. on Computer and Communications Security. New York:ACM Press. 2002:41 – 47.

［15］ Perrig A,Szewczyk R,Wen V. SPINS:security protocols for sensor networks［J］. Wireless Networks,2002, 8(5):521 – 534.

［16］ Chris Karlof,Naveen Sastry,David Wagner. A link layer security architecture for wireless sensor networks. ACM Sensys,2004:78 – 87.

［17］ Wood A D,Stankovic J A. Denial of service in sensor networks［J］. IEEE Computer,2002,35(10):54 – 62.

［18］ Chris K,Naveen S,David W. A link layer security architecture for wireless sensor networks［J］. ACM Sensys,2004:78 – 87.

［19］ 杨光松,陈朝阳,肖明波. 无线传感器网络中的跨层安全设计术［J］. 传感器与微系统,2007,26 (2):15 – 18.

［20］ Woo A,Culler D E. A transmission control scheme for media access in sensor networks［J］. Proc ACM MOBICOM,2001:221 – 235.

［21］ Aslam J,Li Q,Rus D. Three power – aware routing algorithms for sensor networks［J］. Wireless Communications and Mobile Computing,2003,2(3):187 – 208.

［22］ 虞莉莉,赵跃华. 无线传感器网络跨层优化研究［J］. 通信技术,2008,41(12):178 – 180.

［23］ 于立娟. 无线传感器网络安全问题分析与研究［J］. 网络安全技术与应用,2009,1:80 – 82.

［24］ Lee J,Stinson D R. Deterministic key pre – distribution schemes for distributed sensor networks. To appear in Lecture Notes in Computer Seience（SCA2004,Proceeding）. 2004:1 – 14.

［25］ Camtepe S A,Yener B. Combnatorial design of key distribution mechanisms for wireless sensor networks, Technical Report IR_0_10,RPI Dept. for Computer Science,April 2004.

［26］ 卢先领,孙亚民,周灵,等. Ad Hoc 无线网络跨层设计综述［J］. 计算机科学,2007,34(10):24 – 27.

［27］ Du X J,Lin F J. Maintaining differentiated coverage in heterogeneous sensor networks［J］. EURASIP Journal on Wireless Communications and Networking,2005,4:565 – 572.

［28］ Du X J,Xiao Y. Energy efficient chessboard clustering and routing in heterogeneous sensor network［J］. International Journal of Wireless and Mobile Computing,2006(2):121 – 130.

［29］ Mhatre V P,Rosenberg C,Kofman D,et al. A minimum cost heterogeneous sensor network with a lifetime constraint［J］. IEEE Transactions on Mobile Computing,2005,4(1):4 – 15.

［30］ Camenisch J,Kohlweiss M,Soriente C. An accumulator based on bilinear maps and efficient revocation for anonymous credentials［C］//Proceedings of 12th International Conference on Practice and Theory in Public

Key Cryptograph. Irvine,CA,United states:Springer – Verlag Berlin,Heidelberg,2009:481 – 500.

[31] Das A K. A random key establishment scheme for multi – phase deployment in large – scale distributed sensor networks[J]. International Journal of Information Security. 2012,11(3):189 – 211.

[32] Chan H,Perrig A,Song D. Random key predistribution schemes for sensor networks[C]//Proceedings of 2003 Symposium on Research in Security and Privacy. Berkeley,CA,United states:IEEE Computer Society,2003:197 – 213.

第 4 章　基于单向累加器的密钥管理协议

在传感网安全机制中,认证密钥和通信密钥同属于密钥管理范围。前者为身份认证提供保障,后者为通信安全提供支持。目前,传感网密钥管理协议研究主要集中在通信密钥的分配和管理上,密钥管理协议主要是基于随机图理论考虑协议设计问题。这一随机性假设忽略了所有合法节点同属于一个集合这一事实,限制了传感网身份认证协议的研究,使得传感网身份认证和密钥协商相隔离。虽然已提出了若干认证协议,但是适用于传感网的很少,把两者结合起来研究更显薄弱,而且这些问题同样存在于 HSN 密钥管理中。

因此,本章以传感网密钥管理问题为切入点,以集合论为理论基础,以身份认证与密钥协商为研究内容,以单向累加器为技术支撑,分别设计基于单向累加器的传感网密钥管理协议、基于快速单向累加器的异构传感网密钥管理协议以及一种基于动态累加器的认证组密钥管理协议 DAAG。

4.1　相关基础

本小节将首先从集合论的角度简单阐述元素与集合之间的关系,明确集合中判定某个元素是否属于集合的条件,进而表明本章密钥管理协议设计的理论角度;然后介绍与集合关系相适应,能完美解决元素与集合之间关系的单向累加器及其性质。

4.1.1　集合关系

集合论的创始人 G. Gantar 对集合曾作如下描述:"一个集合是直觉中或理智中的、确定的、互不相同的的事物的一个汇集,被设想为一个整体(单体)。"这些事物叫做这个集合的元素,或说这些元素属于这个集合,也可以说这个集合包含这些元素。

定义 4-1　属于 a 是 A 的元素称为 a 属于 A,记为 $a \in A$,a 不是 A 的元素称为 a 不属 A,记为 $a \notin A$。$\notin$ 称为属于关系。

为了简便起见,将 $a \in A$ 且 $b \in A$ 简记为 $a,b \in A$。更一般地,将 $a_1 \in A,\cdots,a_n \in A$ 简记为 $a_1,\cdots,a_n \in A$。

每个集合都有确定的元素,但刻画集合的确定性并不一定需要知道它们的元素。集合的确定性表现在:任何一个东西是或者不是这个集合的元素,但不能既是又不是这个集合的元素。这样,对于属于与不属于来说就有:任给 x,并非 $x \in A$ 当且仅当 $x \notin A$。

定义 4 - 2 集合相等 A 和 B 有同样的素称为 A 和 B 相等,记为 $A = B$。因为集合由它的元素唯一确定,所以两个集合相等就是说它们是同一个集合。

如果 $A = B$,则 x 是 A 的元素当且仅当 x 是 B 的元素。如果 x 是 A 的元素当且仅当 x 是 B 的元素,则 A 和 B 就有同样的元素,所以 $A = B$。

因此,可以用属于关系将 $A = B$ 表示为:任给 x,$x \in A$ 当且仅当 $x \in B$。由"当且仅当"的含义,也可以将 $A = B$ 表示为

任给 x,如果 $x \in A$ 则 $x \in B$;任给 x,$x \in B$ 则 $x \in A$。

A 和 B 不相等记为 $A \neq B$。如果 $A \neq B$,则 B 中有元素不属于 A 或 A 中有元素不属于 B。反之,如果 B 中有元素不属于 A 或 A 中有元素不属于 B,则 $A \neq B$。所以 $A \neq B$ 的条件是:

存在 x,$(x \in B$ 且 $x \notin A)$ 或 $(x \in A$ 且 $x \notin B)$。

4.1.2 单向累加器

单向累加器(One - way Accumulator)是一种具有准交换性(quasi - commutative)的单向 Hash 函数。它可以将集合中的所有元素聚合为一个累加值,并为每个累加元素提供一个证人信息,证明该元素参与了集合聚合运算[1,2]。单向累加器常用于实现去中心化的成员身份认证。安全的单向累加器函数族是一个有限函数集合 $h: X \times Y \to X$,$x \in X$,$y \in Y$,且具有如下性质:

(1) 存在一个多项式 P,对给定的整数 k,$\forall x \in X$,$\forall y \in Y$,$h(x, y)$ 在时间 $P(k, |x|, |y|)$ 内是可计算的。

(2) 不存在多项式 P,使得存在一个概率多项式时间算法,对给定的整数 k,$(x, y) \in X \times Y$,$y' \in Y$,寻找 $x' \in X$,使得等式 $h(x, y) = h(x', y')$ 成立的概率大于 $1/P(k)$。

(3) 对 $x \in X$,$\forall y_1, y_2 \in Y$ 有 $h(h(x, y_1), y_2) = h(h(x, y_2), y_1)$。

由单向累加器自身性质,可以得出如下定理:

定理 4 - 1 单向累加器 $h: X \times Y \to X$,对于 $\forall x_i, x_j \in X$,$y \in Y$,记 $z_i = h(x_i, y)$,$z_j = h(x_j, y)$,则 $z_i \neq z_j$。

证明:假设单项累加器函数 $h: X \times Y \to X$,对于 $\forall x_i, x_j \in X$,$y \in Y$,记 $z_i = h(x_i, y)$,$z_j = h(x_j, y)$,由单项累加器性质 2 可知:$z_i \neq z_j$。证毕。

定理 4 - 2 单向累加器 $h: X \times Y \to X$,如果对于 $x \in X$,$Y' = \{y_i | y_i \in Y, 1 \leqslant i \leqslant$

$m\}$,全部累加和 $z = h(h(h(\cdots h(h(h(x,y_1),y_2),y_3),\cdots,y_{m-2}),y_{m-1}),y_m)$,则缺少任一元素的部分累加和互不相同。

证明:在函数 $h:X \times Y \to X, x \in X, Y' = \{y_i | y_i \in Y, 1 \leq i \leq m\}$ 中,记 $z_i = h(\cdots h(h(\cdots h(h(h(x,y_1),y_2),y_3),\cdots,y_{i-1}),y_{i+1}),\cdots,y_m)$ 为缺少 y_i 元素的部分累加和,$z_j = h(\cdots h(h(\cdots h(h(h(x,y_1),y_2),y_3),\cdots,y_{j-1}),y_{j+1}),\cdots,y_m)$ 为缺少 y_j 元素的部分累加和。则

$$z = h(\cdots h(h(\cdots h(h(h(x,y_1),y_2),y_3),\cdots,y_m)$$
$$= h(\cdots h(h(h(\cdots h(h(h(x,y_1),y_2),y_3),\cdots,y_{i-1}),y_{i+1}),y_m),\cdots,y_i)$$
$$= h(z_i,y_i)$$
$$= h(\cdots h(h(h(\cdots h(h(h(x,y_1),y_2),y_3),\cdots,y_{j-1}),y_{j+1}),y_m),\cdots,y_j)$$
$$= h(z_j,y_j)$$

即

$$z = h(z_i,y_i) = h(z_j,y_j)$$

由单向累加器性质可知,$y_i \neq y_j$,则 $z_i \neq z_j$。命题得证。证毕。

4.2 基于单向累加器的传感网密钥管理协议

一个典型的传感网通常由一个基站(Sink,简记为 S)和大量低端传感节点(Low-sensor,简记为 L)组成,网络部署如图 4-1 所示。假设 Sink 安全可信、能量无限、通信范围覆盖整个监测区域。Low-sensor 由电池供电,拥有唯一 ID 标识,在观测区域中处于相对静止状态,借助定位算法可以确定所在位置,并把监测数据一跳或多跳发送至 Sink。

从集合的角度看,如果以 V 代表节点集(包括 Sink 和 Low-sensor),E 代表链路集,则传感网可定义如下抽象数据类型:

$$WSN = (V,R)$$

式中:$V = \{x \in S \cup L_1 \cup \cdots \cup L_n, n \geq 1\}$,$R = \{E\}$,$E = \{(x,y) | P(x,y) \wedge (x,y \in V)\}$。节点集 V 中元素在网络部署完成之后,路由建立之前,除同属于一个节点集外别无其他关系。借助路由算法和密钥管理协议,若节点 $x,y \in V$ 存在一条通路,则 (x,y) 构成从 x 到 y 的一条通信链路,进而节点集 V 和边集 E 构成传感网。当新节点加入时,通过判断该节点是否属于节点集合,决定节点是否可以加入网络完成后续操作。在节点删除时,通过改变集合属于关系判定条件,排除被删除节点。因此,以数据为中心的传感网密钥管理问题可以转化为集合元素间身份认证和密钥协商问题,而单向累加器恰是解决集合元素身份认证和密钥协商的有效技术。

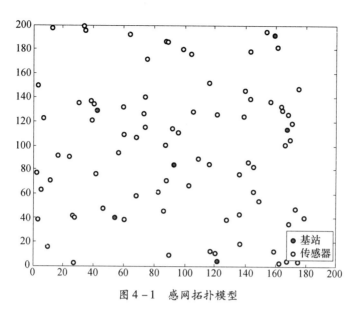

图 4 - 1　感网拓扑模型

4.2.1　单向累加器构建

定义 4 - 3　RSA 问题:给定一个随机生成的 RSA 模数 n、指数 r 和随机数 $z \in Z_n{}^*$,寻找 $y \in Z_n{}^*$,满足 $y^r = z$。

RSA 假设:假定 RSA 问题是难解的。

定义 4 - 4　Flexible RSA 问题:给定一个 RSA 模数 n 和随机数 $z \in Z_n{}^*$,寻找 r 和 y,满足 $y^r = z$ $(r > 1, y \in Z_n{}^*)$。

强 RSA 假设:假定 flexible RSA 问题是难解的。

选取 4 个素数 p, q, p' 和 q',使得 $p = 2p' + 1, q = 2q' + 1$。且令 $n = pq, QN^*$ 为 mod n 的二次余数。

任选 $x \in QN^*$, $Y = \{y$ 是素数, $y \neq p', B \geqslant y \geqslant A \wedge q', n/4 > A^2 > B > A > 2$,其中 A, B 为整数$\}$。

从而,函数 $h(x, y) = x^y \bmod n$ $(x \in QN^*)$ 是基于强 RSA 假设可证安全的单向累加器[1,3]。即

$$h(h(x, y_1), y_2) = x^{y_1 y_2} \bmod n = h(h(x, y_2), y_1)$$

4.2.2　协议设计

假设传感网是由一个 Sink、n 个 Low - sensor 组成。采用分布式拓扑结构,Low - sensor 经一跳或多跳与 Sink 相连。Sink 和 Low - sensor 构成顶点的集合,与通信链路集合构成传感网。该密钥管理协议主要由累加元预分配、身份认

证、密钥协商、新节点加入和节点删除五部分组成。

1. 累加元预分配

部署前密钥服务器构建单向累加器函数 $h:X \times Y \to X, x \in X, Y' = \{y_i | y_i \in Y\}$ 且 $|Y'| > n$。计算每个 y_i 元素对应的部分和集合 $Z = \{z | z_i \in Z\}, z_i = h(\cdots h(h(\cdots h(h(h(x, y_1), y_2), y_3), \cdots, y_{i-1}), y_{i+1}), \cdots, y_m)$。每个节点互斥的选择数对 $<y_i, z_i>$ 和 $h(x, y)$ 一起存储在系统中,余下的数对集合记作 Z'。在累加元集合 $Y' = \{y_i | y_i \in Y\}$ 中,$|Y'| > n$ 为密钥更新和新节点加入提供基础。

2. 身份认证

节点配置完成后,n 个 Low – sensor 随机部署在监测区域中,通信半径内的节点将尝试建立密钥链路[4]。所有合法节点除属于同一个集合外,别无其他关系。为防止恶意节点加入,在密钥协商之前,节点间将彼此进行身份验证。具体过程如图 4 – 2 所示。

$$
\begin{array}{l}
1: L_i \to *: ID_i \| y_i \| z_i \| nonce \\
2: L_j : if\ h(y_i, z_i) == h(y_j, z_j)\ then \\
\qquad add\ L_i\ into\ neighbor\ list \\
\qquad L_j \to L_i : ID_j \| y_j \| z_j \| nonce \\
3: L_i : if\ h(y_j, z_j) == h(y_i, z_i)\ then \\
\qquad add\ L_j\ into\ neighbor\ list
\end{array}
$$

图 4 – 2 身份验证

节点 L_i 向邻居节点广播包含 ID_i、$<y_i, z_i>$、以及 $nonce$ 的信息包。邻居节点 L_j 收到该广播信息后,首先验证 L_i 是否属于顶点集合。如果满足 $h(y_i, z_i) == h(y_j, z_j)$ 则说明节点 L_i 与节点 L_j 同属一个集合,并均参加了累计和运算,L_j 将把 L_i 存入邻居节点列表中。验证为合法节点后,L_j 将反馈 L_i 一个包含 ID_j、$<y_j, z_j>$ 以及原随机数 $nonce$ 的信息包。同样,节点 L_i 也将验证信息的合法性,合法节点将存入 L_i 邻居节点列表中。

3. 密钥协商

身份认证之后,通信半径内的节点间将完成密钥协商。由单向累加器准交换性可知,对 $x \in U_f, \forall y_1, y_2 \in X_f$,有 $h(h(x, y_1), y_2) = h(h(x, y_2), y_1)$。具体过程如图 4 – 3 所示。

$$
\begin{array}{l}
1: L_i : k_{ij} = h(h(x, y_i), y_j) \\
2: L_i \to L_j : E_{k_{ij}}(ID_i \| nonce) \\
3: L_j : k_{ji} = h(h(x, y_j), y_i) \\
4: L_j : D_{k_{ij}}(E_{k_{ij}}(ID_j \| nonce)) \\
5: L_j \to L_i : E_{k_{ij}}(ID_j \| nonce)
\end{array}
$$

图 4 – 3 密钥协商

节点 L_i、L_j 分别计算密钥 k_{ij} 与 k_{ji},由单向累加器准交换性可知 $k_{ij} = k_{ji}$。L_i 用新生成的协商密钥 E_{ij} 加密包含对方 ID 和随机数 $nonce$ 的信息包,并发送给节点 L_j。节点 L_j 在成功解密 $E_{k_{ij}}(ID_j, nouce)$ 后,反馈用协商密钥 E_{ji} 加密的包含节点 L_i 的 ID 和原随机数 $nonce$ 的信息包,经节点 L_i 解密确认后完成"握手认证"。在正常通信模式下,通过身份验证的节点相互信任[5],如果有节点妥协,可以通过更换 x 更新整个网络的密钥。

4. 添加节点

随着时间的推移,一部分节点将失效或因能量耗尽而消亡。为了维持网络正常运转,需要部署新的节点。新节点(L_x)部署前从 Z' 中任选一个 $<y_x,z_x>$ 数对作为自己的累加元和部分累加和,并和单向累加器函数 $h(x,y)$ 一起存储于系统中。部署后,首先按照前述身份认证过程对 L_x 进行身份认证,通过认证的节点则按照"密钥协商"步骤所示过程完成密钥协商加入网络。不能通过身份认证的节点则判定为恶意节点,不与之进行密钥协商。

5. 移除节点

由于传感网难于人工维护,有的节点(L_x)将退出网络,依据退出的原因不同将采用不同的处理措施,本书假设网络可以发现妥协节点并上报至控制节点(通常为 Sink)。若因能量耗尽而消亡或节点捕获但未泄露内部消息,控制节点只需采用广播认证方式删除该节点即可。若节点被捕获且可能泄露内部信息,则不但要删除该节点,还需通过消息扩散方式或基于 EBS 的密钥管理协议[6]更新 $x \rightarrow x'$,全网重新计算协商密钥。

4.2.3　分析实验

本小节将从安全性、连通性与存储需求、扩展性和能耗四个方面对所提协议与随机密钥分配协议(E – G 协议[5])进行比较分析。

1. 安全性分析

定理 4 – 3　本协议在节点加入过程中可以抵抗中间人攻击。

证明:节点加入过程中,敌方可以截获节点间广播信息:$ID||y_x||z_x||nonce$。若敌方篡改节点 $ID \rightarrow ID'$ 或 $nonce \rightarrow nonce'$,虽然 $h(y_x,z_x)=z$ 可以通过身份认证,但无法完成 3.2.2 节步骤 3"握手认证"。若篡改 $y_x \rightarrow y_x'$ 或 $z_x \rightarrow z_x'$,由于 $h(y_x',z_x) \neq z$、$h(y_x,z_x') \neq z$,无法完成节点身份认证。因此,节点加入过程中可以抵抗中间人攻击。证毕。

定理 4 – 4　本协议发生节点妥协时,通过删除妥协节点可以满足向后安全性。

证明:发生节点妥协时,按照 3.2.2 节步骤 5 删除妥协节点。依据定理 4 – 1,$\forall x_i,x_j \in X, y \in Y$,则 $z_i \neq z_j$,新密钥与旧密钥完全不同,网络仍然是安全的,即具有向后安全性。证毕。

2. 连通性与存储需求分析

基于单向累加器的密钥管理协议通过密钥协商建立共享密钥。由 4.2.2 节步骤 3 可知,通信半径的合法节点,都可以建立唯一共享密钥,所以该协议连通概率恒等于 1。而在 E – G 协议[5]中,Low – sensor 间连通概率相同,共享至少一个密钥的概率为

$$p = 1 - \frac{\left(1 - \dfrac{k}{P}\right)^{2\left(P-k+\frac{1}{2}\right)}}{\left(1 - \dfrac{2k}{P}\right)^{\left(P-2k+\frac{1}{2}\right)}} \qquad (4-1)$$

假设密钥池 $|P|$ 的大小和累加元集 $|Y|$ 相等,分别为 20、40、60、80、100。以横坐标表示节点密钥链 k 长度,纵坐标表示连通概率 p,分析结果如图 4-4 所示。可见本协议的连通概率始终为 1,而 E-G 协议在密钥链保持不变的情况下,连通概率随节点密钥池变大而减小。在连通概率保持不变的情况下,密钥链 k 随密钥池 P 变大而变大。

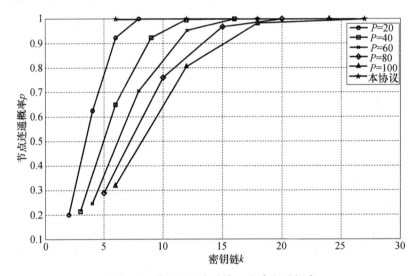

图 4-4　节点间至少共享一个密钥的概率

本协议从集合论的角度建立密钥链路,节点的存储需求不依赖于累加元集 $|Y|$ 的变化,节点存储量是恒定的。在 E-G 协议中,网络连通性与密钥池 P、节点密钥链 k 密切相关。在连通概率保持不变的前提下,节点密钥链 k 随密钥池 P 的变大而变大;在密钥池保持不变的情况下,节点密钥链 k 越长(存储量越大),节点间连通概率 p 越大。

3. 扩展性分析

从集合论的角度考虑,新加入的合法节点与原网络节点之间仍属于一个集合,只需按照 4.2.2 节步骤 2 和步骤 3 节完成身份认证和密钥协商即可,所以新协议的扩展性恒等于 1。而 E-G 协议中合法的新节点能否加入网络,取决于能否发现共享密钥或建立路径密钥。假设每个节点周围平均有 d 个邻居节点,则建立密钥链路的概率为 $P_s = 1 - (1-p)(1-p^2)^d$。分析在 $|P|=60$,$n=60$,不同 d 的情

况下,建立共享密钥的概率。从图 4 - 5 中可以看出,在节点连通概率 p 一定的情况下,拥有的邻居数 d 越大,连通概率 P_s 越大。在拥有邻居节点数目 d 一定的情况下,随着节点连通概率 p 的增大,连通概率 P_s 显著增大并趋近于 1。

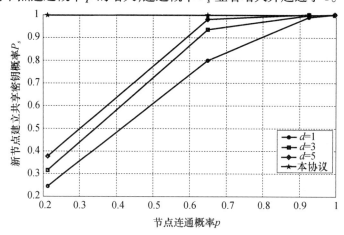

图 4 - 5   建立路径密钥概率

4. 能耗分析

采用 Omnet + + 4.1 仿真平台,设定 200mm × 200m 的正方形区域。固定一个 Sink 节点,分别随机部署 20、40、60、80 和 100 个 Low - sensor 节点。Low - sensor 在空闲、接收和发送三种状态间转换,参照 MICAZ Mote[7] 配置相关参数。分析在相同部署情况下,不同数目节点自部署完成至建立共享密钥之间(不考虑数据通信),本协议与 E - G 协议平均能耗变化。由图 4 - 6 可以看出本协议平均能耗比 E - G 协议高。

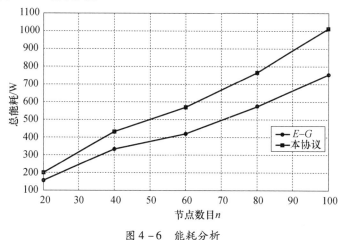

图 4 - 6   能耗分析

原因在于新协议中每对节点建立通信链路都需要进行两次 $h(x,y) = x^y \bmod n$ 运算,一次用于身份认证,一次用于计算密钥协商。$E-G$ 协议[4]本身不包含身份认证功能,相对共享密钥建立也简单,只需查找相同密钥 ID 即可,所以功耗较小。

4.3 基于快速单向累加器的异构传感网密钥管理协议

一个典型的异构传感网如图 4-7 所示,通常由低端节点(Low-end Sensor,简称 L-sensor)、高端节点(High-end Sensor,简称 H-sensor)和基站(Sink)三种类型的节点组成。其中,H-sensor 在通信能力、存储能力、计算能力和能量方面优于 L-sensor。网络采用层次式拓扑结构,H-sensor 和 L-sensor 均匀随机部署在预期位置,网络依据成簇算法选择 H-sensor 担任簇头(Cluster-heads,简称 CH),L-sensor 围绕簇头成簇。L-sensor 负责采集感知区域内的数据,经过一跳或多跳将采集到的数据发送至簇头节点。簇头节点接收到数据后,对数据进行数据融合再经过一跳或多跳转发至基站。最后,基站对数据进行分析和处理,转发到外部网络供用户使用。多对一通信在 HSN 中起主导作用,L-sensor 只需要与路由上的节点保持联系,即 L-sensor 无需与所有邻居节点通信[8]。

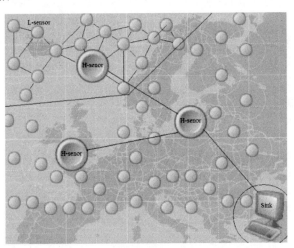

图 4-7 HSN 网络模型

从集合的角度看,如果以 V 代表节点的集合(包括 H-sensor 和 L-sensor),E 代表边的集合,则 HSN 可定义如下:$HSN = (V,R)$ 其中,$V = \{S, H_1, \cdots, H_m, L_{11}, \cdots, L_{mn}, m \geqslant 1, n \geqslant m\}$,$R = \{R_1, R_2\}$,$R_1 = \{<S, H_i> | i \geqslant 1\}$,$R_2 = $

92

$\{<H_i,L_{ij}>|m\geqslant i\geqslant 1,n\geqslant j\geqslant i\}$。节点集 V 中元素在网络部署完成之后,路由建立之前,除同属于一个集合外别无其他关系。借助路由算法和密钥管理协议,若 $x,y\in V$ 存在一条通路,则 (x,y) 构成从 x 到 y 的一条通信链路,进而节点集 V 和边集 E 构成异构传感网。因此,以数据为中心的 HSN 密钥管理问题可以转化为集合元素间身份认证和密钥协商问题,而快速单向累加器(Fasting One – way Accumulator, FOA)[2]恰是解决集合元素身份认证和密钥协商的有效技术。

4.3.1 快速单向累加器构建

基于 RSA 的单向累加器是使用了陷门累加函数:

$$F(a,b)=a^b\bmod n,a\in Z_n,b\in Z$$

式中: n 为可信第三方提供的 RSA 余数。可信第三方仅需要离线提供 RSA 余数 n。在用户计算累加元 $b_1,b_2,\cdots,b_m$ 的 Hash 值 a_m 时不需要可信第三方。

对于累加器一个必要的安全需求是:不能构造或者找到另一个具有相同累加和的累加元序列。但事实上,虽然函数 $F(a,b)$ 是单向的,但却是"容易"伪造序列 $c_1,c_2,\cdots,c_r$,使得

$$a_m=a_0^{b_1\cdots b_m}\bmod n=a_0^{c_1\cdots c_m}\bmod n$$

比如,选择 b_i 元素的乘积做 c_i,或者对于给定的 $b_1,b_2,\cdots,b_m$,随机选择的整数 c 恰好整除定的 $b_1,b_2,\cdots,b_m$。所以文献[1]中建议累加元做加密或者 Hash 处理。

文献[1]提出一个问题:是否可以设计非陷门并无需可信第三方的单向累加器,真正的实现去中心化,不依赖可信第三方提供在线或离线服务。1996 年,Nyberg 等[2]利用通用 Hash 函数和伪随机序列发生器构造了非陷门单向累加器。该累加器的所有操作都是简单的位运算,所以运算效率很高,可以高效地实现累积运算。本部分将参照 Nyberg 快速累加器[2]设计新的快速累加器。

设 $N=2^t$ 是累加元集合的上界, t 为整数。假设存在一个单向 Hash 函数 H,可以将任意长度字符串映射为固定长度为 s 的字符串。假定累加器密钥 k_x 的长度为 r,要求 s、r 和 t 满足: $s=rt$。设 $x_1,x_2,\cdots,x_m,m\leqslant N$ 为累加元, $y_i=H(x_i)$, $i=1,2,\cdots m$ 是相应的 Hash 值。累加元变换过程如图 4 – 8 所示,每一个 Hash 值被分割成 r 块长度为 t 的字符串,用 $y_i=(y_{i1},y_{i2},\cdots,y_{ir})$ 表示。如果 $y_{ij}\neq 0$,则用 1 表示;如果 $y_{ij}=0$,则用 0 表示。从而把每个 Hash 值 y_i 映射为长度为 r 的字符串 b_i。因此,每个累加元 x_i 映射为长度为 r 的字符串 $b_i=\alpha_r(y_i)=\alpha_r(H(x_i))=(b_{i1},b_{i2},\cdots,b_{ir})$。在理想情况下,Hash 函数 H 的随机性可保证的情况

下，b_{ij} 等于 0 的概率为 2^r。

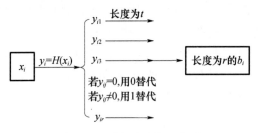

图 4-8 累加元变换示意图

通过将密钥 k_x 与所有累加项生成的二进制串 b_i 做逻辑"或"运算求得累加和 $z=(a_1,a_2,\cdots,a_r)$。若用 $H^{\mathrm{FOA}}(k_x,y)$ 表示累加值计算算法 $z(y)$，则有

$$z(y) = H^{\mathrm{FOA}}(k_x,y) = k_x|\alpha(H(x))$$

对于满足安全参数的 k_x 和任意 y_i、y_j，满足如下关系：

$$H^{\mathrm{FOA}}(H^{\mathrm{FOA}}(k_x,y_i),y_j) = k_x|\alpha(H(y_i))|\alpha(H(y_j))$$
$$H^{\mathrm{FOA}}(H^{\mathrm{FOA}}(k_x,y_j),y_i) = k_x|\alpha(H(y_j))|\alpha(H(y_i))$$

由于逻辑"或"运算满足交换律，因此，有下式成立：

$$H^{\mathrm{FOA}}(H^{\mathrm{FOA}}(k_x,y_i),y_j) = k_x|\alpha(H(y_i))|\alpha(H(y_j))$$
$$= H^{\mathrm{FOA}}(H^{\mathrm{FOA}}(k_x,y_j),y_i)$$

即该快速累加器具有准交换性。

因为累加器是基于 Hash 函数 H 构建的，所以累加器 $H^{\mathrm{FOA}}(k_x,y)$ 具有单向性。累加元集合 $x=\{x_1,x_2,\cdots,x_m\}$ 中所有元素的累加和，可表示为

$$A = \{a_1,a_2,\cdots,a_m\}$$
$$= H^{\mathrm{FOA}}(K_x,y)$$
$$= K_x|\sum_{i=1}^{m}\alpha_r(y_i)$$
$$= K_x|\sum_{i=1}^{m}\alpha_r(H(x_i))$$

式中：a_i 为累加和 A 的第 i 位二进制数。当验证元素 x_i 是否参与累加和 A 的计算时，需要首先计算 x_i 的散列值：$y_i=H(x_i)$，并按照映射规则 α_r，将 y_i 映射成 $b_i=(b_{i1},b_{i2},\cdots,b_{ir})$。如果对所有的 $j=1,2,\cdots,r$，只要 $b_{ij}\neq 0$，就有 $a_j=1$ 成立，则说明元素 x_i 参与了 A 的累加运算，否则，x_i 不是 A 的累加项，没有参与 A 的累加运算。

此外，由于逻辑"或"运算满足吸收律，即 $X|X=X$，因此下式成立：

$$H^{\mathrm{FOA}}(H^{\mathrm{FOA}}(k_x,y_i),y_i) = H^{\mathrm{FOA}}(k_x,y_i)$$

因此，如果以累加和 A 作为元素 x_i、x_j 的证人信息，如果 $H^{FOA}(A, y_i) = H^{FOA}(A, y_j)$，则 x_i、x_j 为同属于一个累加元集合；否则，不是同一集合的元素。

4.3.2　协议设计

本部分将采用大多数异构传感网常用的典型网络模型，利用快速单向累加器技术并借助异构传感网多对一通信特性，设计一个高效的 HSN 密钥管理协议。假设网络由一个 Sink 节点、m 个 H - sensor 节点和 n 个 L - sensor 节点组成（$m \ll n$）。Sink 节点安全可信。H - sensor 装配有防篡改器件。每个节点（包括 H - sensor 和 L - sensor）部署位置相对静止、知晓自己的位置。H - sensor 和 L - sensor 能量有限，均由电池供电，各自具有唯一 ID。L - sensor 通过一条或多跳与 H - sensor 通信，H - sensor 通过一跳或多跳到达 Sink。因为 H - sensor 是高能节电，H - sensor 间的密钥管理相对简单。本节主要为 L - sensor 建立共享密钥。密钥管理协议主要由密钥预分配、身份认证、密钥协商、增加节点和节点移除五部分组成。

1. 密钥预分配

每个 L - sensor 节点（以 i 表示）预配置一个随机数 $Data$、与 Sink 节点的共享密钥 k_{is} 及一个以消息 m 和对称密钥 k 做参数的 Hash 消息认证码 $HMAC(k, m)$。H - sensor 具有较大的存储空间，预装载 $HAMC$ 和所有 L - sensor 与 Sink 的共享密钥。

每个 L - sensor 利用集合中所有 L - sensor 节点与 Sink 共享密钥为生成 MAC 集合。也就是说，$\{MAC | MAC_i = HMAC(k_{is}, Data_i),\ m + n \geqslant i \geqslant 1\}$。进而，随机选择一个密钥 k_x 计算相应累加和 $z_i = k_x | \alpha(H(MAC_1)) | \cdots | \alpha(H(MAC_{m+n}))$，并把累加和 z_i 存入 L - sensor 节点中。

2. 身份认证

部署完成后，HSN 节点成簇。H - sensor 担任簇头，L - sensor 作为作为簇成员。成簇的细节参照文献[9]。如果两个节点在通信范围之内，将尝试建立共享密钥。在建立共享密钥之前，所有节点除了属于同一集合外，别无其他关系。为阻止恶意节点访问网络，在建立共享密钥之前，节点间需要相互验证身份，其过程如图 4 - 9 所示。

在消息 1 中，L - sensor 节点（以 L_i 表示）向周边广播 Hello 数据包发现邻居节点。Hello 数据包包括节点 ID、随机数 $Data_i$ 和部分累加和 z_i。在消息 2 中，节点 L_i 的其中一个邻居节点 L_j 接收到广播消息后，用它的共享密钥 k_{js} 验证节点 L_i 是否属于同一个集合。如果满足 $z_i' = z_i$，则节点 L_i 和节点 L_j 属于一个集合。节点 L_j 将节点 L_i 的 ID 加入到邻居列表中，并回复包含 L_j 节点 ID_j、随机数

$Data_j$ 和部分累加和 z_j 的 *HelloReply* 消息。节点 L_i 收到回复信息后,执行相同过程验证节点身份。身份认证结束后,所有节点获得邻居信息。

$$
\begin{aligned}
&1: L_i \to L_j : ID_i \parallel Data_i \parallel z_i \\
&2: L_j : MAC'_i = HMAC(k_{js}, Data_i) \\
&\qquad\quad b_i = \alpha_r(H(MAC'_i)) \\
&\qquad\quad z'_i = H^{\mathrm{FOA}}(z_i, MAC'_i) = z_i \mid b_i \\
&\qquad\quad if\ z'_i == z_i\ then \\
&\qquad\qquad add\ L_i\ and\ the\ into\ neighbor\ list \\
&\qquad\quad L_j \to L_i : ID_j \parallel Data_j \parallel z_j \\
&3: L_j : Repeat\ 2\ for\ every\ neighbor
\end{aligned}
$$

图 4 – 9　身份认证

3. 密钥协商

在邻居发现之后,每个 L – sensor(以 L_i)向簇头发送包含节点 ID,邻居列表和随机数 *nonce* 的密钥请求消息 *Key – request*(如图 4 – 10 消息 1 所示)。

$$
\begin{aligned}
&1: L_i \to CH : E_{k_{is}}(ID_i \parallel List[neighbors] \parallel nonce_i) \\
&2:\quad CH : D_{k_{is}}(E_{k_{is}}(ID_i \parallel List[neighbors] \parallel nonce_i)) \\
&3:\qquad\quad : determines\ the\ routing\ structure\ in\ the\ cluster \\
&4:\qquad\quad : generate\ shared\text{-}keys\ for \\
&5:\qquad\qquad each\ L\text{-}sensor\ and\ its neighbors \\
&5: CH \to L_i : E_{k_{is}}(ID_i \parallel List[shared\text{-}keys] \parallel nonce_i) \\
&6:\qquad\quad L_i : D_{k_{ic}}(E_{k_{ic}}(ID_i \parallel List[shared\text{-}keys] \parallel nonce_i)) \\
&7:\qquad\quad : computes\ shared\ key\ k_{ij} = H^{\mathrm{FOA}}((k_x, MAC'_i), MAC'_j), \cdots
\end{aligned}
$$

图 4 – 10　密钥协商

因为簇头预装载了所有 L – sensor 节点与 Sink 的共享密钥,所有可以解密此密钥请求消息获得节点间邻居关系。一段时间以后,簇头收到所有(或绝大多数)簇内 L – sensor 密钥请求消息 Key – request。簇头利用 MST 或 SPT 算法决定簇内路由结构。接着,簇头为每对邻居节点生成一个共享密钥 k_x,利用预置共享密钥加密并单播加密至此对邻居节点。节点获得该共享密钥后,利用快速累加器生成共享密钥 $k_{ij} = H^{\mathrm{FOA}}((k_x, MAC'_i), MAC'_j)$。由快速单向累加器性质可知: $k_{ij} = k_{ji}$,从而节点间可以安全通信了。

4. 添加节点

网络部署一段时间之后,部分节点因捕获或能量耗尽而退出网络。为了维持网络正常运转,需要部署新的 L – sensor 节点。新部署的节点需要与原网络节点建立密钥链路。新部署节点 L_x 按照 4.3.2 节步骤 1 配置,部署到网络之后,新节点执行4.3.2节步骤2完成身份认证。如果新节点 L_x 不能通过身份认证,则判定为恶意节点,拒绝其加入网络;如果通过身份认证,则执行4.3.2节步骤3生成共享密钥。

5. 移除节点

由于节点常常部署在无人值守的环境中,因此 L-sensor 节点退出网络时有发生。当 L-sensor 被捕获时,有必要移除与节点相关的所有密钥。假设通过某种协议可以检测到 L-sensor 节点被捕获并上报至簇头节点。由于在密钥预分配阶段,簇头预置所有共享密钥,所以簇头可以生成包含被撤销节点 ID 的密钥撤销消息,并利用共享密钥 k_{is} 加密单播至每个节点。收到该消息后,每个节点解密获取被删除节点 ID,删除相应的通信密钥。

4.3.3 分析实验

本部分将以 E-G 协议[5]为参照,在安全性、连通性和能耗三个方面,对所提协议进行性能评估。

1. 安全性分析

快速单向累加器的安全性取决于其依赖的单向散列函数 H 的抗碰撞性[2],即成功伪造累加元集合的难度。下面将证明累加元长度对安全性的影响。

定理4-5 假设 b_{ij} 和 c_j 是相互独立的二进制随机变量,$b_{ij}=1$、$c_j=1$ 的概率满足:$Pr(b_{ij}=1)=Pr(c_j=1)=2^{-t}$,其中,$b_i=(b_{i1},b_{i2},\cdots,b_{ir})$,$c=(c_1,c_2,\cdots,c_r)$($i=1,2,\cdots,m,j=1,2,\cdots,r$)。设 $a=(a_1,a_2,\cdots,a_r)$ 表示所有 $b_i=(b_{i1},b_{i2},\cdots,b_{ir})$,$i=1,2,\cdots,m$,按位执行逻辑"或"运算的累加和,则 $c_j=1$ 并且 $a_j=1$($j=1,2,\cdots,r$)的概率为 $(1-2^{-t}(1-2^{-t})^m)^r$[2,10]。

证明:因为对于任意 $j=1,2,\cdots,r,c_j=1$,且 $a_j=0$($j=1,2,\cdots,r$)的概率为 $2^{-t}(1-2^{-t})^m$,所以 $c_j=1$ 并且 $a_j=1$($j=1,2,\cdots,r$)的概率为 $(1-2^{-t}(1-2^{-t})^m)^r$。证毕。

假设 Hash 函数 H 可以生成真正随机的散列码。由于 $N=2^t$ 是累加元集合的上界,依据定理4-5可知,伪造的累加元素能成功通过验证的概率可表示为

$$(1-2^{-t}(1-2^{-t})^m)^r \leqslant \left(1-\frac{1}{N}\left(1-\frac{1}{N}\right)^N\right)^r \approx \left(1-\frac{1}{Ne}\right)^r \approx e^{-\frac{r}{Ne}}$$

所以,对于给定的累加元素集合上界 N,能够成功伪造一个累加元素的概率由累加器的密钥长度 r 决定。

定理4-6 本协议添加节点过程中,可以抵抗中间人攻击。

证明:在添加节点过程中,攻击者可以监听获取节点间广播信息($ID||Data||z$)。监听者可以篡改 $ID{\rightarrow}ID'$,$Data{\rightarrow}Data'$ 或者 $z{\rightarrow}z'$。如果篡改 ID,虽然可

以通过身份认证,但是在 3.3.2 节步骤 3 会被发现,不能完成密钥协商。如果篡改内容为 $Data$ 或 z,则在身份验证过程中因 $z' = H^{FOA}(z, HMAC(k_{xs}, Data')) \neq z$ 或 $z'' = H^{FOA}(z', HMAC(k_{xs}, Data)) \neq z'$ 而被发现。所以,可以抵抗中间人攻击。证毕。

2. 连通性分析

假设一个异构传感网中有 M 个 H – sensor,N 个 L – sensor。通常情况 $N \gg M$。基于快速单向累加器的密钥管理协议通过密钥协商建立共享密钥。从 4.3.2 步骤 3 可以看出,任何两个通信半径内的合法邻居节点通过交换 $ID \| Data \| z$ 可以建立唯一共享密钥。因此,所提协议的连通概率恒为 1。而 E – G 协议[5]中,由于 H – sensor 与 L – sensor 存储能力不同,它们各自存储的密钥数也不同。假定密钥池大小为 S,H – sensor 与 L – sensor 密钥环大小分别为 H 和 $L(H \geqslant L)$,则 L – sensor 间至少存在一个共享密钥的概率(p_{LL})为

$$
p_{LL} = 1 - \frac{\left(1 - \dfrac{L}{S}\right)^{2\left(S - L + \frac{1}{2}\right)}}{\left(1 - \dfrac{2L}{S}\right)^{\left(S - 2L + \frac{1}{2}\right)}} \tag{4 – 2}
$$

H – sensor 与 L – sensor 间存在至少一个共享密钥的概率(p_{HL})为

$$
p_{HL} = 1 - \frac{\left(1 - \dfrac{H}{S}\right)^{\left(S - H + \frac{1}{2}\right)}\left(1 - \dfrac{L}{S}\right)^{\left(S - L + \frac{1}{2}\right)}}{\left(1 - \dfrac{H + L}{S}\right)^{\left(S - H - L + \frac{1}{2}\right)}} \tag{4 – 3}
$$

如图 4 – 11 所示,所提协议连通概率恒为 1。在 E – G 协议中,存在共享密钥的概率 p_{LL}、p_{HL} 与网络密钥池 S 大小和节点密钥环 L、H 长度有关。本实验假设网络密钥池 S 大小分别为 10、20、30、40、50、60、70、80、90、100。则相应地,L 大小分别为 3、7、9,H 大小分别为 3、8、12,节点间连通概率如图 4 – 11 所示。可以看出,当 H 和 L 保持不变时,密钥池 S 越大节点间连通概率越小。当 S 保持不变时,H 和 L 越大连通概率越高。

3. 能耗分析

采用 Omnet + +4.1 仿真工具,比较分析所提协议与 E – G 协议能耗情况。实验区域大小设置为 200mm × 200m,部署 1 个 Sink 节点,4、5、6、7、8 个 H – sensor,对应部署 16、35、54、73、92 个 L – sensor 节点。H – sensor 和 L – sensor 随机均匀部署在实验区域中。系统参数仿照 MICAZ Mote 手册[7]设定。在同等部署场景下,比较分析所提协议和 E – G 协议能耗关系。此处能耗关系只是网络建立安全链路的能耗,不包括安全路径建立之后数据传输能耗。如图 4 – 12 所示,所提协议平均网络能耗比 E – G 协议低。因为本协议采用了多对一路由方

式,有效减少了网络能耗。

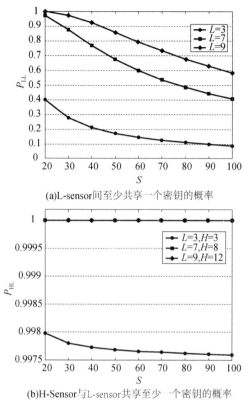

(a)L-sensor间至少共享一个密钥的概率

(b)H-Sensor与L-sensor共享至少一个密钥的概率

图 4-11　共享密钥概率

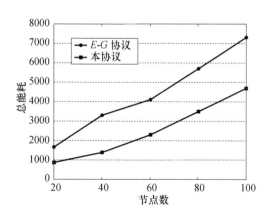

图 4-12　能耗比较

4.4 基于动态累加器的认证组密钥管理协议

除了点对点单播通信以外,传感网还经常需要进行多播通信,而多播通信具有信道开放的特点,较单播通信更容易遭受窃听攻击、重放攻击和伪造攻击等恶意攻击。安全多播问题已经成为了制约传感网发展的关键问题之一。异构传感网安全多播主要依靠密码学方法实现,即由组密钥为参与多播的成员提供统一的信息解读权,所有合法组成员共享一个组密钥来实现消息的加/解密,以满足消息完整性、保密性等需求,实现安全通信。因此,如何安全高效地建立组密钥并恰当更新成是解决传感网安全多播通信的第一步。一个有效的组密钥管理协议需要能够兼顾性能、有效认证和支持成员关系动态变化,文献[11]为我们提供了思路。但该协议存在严重的前后向不安全性,容易遭受伪造、重放等恶意攻击。因此,本章在文献[12,13]的基础上,利用证人信息有效验证成员身份并进行密钥发布,保证即使成员节点收到所有更新信息,也仅能在其成员身份有效的情况下才能计算更新后的组密钥,提供了良好的前后向安全性。由于所提协议完全依赖成员关系来建立密钥,而不依赖所处的会话期,因此初始密钥材料的分配可以持续使用,直到网络消亡,而无需面临在到达固定会话期后重新初始化密钥材料的问题。

4.4.1 基础知识

1. 符号定义

为了便于描述,首先对将要涉及的符号进行约定,如表 4 - 1 所示。

表 4 - 1 符号说明

符号	意义
Z_n^*	整数模 n 乘法群
QR_n	Z_n^* 的二次剩余群
$check(A)? \ B:C$	如果表达式 A 为真则执行 B,否则执行 C
$y \leftarrow A(x)$	A 接受输入 x 输出结果 y
$y \leftarrow A(x):b(y)$	当 $y \leftarrow A(x)$ 时布尔表达式 $b(y)$ 的值为真
$(node_i)$	节点 i 进行计算
$a \rightarrow b$	a 向 b 发送消息
$a \rightarrow *$	a 广播消息
$E_k\{M\}$	用密钥 k 加密消息 M
$D_k\{M\}$	用密钥 k 解密消息 M

为了解决 FM 协议[11]容易遭受伪造攻击的问题,本节在文献[13]所构造的动态累加器实例基础上进行了改进,完整的动态累加器实例构造过程如下:

(1) 算法 G 随机产生参数 (p,p',q,q',n,a_f,f),其中 $p,p'=(p-1)/2,q,q'=(q-1)/2$ 均为大素数,$n=pq,a_f=(x,p,q),f:X_k \times Y_{A,B} \to X_k,X_k=\{x \in QR_n | x \neq 1\}$,$X'_k=Z_n^*$,$Y_{A,B}$ 是 $[A,B]$ 上的大素数集,$y \in Y_{A,B},y \neq p',q',A$ 为大素数,$B < A^2,Y'_{A,B}$ 是包含了 $Y_{A,B}$ 的 $[2,A^2-1]$ 上的整数集族,$f(x,y)=x^y \bmod n$。显然 f 满足拟交换性,且有 $f(f(x,y_1)y_2)=f(f(x,y_2)y_1)=x^{y_1y_2} \bmod n$。

(2) 添加累加项:向累加项集合 Y 添加新累加项 y_{m+1},可更新原累加值为 $v'=f(v,y_{m+1})=v^{y_{m+1}} \bmod n$,更新 $y_i \in Y \cup \{y_{m+1}\}$ 的证人为 $w'=f(w,y_{m+1})=w^{y_{m+1}} \bmod n$。

(3) 删除累加项:从累加项集合 Y 删除累加项 y_j,可更新累加值为 $v'=v^{y_j^{-1} \bmod (p-1)(q-1)} \bmod n$,更新 $y_i \in Y-y_j$ 的证人为 $w'_i=w_i^\beta v'^\alpha$,其中 α 和 β 是由扩展 GCD 算法 $eGCD(y_i,y_j)=1=\alpha y_i+\beta y_j$ 产生的整数。

2. 安全性需求

判定一个组密钥协议的安全性主要有前向安全性、后向安全性和抗共谋性三项指标。为了避免二义性,我们首先给出本章采用的确切定义。

(1) 前向安全性[14]:一个合法成员节点离开当前组以后,无法获得它离开后更新的组密钥,其身份变为当前组的非成员节点,直到它重新加入组。

(2) 后向安全性[14]:一个非成员节点加入当前组以后,无法获得它加入前的组密钥,其身份变为当前组的合法成员节点,直到它离开当前组。

(3) 共谋攻击:多个合法成员节点相互串谋也不能破解系统。对基于动态累加器的组密钥管理协议来说,是指串谋节点无法计算其他非共谋节点证人和新密钥。

(4) 抗重放攻击:仅新鲜的消息能够被节点接收。

(5) 抗伪造攻击:仅合法节点能够持有并发布合法消息,包括更新信息、身份信息等。

3. FM 协议

为了便于描述,称文献[11]所提协议为 FM 协议。该协议采用的累加器与文献[13]相同,主要内容如下:

(1) 密钥产生:为组 $G=\{s_1,s_2,\cdots,s_m\}$ 产生参数 (n,p,q,x),计算 $\varphi(n)=(p-1)(q-1),n'=\varphi(n)/4$,选择素数集合 $Y=\{y_1,y_2,\cdots,y_m\}$,计算证人 $w_i=f(x,Y-\{y_i\})$。分配密钥材料 $(y_i,w_i,n,\varphi(n))$ 给节点 s_i。节点计算组密钥 $v=f(w,y_i)$。

(2) 新节点加入:节点 s_{m+1} 申请入组,任意组成员随机选择一个 $y*$ 并广播

$E_v\{y*\}$。组成员更新临时新密钥 $v'=f(v,y*)$ 和临时证人 $w'_i=f(w_i,y*)$。s_{m+1} 入簇时,广播 $y**$,v' 作为 s_{m+1} 的证人,剩余节点第二次更新,得到 $v''=f(v',y**)$ 和临时证人 $w''_i=f(w'_i,y**)$。

(3) 旧节点删除:欲删除组内节点 s_d,所有组成员更新密钥为 $v'=f(v,y_d^{-1}\bmod n')$,根据扩展 GCD 算法计算参数 (a,b),更新证人 $w'_i=w_i^\beta v'^\alpha$。此后,任一组成员再随机选择一个 $y*$ 广播 $E_v\{y*\}$,所有组成员再更新一遍密钥得到 $v''=f(v',y*)$ 和 $w''_i=f(w'_i,y*)$。

虽然 FM 协议实现了组密钥的更新,却难以抵抗伪造攻击和重放攻击,前后向安全性较弱。其存在的问题可归纳如下:

(1) 新加入节点易被伪造,破坏了前向安全性。假设新节点 s_{m+1} 对应的累加项为 y_{m+1},它加入组前,组内密钥更新为 v',它加入后,组内密钥更新为 $v''=f(v',y_{m+1})$,而 v' 作为新节点的证人。由于 v' 是组内共享信息,这使得任何旧节点都可以伪造新节点的合法身份 (v',y_{m+1})。只要有新节点加入,旧节点 $s_i(1\le i\le m)$ 就能通过不断复制得到多个新身份。当 s_i 被删除时,即使它不能再用自己的身份获得新密钥,还可以任意选用一个已被它复制的身份来继续接收网络更新消息,从而保持密钥更新,直到它所有复制来的身份都暴露且被删除为止。可见 FM 协议的前向安全性薄弱。

(2) 在删除累加项时,密钥的更新脱离了证人更新,破坏了前后向安全性。假设被删除节点 s_d 对应的累加项为 y_d,其他成员节点的累加项为 $y_i(1\le i\le m,i\ne d)$。FM 协议将密钥材料 $(y_i,w_i,n,\varphi(n))$ 分配给节点,使得任意节点能够解得 (p,q),并自行计算删除 y_d 以后的新累加值 $v'=f(v,y_d^{-1}\bmod n')$ 和新证人 $w'_i=w_i^\beta v'^\alpha$。对于 y_d 来说,虽然它无法计算自己的新证人,但累加值 v' 却是可以直接计算的,临时新密钥暴露 v'。虽然再次广播更新消息 $E_{v'}\{y*\}$,但 v' 已经暴露,该消息对 y_d 也不再是秘密的,因此 y_d 最终获得自己离开后新密钥 $v''=f(v',y*)$,协议失去前向安全性。由于 FM 协议将密钥更新与证人计算相分离,如果 y_d 重新以新节点身份入组,不难发现,在入组前,它已经获得了上一次离开组以后到本次入组以前的所有同步组密钥,协议失去后向安全性。综上所述,在 FM 协议中,证人的证明作用是没有产生效力的,任何节点一旦加入组,则不论它离开还是重新加入,都可以持续获得新组密钥,协议的前后向安全性有待加强。

(3) 缺乏对更新信息来源的验证,难以抵抗伪造攻击和重放攻击,容易产生恶意更新。FM 协议不对更新消息的来源进行验证,使得任意一个内部节点都可以伪造更新或重放更新。这些恶意更新的发起,将可能导致正常节点被恶意删除,恶意节点被不断恢复,组内成员不能正常工作。此外,频繁的恶意更新还可能造成信息拥堵并迅速耗尽节点能量,最终导致节点死亡。

4.4.2　DAAG 协议

针对 FM 协议存在的问题,本节提出一个新的认证组密钥管理协议 DAAG,它包括了信息初始化、消息验证、新节点加入更新和旧节点撤销更新 4 个部分。

1. 初始化

在进行组密钥建立之前,需要为节点预加载密钥材料。假设每个组中同时在线的成员数远小于 n,$LG:Z_n \rightarrow Y_{A,B}$ 是一个将 Z_n 中的不同元素唯一映射到 $Y_{A,B}$ 中的算法。一种简单的 LG 算法实现方式如下:

(1)构造两个集合 UP 和 UPP,其中 UP 表示已使用的素数集合,UUP 表示尚未使用的素数集合,且满足 $UP \cap UUP = \varnothing \wedge UP \cup UUP = Y_{A,B}$。

(2)当输入一个数 $s \in Z_n$ 时,从 UUP 中随机选择一个数 y 作为算法 $LG(s)$ 的输出,同时将 y 从 UUP 中移动到 UP 集合中。称 $y = LG(s)$ 为 s 的编码,显然对 s 进行重复编码的结果并不是固定不变的。

完整的初始化过程如下:

(1)基站选定安全参数 k,运行算法 G 随机产生若干组辅助参数 $a_f = (x_0, p, q)$,并随机从中选取一组构建第 g 个组的累加器 $f(x_0, y) = x_0^y \bmod n$。为每个节点分配唯一标识 $s_i \in Z_n$ 并计算编码 $y_i = LG(s_i)$。令 s_{ch}^g 表示第 g 个簇的簇头节点标识。将密钥材料 (a_f, f, y_{ch}) 加载到 s_{ch}^g,将编码 y_i 加载到普通节点 s_i。密钥材料加载完成后将节点布撒到网络,即

$$(Base):\{a_f, f\} \leftarrow G(k), f \in F_k$$
$$Base \rightarrow s_{ch}^g : (a_f, f, y_{ch})$$
$$Base \rightarrow s_i : (y_i)$$

(2)s_{ch}^g 经邻居发现收集成员编码列表 $Y = \{y_1, y_2, \cdots, y_m\}$,计算初始累加值 $v_1 = f(x, Y)$,以及累加项 y_i 的证人 $w_{i\_1} = f(x, Y - \{y_i\})$。由于 s_{ch}^q 与成员节点之间已建立配对密钥,故 s_{ch}^g 可借由配对密钥加密的安全信道为成员节点发送初始信息,即

$$(s_{ch}^g):Y = \{y_1, y_2, \cdots, y_m\}$$
$$v_1 = f(x_0, Y)$$
$$w_{i\_1} = f(x_0, Y - \{y_i\})$$
$$s_{ch}^g \rightarrow s_i : E_{ch,i}\{f, w_{i\_1}\} \| MAC\{f, w_{i\_1}\}$$

(3)成员节点 s_i 解密消息并验证其完整性,如果验证失败,则丢弃该消息;否则保留 w_{i_1} 作为初始证人,计算累加值 v_1 并将其作为第一个会话期的组密钥,即

$$(s_i):D_{ch,i}\{f,w_{i\_1}\},$$
$$check(MAC)?\ v_1=f(w_{i\_1},y_i):drop$$

此外,所有簇头形成一个高级组,该组的管理员是基站,该组组密钥的建立与普通组相同。普通组之间的通信,可以通过由对密钥加密的簇头间信息交换来实现。

2. 消息验证

当新节点加入和旧节点撤销时,簇头需要向全组广播更新信息,以通知成员节点进行密钥更新,保证网络的前后向安全。簇头发布密钥更新消息过程必须保证:① 成员节点能够实现对组管理员的认证,确认更新信息来源;② 仅合法组成员才能获得正确更新信息。

假设在第 k 个会话期需要进行密钥更新,欲添加或删除节点的编码为 $y*$,第 k 和 $k+1$ 个会话期的累加值(即组密钥)与组管理员证人分别为 v_k,w_{ch_k},v_{k+1} 和 w_{ch_k+1},算法 $update$ 实现对累加值和证人的更新。本节采用下述策略来实现对更新消息的验证,其中 $update(w,v)$ 表示对第 k 个会话期中节点累加值与证人进行更新:

(1) 验证组管理员身份。由组管理员产生随机数 c,计算 $C=f(w_{ch\_k+1},c)$,并将 (c,C) 发送给成员节点;成员节点判定 $f(C,y_{ch})$ 与 $f(v_{k+1},c)$ 是否相等,若相等则接收更新消息,否则丢弃。即

$$(s_{ch}^g):(w_{ch\_k+1},v_{k+1})\leftarrow update(w_{ch\_k},v_k)$$
$$c\leftarrow Rand$$
$$C=f(w_{ch\_k+1},c)$$
$$s_{ch}^g\rightarrow s_i:\{c,C\}$$
$$(s_i):(w_{i\_k+1},v_{k+1})\leftarrow update(w_{i\_k},v_k)$$
$$check\{f(C,y_{ch})==f(v_{k+1},c)\}?\ accept:drop$$

(2) 限制新密钥的可计算性,使非法节点不能更新相关参数,从而无法产生新密钥。将新密钥 v_{k+1} 隐藏在更新信息中,信息接收者必须先自动更新自己的证人,才能从更新信息中恢复新密钥 v_{k+1}。

① 当删除旧节点时,簇头节点 s_{ch}^g 广播用于合法成员节点提取新累加值 v_{k+1} 的消息 $\{v_{k+1}r,h(x,\beta')\}$,使得仅未被删除的成员节点能够获得新证人与随机参数 r 的积 $w_{i\_k+1}r^\alpha$,并进一步从密钥隐藏式 $h(x,\beta')$ 中恢复出新累加值 v_{k+1},即

$$(s_{ch}^g):(w_{ch\_k+1},v_{k+1})\leftarrow update(w_{ch\_k},v_k)$$
$$r\leftarrow Rand,r\in Z*$$
$$e_1=r^{y*}modn,e_2=r^{-1}modn$$
$$h(x,\beta')=xe^{\beta'}{}_1e_2$$

$$s_{ch}^q \rightarrow * : \{y*, v_{k+1}r, h(x, \beta')\}$$
$$(s_i): (\alpha, \beta) \leftarrow eGCD(y_i, y*)$$
$$x_i = w_{i\_k}^\beta v_{k+1}^\alpha r^\alpha = w_{i\_k+1} r^\alpha$$
$$v_{k+1} = h(f(x_i, y_i), \beta)$$

其中，$h(f(x_i, y_i), \beta)$ 的计算过程如下：

$$
\begin{aligned}
h(f(x_i, y_i), \beta) &= f(x_i, y_i) e_1^\beta e_2 \\
&= f(w_{i\_k+1} r^\alpha, y_i) \times r^{\beta y * ^{-1}} \bmod n \\
&= (w_{i\_k+1})^{r^{y_i \alpha}} \times r^{\beta y * ^{-1}} \bmod n \\
&= v_{k+1} r^{\alpha y_i} \times r^{\beta y * ^{-1}} \bmod n \\
&= v_{k+1} r^{\alpha y_i + \beta y * ^{-1}} \bmod n \\
&= v_{k+1}
\end{aligned}
$$

由于计算参数 (α, β) 是由扩展 GCD 算法产生的，即

$$eGCD(y_i, y*) = 1 = \alpha y_i + \beta y* \qquad (4-4)$$

当 $y* = y_i$，无法找到两个整数 (α, β) 使式（4-4）成立，故被删除节点不能计算 x_i，更无法进一步计算新密钥 v_{k+1}。

② 当添加新节点时，旧节点成员关系未发生变化，拥有 v_k 的节点一定是合法成员节点，故所有成员节点均可以自主生成新证人与新密钥，过程如下：

$$s_{ch}^q \rightarrow * : \{y*\}$$
$$(s_i): w_{i\_k+1} = f(w_{i\_k}, y*),$$
$$v_{k+1} = f(v_k, y*)$$

3. 节点加入与撤销

当节点处于会话期 k 时，只要有新节点加入，则更新会话进入到第 $k+1$ 个会话期。对新节点 s_a 来说，$LG(s_a) = y_a$，s_a 首先向 s_{ch}^g 发送入簇申请，获得初始化信息和第 $k+1$ 个会话期的组密钥 v_{k+1}，并由 s_{ch}^g 发布更新信息 B_a，接收到的旧节点计算 v_{k+1}，并用它来验证消息是否来自簇头节点，如果是则接受 v_{k+1} 为新密钥，并计算新证人 w_{i_k+1}；否则丢弃 v_{k+1}，继续保留原密钥 v_k：

$$s_a \rightarrow s_{ch}^g : E_{ch,a}\{new, y_a\}$$
$$(s_{ch}^g): c \leftarrow Rand, r \in Y_{A,B}, y* = y_a r$$
$$v_{k+1} = f(v_k, y_a r), w_{ch\_k+1} = f(w_{ch\_k}, y_a r)$$
$$C = f(w_{ch\_k+1}, c), w_{a\_k+1} = f(v_k, r)$$
$$s_{ch}^g \rightarrow s_a : E_{ch,a}\{f, w_{a\_k+1}\} || MAC\{f, w_{a\_k+1}\}$$
$$s_{ch}^g \rightarrow * : B_a = \{y*, C, c\} || MAC\{y*, C, c\}$$
$$(s_i): check(MAC)? (1): drop$$
$$(1): v'_{k+1} = f(v_k, y*)$$

$$check\{f(C,y_{ch})==f(v'_{k+1},c)\}$$
$$?\ w_{i\_k+1}=f(w_{i\_k},y*),v_{k+1}=v'_{k+1}:drop$$

当在第 k 个会话期要删除节点 s_d 时，s_{ch}^g 计算随机参数构造密钥隐藏式 $g(x,y,z)$ 并发动更新，广播被删除节点信息。各成员节点首先验证更新消息来源，若来自簇头节点，则进一步计算各自新证人 w_{i_k+1} 和证人参数 (α,β)，从密钥隐藏式中恢复第 $k+1$ 个会话期组密钥 v_{k+1}；否则丢弃该信息，保持原有密钥和证人。详细过程如下：

$$(s_{ch}^q):r,c\leftarrow Rand$$
$$v_{k+1}=v_k^{y_d^{-1}\bmod(p-1)(q-1)}\bmod n$$
$$(\alpha,\beta)\leftarrow A(y_{ch},y_d)$$
$$w_{ch\_k+1}=w_{ch\_k}^{\beta}v_{k+1}^{\alpha},C=f(w_{ch\_k+1},c)$$
$$h(x,\beta')=xe^{\beta'}_1e_2$$
$$s_{ch}^q\rightarrow *:B_d=\{y_d,C,c,v_{k+1}r,h(x,\beta')\}||$$
$$MAC\{y_d,C,c,v_{k+1}r,h(x,y,z)\}$$
$$(s_i):check(MAC)?\ (1):drop$$
$$(1):(\alpha,\beta)\leftarrow eGCD(y_i,y_d)$$
$$x_i=w_{i\_k}^{\beta}(v_{k+1}^vr)\alpha,v'_{k+1}=h(f(x_i,y_i),\beta)$$
$$check\{f(C,y_{ch})==f(v'_{k+1},c)\}$$
$$w_{i\_k+1}=w_{i\_k}^{\beta}v_{k+1}^{\alpha},v_{k+1}=v'_{k+1}:drop$$

4.4.3　协议分析

1. 安全性分析

基于改进的动态累加器，DAAG 协议保证了仅组内合法成员节点 s_i 才具有当前组密钥 v_k 下的证人 w_{i_k}，才能正确计算 v_k，从而提供了良好的安全性。

引理 4-1　在强 RSA 假设下，动态累加器 $f(x,y)=x^y\bmod n$ 是安全的，即对攻击者 A，

$$Pr[f\leftarrow G(1^k);x\in X_k;(w,y,Y)\leftarrow A(f,X_k,Y_k):$$
$$Y\subset Y_k;(w,y)\in X_k\times Y_k;f(w,y)=f(x,Y)]<1/p(k)$$

证明：根据强 RSA 假设可知，寻找满足 $v\equiv w^y\bmod n$ 的 (w,y) 的问题是多项式时间内难解的。$\forall Y=\{y_1,y_2,\cdots,y_m\}$，$v=f(x,Y)$，如果存在攻击者 A 能够找到一对 $(w,y)\in X_k\times Y_{A,B}$，使得 $v=f(w,y)=w^y\bmod n$，其中 n 是一个 rigid 数，则强 RSA 假设为假。因此在强 RSA 假设下，给定 v 和 y 要找到一个 w 使得 $v=f(w,y)$ 是困难的，动态累加器 $f(x,y)=x^y\bmod n$ 是一个安全累加器。证毕。

引理 4-2　在强 RSA 假设下，任意两个已参与累加的累加项的证人是彼

此秘密的。

证明:对于累加项集合 $Y = \{y_1, y_2, \cdots, y_m\}$，累加值 $v = f(x, Y)$，$\forall y_i, y_j \in Y$，有 $v = f(w_i, y_i) = f(w_j, y_j)$。根据引理 4 – 1 可知，对于 y_i 来说，给定 (v, w_i, y_i, y_j) 要找到一个值 w'_j 使得 $f(w_i, y_i) = f(w'_j, y_j)$ 在强 RSA 假设下是困难的。同理，y_i 也难以找到满足条件的 w'_i。因此任意两个已累加项的证人是彼此秘密的。证毕。

引理 4 – 3　在强 RSA 假设下，任意累加项 y_i 和新累加项 y_a 的证人是彼此秘密的。

证明:令 y_a 参与累加前的累加值为 v_k，根据累加器的目击性可知，不存在 y_a 在 v_k 下的证人。由于 y_a 没有当前累加值的相关知识，组内通信又均不涉及直接传递累加值或证人信息，故未参与累加的 y_a 无法获知其他累加项的证人及累加值信息。

参与累加后，y_a 得到证人 $w_{a\_k+1} = f(v_k, r)$，$y_i \in Y$ 更新累加值 $v_{k+1} = f(v_k, y_a r)$ 和证人 $w_{i\_k+1} = f(w_{i\_k}, y_a r)$。

对于 y_i 来说，一方面，虽然 y_i 获得 $y_a r (y_a, r \in Y_{A,B})$，但根据大整数因子分解困难性可知寻找 y_a 和 r 是困难的，y_i 无法通过计算 $f(v_k, r)$ 获得 w_{a_k+1}。另一方面，虽然 y_i 能够更新 $v_{k+1} = f(v_k, y_a r) = f(w_{a\_k+1}, y_a)$，但基于强 RSA 假设可知，给定 $(v_k, y_a r)$ 寻找 (w_a, y_a) 的问题也是难解的。

对于 y_a 来说，寻找 y_i 新证人 w_{i_k+1} 的问题如引理 4 – 2 所述是难解的。同样根据强 RSA 假设可知，虽然 $v_{k+1} = f(w_{a\_k+1}, y_a) = f(v_k, y_a r) = f(f(w_{i\_k}, y_i), y_a r)$，给定 $(w_{a\_k+1}, y_a, y_a r, y_i)$ 寻找 y_i 的旧证人 w_{i_k} 的问题仍然是难解的。综上所述，新累加项 y_a 与旧累加项 y_i 的证人是彼此秘密的。证毕。

引理 4 – 4　在强 RSA 假设下，任意累加项 y_i 和被删除累加项 y_d 的证人是彼此秘密的。

证明:令 $Y = \{y_1, y_2, \cdots, y_m\}$，$y_i, y_d \in Y$，$y_d$ 被删除以前，$v_k = f(x, Y) = f(w_{i\_k}, y_i) = f(w_{d\_k}, y_d)$。根据引理 4 – 2，$w_{i\_k}$ 与 w_{d_k} 是相互秘密的。当 y_d 的被删除，y_i 首先根据扩展 GCD 算法获得参数对 (α, β)，再更新得到 $v_{k+1} = g(w_{i\_k}^{\beta} v_{k+1}^{\alpha} r^{\alpha}, \beta)$ 和 $w_{i\_k+1} = w_{i\_k}^{\beta} v_{k+1}^{\alpha}$。

对于 y_d 来说，一方面，p 和 q 的值是未知的，又受到随机数 r 的干扰作用，无法直接获得 v_{k+1}；另一方面，扩展 GCD 算法不能找到满足 $\alpha y_d + \beta y_d = 1$ 的 (α, β)，故 y_d 在 v_{k+1} 下的证人不存在，进而无法计算新累加值 v_{k+1}。因此，y_d 所持有的组密钥知识仅有 $(v_k, v_{k+1} r, w_{d\_k})$，根据强 RSA 假设，在这种情况下寻找满足 $v_k = f(w_{i\_k}, y_i)$ 的 w_{i_k} 和满足 $v_{k+1} = f(w_{i\_k+1}, y_i)$ 的 w_{i_k+1} 的问题均是难解的。

综上所述，被删除的累加项 y_d 与任意参与累加的累加项 y_i 的证人是相互秘密的。证毕。

定理 4－5 DAAG 协议能够抵抗伪造攻击。

证明：DAAG 协议能够有效的抵御下述伪造攻击：

（1）编码为 $y*$ 的非成员恶意节点谎称自己是编码为 y_a 的新节点，申请入簇，企图伪造 y_a 的身份。由于申请入簇信息由 y_a 与组管理员之间的对密钥加密，$y*$ 根本无法伪造该申请信息，组管理员也就不会产生更新响应，伪造失败。

（2）编码为 $y*$ 的成员恶意节点企图复制成员节点的身份。根据引理 4－2 可知，任意一个已参与累加的成员的证人对 $y*$ 都是秘密的，恶意节点缺少目标节点累加项的证人，身份伪造失败。

（3）编码为 $y*$ 的的成员恶意节点企图复制新加入节点的身份。根据引理 4－3 可知，新累加项的证人对 $y*$ 都是秘密的，缺少目标节点累加项的证人，身份伪造失败。

（4）编码为 $y*$ 的恶意节点企图在离开时复制合法成员节点的身份。根据引理 4－4 可知，成员节点持有的证人对 $y*$ 都是秘密的，恶意节点缺少目标节点累加项的证人，身份伪造失败。

（5）恶意节点企图伪造更新消息，控制组密钥更新。不论是增加节点还是删除节点，组密钥更新信息都包含了用来验证更新信息来源的信息 (C,c)，由于 $C=f(w_{ch\_k+1},c)$，根据强 RSA 假设，恶意节点不能从 (C,c) 中解得组管理员的证人 w_{ch_k+1}，即 (C,c) 不能根据恶意节点的需要进行伪造。对于新节点加入更新 $B_a=\{y*,C,c\}$ 来说，恶意节点替换 $y*$ 为 $y**$，则收到消息的节点计算一个新的 v'_{k+1}，验证 $f(C,y_{ch})=f(v'_{k+1},c)$ 就会失败。同理，对于伪造的删除更新 $B_d=\{y_d,C,c,v_{k+1}r,g(x,y,z)\}$，修改了除 (C,c) 以外的任何一项，都将影响节点计算得到的新累加值 v'_{k+1} 从而导致验证失败。

综上所述，DAAG 协议成功抵抗上述五种场景下的伪造攻击，使得其既能保证从未加入过的、正参与组通信的、加入过又离开的和离开后又加入的节点均无法伪造他人身份，又能保证更新信息不被伪造。证毕。

定理 4－6 DAAG 协议可以抵抗重放攻击。

证明：每次更新消息中的 (C,c) 都携带了当前组的正确累加值 v_{k+1}。如果恶意节点重放更新消息，则接收到该消息的节点各自计算新的累加值 v'_{k+1} 将是 v_{k+1} 重复累加一个累加项或重复删除一个累加项的结果，即 $v'_{k+1}\neq v_{k+1}$，此时验证 $f(C,y_{ch})=f(v'_{k+1},c)$ 失败。因此，DAAG 协议能够有效抵抗重放攻击。证毕。

定理 4－7 DAAG 协议能够抵抗大规模共谋攻击。

证明：共谋节点相互分享各自的证人，作为一个整体，获得当前组的更新消息。攻破系统的关键在于找到当前组所选累加器的辅助信息 $a_f = (x_0, p, q)$。只要任意共谋节点获得了 a_f，它就能避开身份认证直接计算新密钥。然而，一方面在强 RSA 假设下，不论共谋节点的数目有多少，它们都不能逆向计算 $v = f(w, y)$，恢复基底 x_0；另一方面，参数 p, q 的安全性由大整数因子分解困难性保证，共谋节点无法获得。考虑最坏的情况下，仅组管理员是非共谋节点，其他所有组成员像一个节点一样共享信息。此时，网络可以看做一个组管理员和一个恶意节点，根据引理 4-2，组管理员的证人仍然安全，如果新添加非共谋节点，其证人也始终安全。共谋节点一旦被完全删除，它们立刻失去对新密钥的计算能力。综上所述，非组管理员的成员节点共谋仅能够实现身份共享，而不能攻破网络。DAAG 协议仅在组管理员参与共谋时才被攻破。

定理 4-8 DAAG 协议是前向安全的。

证明：当一个节点离开组时，它不能利用扩展 GCD 算法计算参数 (α, β)，从而无法更新证人，也就无法更新自己的组密钥。同时根据引理 4-4，被删除节点不能复制任何合法成员节点的身份。因此，被删除节点既不能正常更新组密钥，也不能通过伪造身份获取组密钥，协议是前向安全的。

定理 4-9 DAAG 协议是后向安全的。

证明：当新节点加入，它能够获得新累加值 $v_{k+1} = f(v_k, y_a r)$ 和证人 $w_{a\_k+1} = f(v_k, r)$。在强 RSA 假设下，给定 $(v_{k+1}, y_a r, r)$ 寻找 v_k 的问题是难解的。因此新节点不能获得旧组密钥 v_k，DAAG 协议是后向安全的。

定理 4-10 DAAG 协议能够抵抗恶意更新。

证明：每次节点的加入与删除都需要进行全组密钥更新。DAAG 协议从两方面入手防止恶意更新：① 利用配对密钥加密入簇申请信息，屏蔽了伪造节点的入簇申请；② 利用身份认证手段，对组管理员身份进行验证，防止了恶意节点伪造组管理员或重放更新信息发起恶意更新。综上所述，DAAG 协议能够抵抗恶意更新。证毕。

表 4-2 显示了 DAAG 协议与 FM 协议在安全性方面的对比情况。其中，√表示协议具有该特性，×表示协议不具有该特性。

表 4-2 安全性对比

安全性	DAAG 协议	FM 协议
前向安全性	√	×
后向安全性	√	×
抗重放攻击	√	×
抗伪造攻击	√	×
抗共谋攻击	仅当组管理员共谋时网络才被攻破	×

2. 性能分析

设所有参数、密钥、多项式和 MAC 消息的平均大小为 L Byte。Md 表示模运算代价，Mc 表示 MAC 运算代价，$AES\ E/D$ 为 AES – 128 对称加/解密代价，N 表示组规模，S 表示每发送 1Byte 数据的代价，R 表示每接收 1Byte 数据的代价，G 为 eGCD 算法代价。

1）存储开销

令 C_{str} 表示存储开销。节点的存储空间主要耗费在存储预分配密钥材料和变量上。在 DAAG 协议中，组管理员存储信息 $(f, a_f, y_{ch}, w_{ch}, v)$，普通成员存储信息 (f, y_i, w_i, v)。FM 协议中所有成员节点存储相同的信息 $(f, y_i, w_i, \varphi(n), v)$。因此，在一个有 N 个成员的组中，两种协议的节点平均存储开销分别为

$$C_{str}(DAAG) = \frac{5L + 4(N-1)L}{N} = 4L + L/N \qquad (4-5)$$

$$C_{str}(FM) = 5L \qquad (4-6)$$

图 4 – 13 给出了 DAAG 协议与 FM 协议的存储开销对比情况。其中 L 的取值范围为 1 ~ 40Byte，组成员数目变化范围为 305 ~ 500。显然，DAAG 协议要比 FM 协议消耗更少的存储空间。当 N 极大时，DAAG 协议的存储开销将接近 $4L$，此时，DAAG 的 L 上限约为 128KB，FM 的 L 上限约为 102KB。

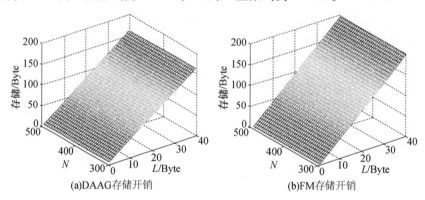

(a)DAAG存储开销　　　　　　　　(b)FM存储开销

图 4 – 13　存储开销对比

2）计算开销

令 C_{comp} 表示计算开销．在初始化阶段，FM 协议只需要 1 次模运算来计算初始密钥，DAAG 协议还需多执行一次 MAC 运算，即

$$C_{comp}(DAAG) = Mc + Md \qquad (4-7)$$

$$C_{comp}(FM) = Md \qquad (4-8)$$

在新节点加入时，FM 协议的每个成员节点运行 4 次模运算和 1 次解密运

算。DAAG 协议需要 2 次模运算获得密钥和证人更新,2 次模运算用来验证更新信息来源,1 次 MAC 运算和一次解密运算。即

$$C_{\text{comp}}(\text{DAAG}) = D + Mc + 4Md \qquad (4-9)$$

$$C_{\text{comp}}(\text{FM}) = D + 4Md \qquad (4-10)$$

在删除节点时,FM 协议执行 1 次解密运算,3 次模运算,并运行 1 次 GCD 算法。DAAG 协议需要 1 次 GCD 运算,1 次 MAC 计算,以及 3 次模运算,即

$$C_{\text{comp}}(\text{DAAG}) = G + Mc + 3Md \qquad (4-11)$$

$$C_{\text{comp}}(\text{FM}) = G + 3Md + D \qquad (4-12)$$

3) 通信开销

令 C_{comm} 表示节点的通信开销。由于 FM 协议的初始化是离线完成的,因此不存在通信开销。在 DAAG 协议中,基站进行的材料分配也是离线的,因此只需要关注在线成组过程。对于有 M 个成员的组,组管理员需要广播 $3L$ 的信息,因此初始化阶段 DAAG 协议的平均通信开销为

$$C_{\text{comm}}(\text{DAAG}) = 3LS + 3LR(N-1)/N \qquad (4-13)$$

$$C_{\text{comp}}(\text{FM}) = 0 \qquad (4-14)$$

在新节点加入阶段,FM 协议需要广播两次大小为 L 的信息,第一次的接受者有 $N-1$ 个,第二次有 N 个。DAAG 协议需广播一次 $4L$ 的消息,接受者为 $N-1$ 个,即

$$C_{\text{comm}}(\text{DAAG}) = 4L(S + R(N-1))/N \qquad (4-15)$$

$$C_{\text{comp}}(\text{FM}) = L(2S + R(N-1) + RN)/N \qquad (4-16)$$

在节点删除阶段,FM 协议广播两次大小为 L 的信息,接收者均为 $N-2$ 个。DAAG 协议需广播一次 $6L$ 的消息,接收者为 $N-2$ 个,即

$$C_{\text{comm}}(\text{DAAG}) = 6L(S + R(N-2))/N \qquad (4-17)$$

$$C_{\text{comp}}(\text{FM}) = L(2S + 2R(N-2))/N \qquad (4-18)$$

FM 协议是将整个网络看做一个组,离线为节点初始化证人信息的,这意味着网络不具有划分动态子组的能力。与之不同,DAAG 协议是在线建立组,动态收集邻居节点信息,由组管理员动态组织成组,能够支持节点移动和多级子组建立。因此,对于相同的一组最多能够支持 M 个成员节点的密钥材料来说,FM 协议只能支持一个组共 M 个节点建立组密钥,而 DAAG 协议则能够支持的节点数是 M 的指数级的。

综上所述,DAAG 协议的存储开销要小于 FM 协议,计算开销则相当。初始化和新节点加入时 DAAG 的计算开销分别比 FM 协议仅多 1 次 MAC 运算。但为了保证前向安全性,DAAG 协议需要传递更多的信息来帮助合法节点恢复组密钥,因此通信开销要大于 FM 协议。

3. 仿真分析

本节借助 OMNET ++ 平台定量分析 DAAG 协议的寿命以分析其可行性。选择 Cross 公司的 MICAz 节点(ATmega128L,2.4GHz,传输速率 250kb/s,存储器 512KB)作为普通传感器节点,以有线供电节点作为簇头节点,建立测试网络。在测试过程中,只需考虑 MICAz 节点的性能问题,数值和仿真分析涉及的参数分别来自相关文献,如表 4 – 3 所示。

表 4 – 3　仿真参数

参数	值	参数	值
S	8.528μJ/Byte	电池	1.5V
R	4.424μJ/Byte		2500mAH
Md	13.95 mJ	MICAz 内存	512KB
$AES\ E/D$	1.62/2.49μJ/Byte	r	80m

一次 RSA 加/解密运算的平均代价约为 13.95mJ。一只普通 AA 电池的能量约为 $1.5 \times 2.5 \times 3600 = 13500$J,一个普通的 MICAz 是两节 AA 电池供电的,能量能够达到 27000J。图 4 – 14 给出了在 OMNET ++ 中对所提协议进行仿真分析的运行场景,整个网络由三个簇组成,并分簇持续执行所提协议,直到第一个成员节点死亡。

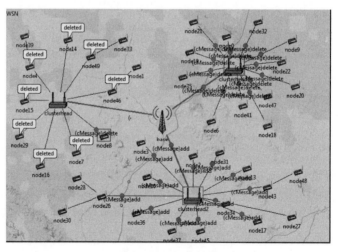

图 4 – 14　仿真场景

初始组密钥只建立 1 次,之后簇头以平均 10s、1min 和 1h 的时间间隔发起组密钥添加或删除事件。由于各个成员节点中组密钥的建立与更新仅发生在接收到簇头广播的更新消息之后,由节点自身完成,故每个组成员节点的数目多少不影响协议的性能分析结果。仿真过程以网络中第一个节点的死亡时间为网络寿命长短的标识,相应的仿真测试结果记录在表4-4中。

表4-4 仿真结果

更新间隔	网络寿命/天			
	测试1	测试2	测试3	平均
10s	15.321	14.287	15.098	14.902
1min	96.750	96.875	97.128	96.918
10min	968.546	968.133	968.574	968.418

从仿真结果中可以发现,以平均10s的时间间隔触发更新事件时,网络中最早因能量耗尽的节点拥有约15天的寿命。随着更新事件触发间隔的增长,网络寿命也随之延长。当以10min的时间间隔触发更新时,寿命下限约为2.5年。与移动Ad Hoc网不同,现实中无线传感网节点的位置通常是相对固定的,节点的新增与删除仅在需要补充节点和移除妥协与死亡节点的情况下发生,其平均触发时间间隔一般大于1min甚至10min。可见,所提协议在实际的传感网安全应用中是可行的。

4.5 小结

传感网综合了传感器、嵌入式计算、网络及通信、分布式信息处理等技术,以一种无处不在的新型计算模式,成为连接物理世界、数字虚拟世界和人类社会三者间的桥梁。随着在环境监测、智能交通、公共安全和国防等领域中应用日益广泛,暴露出的安全问题日益突出。为了解决这些问题,密钥管理协议研究内容也从传感网逐步延伸至异构传感网。异构性作为传感网的一种自然属性,要从根本上解决密钥管理问题,必须利用传感网中客观存在的异构性,指导实用化的、与应用场景相关的密钥管理协议设计。

本章将以传感网为切入点,以认证与密钥协商为研究内容,以集合论为指导思想,以单向累加器为技术支撑,从传感网过渡到异构传感网。基于单向累加器的传感网密钥管理协议,实现了传感网身份认证和密钥协商的有效融合。与随机密钥管理协议连通概率趋近于1、连通性与存储需求相互影响不同,实验分析表明该协议具有连通概率恒等于1、存储需求恒定和易扩展特性。在此基础上,本章进一步研究了异构传感网身份认证与密钥协商问题,构建了一个快速单向累加器,设计了一个有效的异构传感网身份认证与密钥协商协议。在该协议中充分利用快速单向累加器和异构传感网多对一通信模式,有效融合了身份认证与密钥协商。实验分析表明所提协议不仅具有身份认证功能,而且具有较高的连通率和安全性、较低的能耗。

    针对 FM 协议中节点身份易伪造、不能提供前后向安全性等问题,本章改进了动态累加器构造,提出了一种支持节点动态加入和撤销的认证组密钥管理协议 DAAG。该协议充分考虑了组密钥更新过程中可能存在的攻击场景,具有下述优势:① 限定了合法信息来源,能够严格依靠动态累加器证人信息实现节点成员身份合法性鉴定;② 限制了非成员节点对更新消息的解读权和对新密钥的恢复能力,能够在保障前后向安全性的前提下支持成员关系的动态变化;③ 能够抵抗伪造攻击、重放攻击、共谋攻击和恶意更新攻击。总的来说,DAAG 协议能够在耗费一定性能代价的基础上,提供较 FM 协议更好的安全性。此外,由于组密钥更新多采用多播方式发布更新消息,而传感网信道又存在不同程度的不稳定性,某些更新信息可能未到达或未能完整到达成员节点,使得合法节点只能重新申请入组才能获得新的组密钥。因此,在后续的研究中,将重点为DAAG 协议提供自愈能力,以实现智能、安全、轻量的密钥自愈。

参考文献

[1] Benaloh J, De Mare M. One – way accumulators:A decentralized alternative to digital signatures[C] //Advances in Cryptology – EUROCRYPT'93. Springer Berlin Heidelberg,1994:274 – 285.

[2] Nyberg K. Fast accumulated hashing[C] //Fast Software Encryption. Springer Berlin Heidelberg,1996:83 – 87.

[3] 马春光,蔡满春,武朋. 基于单向累加器的无向可传递闭包图认证[J]. 通信学报,2008,29(3):63 – 69.

[4] Karp B,Kung H T. GPSR:Greedy perimeter stateless routing for wireless networks[C] // Proceedings of the 6th annual international conference on mobile computing and networking. ACM,2000:243 – 254.

[5] Eschenauer L,Gligor V D. A key management scheme for distributed sensor networks [C]Proc. of the 9th ACM Conf. on Computer and Communications Security. New York:ACM Press. 2002:41 – 47.

[6] 孔繁瑞,李春文,丁青青,等. 基于 EBS 的动态密钥管理方法共谋问题[J]. 软件学报,2009,20(9):2531 – 2541.

[7] MICAZ Mote Datasheet. http://www. xbow. com.

[8] Du X,Guizani M,Xiao Y,et al. Transactions papers a routing – driven elliptic curve cryptography based key management scheme for heterogeneous sensor networks[J]. Wireless Communications, IEEE Transactions on,2009,8(3):1223 – 1229.

[9] Du X,Xiao Y. Energy efficient chessboard clustering and routing in heterogeneous sensor networks [J]. International Journal of Wireless and Mobile Computing,2006,1(2):121 – 130.

[10] 姚宣霞,郑雪峰,周贤伟. 适用于无线传感器网络的广播认证算法[J]. 通信学报,2010 (11):49 – 55.

[11] 冯涛,马建锋. 基于单向累加器的移动 Ad Hoc 网络组密钥管理方案[J]. 通信学报,2007,28 (11A):103 – 107.

［12］马春光,王九如,钟晓睿,等.基于单向累加器的传感网密钥管理协议［J］.通信学报,2011,31
　　　(11A):184－189.

［13］Camenisch J,Lysyanskaya A. Dynamic accumulators and application to effcient revocation of anonymous
　　　credentials［C］. Proceedings of 22nd Annual International Cryptology Conference（CRYPTO'02）,
　　　2442. Santa Barbara,California,USA:Springer,2002:61－76.

［14］温涛,张永,郭权,等.WSN中同构模型下动态组密钥管理方案［J］.通信学报,2012,33(6):164
　　　－173.

第 5 章　非对称密钥管理协议

为了解决异构传感网网内通信和网间通信安全问题,本章研究了公钥密码体制在异构传感网中的应用。首先,通过与分布式路由相结合,提出基于身份的异构传感密钥管理协议。其次,从逻辑上把每个单独的异构传感网类比于多域身份基的一个域,提出了基于多域身份基加密的异构传感网密钥管理协议。最后,针对移动对等传感器网络,设计了一个认证及组密钥管理协议。

5.1　基于身份的异构传感网密钥管理协议

随机密钥预分配协议保证了邻居节点以一定概率共享密钥,在传感网密钥管理中具有广阔的应用前景。但是当密钥池足够大时,每个节点同样需要预置足够多的密钥才能达到比较高的连通概率。比如,在 E - G 协议[1]中,当密钥池大小 $P = 10,000$ 时,每个节点需要预置至少 150 个密钥才能保证节点间以 0.9 的概率保持连通[1]。如果每个密钥的长度为 150bit,150 个密钥则需要 4800Byte。如此大的存储需求对节点来说过大,比如,智能尘埃节点(Smart Dust)[2]仅有 8K 字节的程序空间和 512Byte 数据空间。

当前大多数密钥管理协议均试图为所有邻居节点建立共享密钥,却没有考虑到异构传感网实际通信模式。在多数传感网中,节点往往稠密部署在同一个区域。一个节点可能会有超过 30 个邻居节点[3]。而在大多数传感网中主要采用多对一通信方式,也就是所有节点向 Sink 节点发送数据。因为节点之间采用多对一的通信方式,所以一个节点只需要与部分邻居节点通信。比如,从节点自身到 Sink 节点路由上的节点。也就是说,一个传感器节点不需要与所有邻居节点建立共享密钥。

定义 5 - 1　c - neighbor 如果节点 v 是节点 u 路由上的一跳通信节点,则节点 v 是节点 u 的通信邻居。

基于上述观察,Du 等[4,5]开创了一个崭新的异构传感网密钥管理研究思路,并设计了基于椭圆曲线的路由驱动异构传感网密钥管理协议(Routing - Driven Key Management Scheme for HSNs based on Elliptic Curve Cryptography, ECC - based 协议)。其核心思想是在密钥管理协议设计时,只为节点与其

c – neighbor建立共享密钥。也就是说,不需要为所有邻居节点建立共享密钥,从而降低共享密钥建立代价。例如,假设一个节点有30个邻居节点,但只向2个邻居节点(一个是主节点,一个是备份节点)发送数据包。在传统密钥管理协议中,需要为每对节点建立共享密钥,总共需要建立30对共享密钥为节点 u。而采用 c – neighbor 概念,仅需要为2个邻居节点建立共享密钥。因此,ECC – based 协议可以明显降低通信代价和计算代价,进而降低网络能耗。其设计思路如下:

节点部署完成后,网络形成簇型拓扑结构。簇内节点利用贪婪路由算法向簇头(某个 H – sensor)发送密钥请求信息。簇头收到密钥请求信息后,执行 MST 或 SPT 确定树型路由结构。节点间共享密钥建立可以分为集中式或分布式两种。在集中式密钥建立过程中,簇头为节点和其邻居生成共享密钥,并单播通知每个节点。在分布式密钥建立过程中,簇头告知每个节点路由结构,进而节点自己生成共享密钥。

由上述描述可以看出,ECC – based 协议具有两个明显不足:①由于采用簇头集中生成路由结构,网络通信负载过大;②共享密钥生成过程中簇头需要安全的单播密钥或路由结构至每个节点,所以密钥预分配时簇头需要大量存储空间,这并不非常适合大规模 HSN。但是,把路由协议与密钥管理协议设计相结合是密钥管理的一个新重要研究方向。在此基础上,国内外研究者提出了很多密钥管理协议。比如,Zhang 等[6]进一步拓展该路由驱动协议,提出基于部署知识的路由驱动分布式密钥管理协议。Yu 等[7]设计了基于组部署的确定性密钥预分配协议。

本节借助分布式路由技术和身份基加密技术,提出一个明显降低通信负载和存储需求的分布式密钥管理协议。其贡献主要体现在以下三个方面:①发现 ECC – based 协议能耗高的原因,并改进簇内路由协议;②利用 IBE 技术减少存储需求、实现消息认证;③设计了一个分布式异构传感网密钥管理协议。实验分析表明该协议不但具有较低的通信负载、存储需求,较好的安全性和自适应性,还具有消息认证功能,适用于安全需求较高的环境中。

5.1.1 相关基础

在传统信息加密算法中,RSA 算法以其原理简单、易于使用、安全性高的特点得到广泛应用。但是随着数论研究的深入,大素数分解方法日益完善,计算机运行效率飞速提高以及计算机网络的普及发展,更是对作为 RSA 加/解密安全基础的大素数长度要求越来越高。为保证 RSA 使用的安全性,密钥的必须位数不断增加。目前,一般认为 RSA 需要 1024 位以上的字长才具有安全保障。

但密钥长度的增加致使加/解密的速度大大降低,硬件实现也变得越来越复杂,这也为 RSA 在存储空间受限的传感器中的应用带来了极大的负担。

最近涌现出的椭圆曲线密码学(Elliptic Curve Cryptography,ECC)的研究成果,为公钥密钥技术在传感网上的应用提供了新的曙光。ECC 算法以有限域上椭圆曲线离散对数问题为数论基础,只需采用较短的密钥即可得到与 RSA 算法相同的加密强度。例如:160 位的 ECC 算法密钥强度相当于 1024 位的 RSA 算法,而 ECC 算法采用 210 位时密钥强度则相当于 2048 位的 RSA。1984 年,Shamir[8] 提出基于身份标识字符串为公钥的公钥加密体制,称为基于身份的(Identity – Based Encryption,IBE)加密算法,其主要特征是不需要存储过多的公钥,接收者公钥可以从使用者身份信息(比如:ID,Email)推出,并且只有合法接收者才能解密信息。例如:当 Alice 给 Bob 发送电子邮件时,Alice 只需要知道 Bob 的邮箱账号 xxx@ yyy. zzz 即可作为公钥来加密邮件,从而省去了获取 Bob 公钥证书这一步骤。当 Bob 接收到加密邮件后时,利用自身私钥解密邮件获得原文。但是,自 IBE 算法提出以来,很长一段时间内研究人员都没能找到适合的实现方法。直到 2001 年,Boneh 和 Franklin[9] 基于椭圆曲线双线性映射(Bilinear – map)设计了真正实用的身份基加密(Identity – Based Encryption,IBE)算法。2004 年,Gura 等[10] 首次在主频时钟只有 8Hz 的 Atmel ATmegal28 上实现 160 位 ECC,显示一次 ECC 点乘运算少于 1s。2007 年,杨庚等[11,12] 设计了一个基于身份的传感网密钥预分配协议。2009 年 Boujelben 等[13] 提出了一个支持建立节点间共享密钥和簇密钥的基于身份的异构传感网密钥管理协议。Szczechowiak 和 Collier[14] 提出了基于身份的异构传感网有效自举安全机制。这些研究成果有力证明了以 ECC 算法为基础的身份基加密,可以在异构传感网中得到很好的应用。

1. 椭圆曲线

设 F 是一个域。域 F 上的椭圆曲线是指方程

$$y^2 + a_1xy + a_3y = x^3 + a_2x^2 + a_4x + a_6 \qquad (5-1)$$

确定的所有点 $(x,y) \in F \times F$ 以及一个特殊的无穷远点 O 所构成的集合,其中 $a_1,a_2,a_3,a_4,a_6 \in F$,式(5 – 1)称为 Weierstrass 方程[15]。域 F 可以是实数域 R,也可以是复数域 C,还可以是有限域。

当域 F 的特征不等 2 时,式(5 – 1)可以化简为

$$y^2 + a_1xy + \left(\frac{1}{2}a_1x\right)^2 + a_3y = x^3 + \left(\frac{1}{4}a_1^2 + a_2\right)x^2 + a_4x + a_6$$

$$\left(y + \frac{1}{2}a_1x\right)^2 + a_3y = x^3 + \left(\frac{1}{4}a_1^2 + a_2\right)x^2 + a_4x + a_6$$

令 $z = \left(y + \dfrac{1}{2}a_1 x\right)$，则

$$z^2 + a_3\left(z - \frac{1}{2}a_1 x\right) = x^3 + \left(\frac{1}{4}a_1{}^2 + a_2\right)x^2 + a_4 x + a_6$$

$$z^2 + a_3 z = x^3 + \left(\frac{1}{4}a_1{}^2 + a_2\right)x^2 + \left(\frac{1}{2}a_1 a_3 + a_4\right)x + a_6$$

$$\left(z + \frac{1}{2}a_3\right)^2 = x^3 + \left(\frac{1}{4}a_1{}^2 + a_2\right)x^2 + \left(\frac{1}{2}a_1 a_3 + a_4\right)x + \left(\frac{1}{4}a_3{}^2 + a_6\right)$$

令 $u = z + \dfrac{1}{2}a_3$，$c_1 = \dfrac{1}{4}a_1{}^2 + a_2$，$c_2 = \dfrac{1}{2}a_1 a_3 + a_4$，$c_3 = \dfrac{1}{4}a_3{}^2 + a_6$，则式（5-1）

化简为

$$u^2 = x^3 + c_1 x^2 + c_2 x + c_3 \qquad\qquad (5-2)$$

当域 F 的特征既不等于 2 也不等于 3 时，式（5-1）化简为式（5-2）后，还可以进一步化简。令 $x = v - \dfrac{1}{3}c_1$，则（5-2）可以化简为

$$u^2 = v^3 + av + b \qquad\qquad (5-3)$$

式中：$a = c_2 - \dfrac{1}{3}c_1{}^2$；$b = c_3 - \dfrac{1}{3}c_1 c_2 + \dfrac{2}{27}c_1{}^3$。

由上面讨论可知，当域的特征既不等于 2 也不等于 3 时，式（5-1）所示的椭圆曲线方程可以通过坐标变换转化为如下形式：$y^2 = x^3 + ax + b$，其中 $a,b \in F$。

在实数域上，二元三次方程 $y^2 = x^3 + ax + b$ 有三个根，令 $\Delta = 4a^3 + 27b^2$，称 Δ 为判别式。

（1）当 $\Delta > 0$ 时，方程 $y^2 = x^3 + ax + b$ 有一个实根和一对共轭复根。

（2）当 $\Delta = 0$ 时，方程 $y^2 = x^3 + ax + b$ 有三个实根。三个根分别为 $x_1 = \sqrt[3]{-4b}$，$x2 = x3 = \sqrt[3]{\dfrac{1}{2}b}$。

（3）当 $\Delta < 0$ 时，方程 $y^2 = x^3 + ax + b$ 有三个不同的实根。

对于椭圆曲线 $y^2 = x^3 + ax + b$，如果判别式 $\Delta = 4a^3 + 27b^2 \neq 0$，则称为非奇异椭圆曲线，否则称为奇异椭圆曲线。在密码学实践中，出于安全性的考虑，通常以素数域上非超奇异椭圆曲线作为研究对象。

定义 5-2 令 $p > 3$ 是一个素数，有限域 Z_p 上的椭圆曲线 $y^2 = x^3 + ax + b$ 是由一个称为无穷远点的特殊点 O 和满足同余方程

$$y^2 \equiv x^3 + ax + b \ (\bmod\ p)$$

的所有点 $(x,y) \in Z_p \times Z_p$ 组成的集合，其中 $a,b \in Z_p$，$4a^3 + 27b^2 \neq 0\ (\bmod\ p)$。

在有限域 Z_p 上的椭圆曲线 E 上定义加法运算如下：对任意 $P = (x_1, y_1) \in$

E，$Q = (x_2, y_2) \in E$，定义

$$P + Q = \begin{cases} \mathcal{O}, x_1 = x_2, y_1 = -y_2 = 0 \\ \mathcal{O}, x_1 = x_2, y_1 = -y_2 \neq 0 \\ (x_3, y_3)，否则 \end{cases}$$

其中，$x_3 = \lambda^2 - x_1 - x_2$，$y_3 = \lambda(x_1 - x_3) - y_1$，$\lambda = \begin{cases} (y_2 - y_1)(x_2 - x_1)^{-1}, P \neq Q。\\ (3x_1^2 + a)(2y_1)^{-1}, P = Q。\end{cases}$

另外，对任意 $P(x_1, y_1) \in E$，定义 $P + O = O + P = P$。

2. 椭圆曲线公钥密码体制

定义 5 - 3 设 E 是有限域 Z_p 上的椭圆曲线，$P \in E$。P 的阶是满足

$$nP = \underbrace{P + P + \cdots + P}_{n} = O$$

的最小正整数 n，记为 $ord(P)$，其中 $\mathcal{O}$ 是无穷远点。

定义 5 - 4 设 $p > 3$ 是一个素数，E 是有限域 Z_p 上的椭圆曲线。设 G 是 E 的一个循环子群，P 是 G 的一个生成元，$Q \in G$。已知 P 和 Q，求满足 $nP = Q$ 的唯一整数 n，$0 \leq n \leq ord(P) - 1$，称为椭圆曲线上的离散对数问题（Elliptic Curve Discrete Logarithm Problem，ECDLP）。

已经知道，椭圆曲线上的离散对数问题是难解的，也就是说至今还没有一个非常有效的算法来计算椭圆曲线上的离散对数。事实上，ECDLP 困难性是所有椭圆曲线密码协议安全性的基础。

基于椭圆曲线上离散对数问题的难解性，椭圆曲线上的公钥密码体制越来越受到人们的关注。普遍认为椭圆曲线上的公钥密码体制具有比较好的安全性能并且运算速度也比较快。基于椭圆曲线的公钥密码体制，包括系统参数的建立、密钥生成、加密、解密和密钥生成协议五个部分。

（1）设 $p > 3$ 是一个素数，E 是有限域 Z_p 上的椭圆曲线。$\alpha \in E$ 是椭圆曲线上的一个点，并且 α 的阶足够大，使得在由 α 生成的循环子群中离散对数问题是难解的。p 和 E 以及 α 都公开。

（2）随机选取整数 d，$1 \leq d \leq ord(\alpha) - 1$，计算 $\beta = d\alpha$。β 是公开的加密密钥，d 是保密的解密密钥。

（3）明文空间 $Z_p^* \times Z_p^*$，密文空间为 $E \times Z_p^* \times Z_p^*$。

（4）加密变换：对任意明文 $x = (x_1, x_2) \in Z_p^* \times Z_p^*$，秘密随机选取一个整数 k，$1 \leq d \leq ord(\alpha) - 1$，密文为

$$y = (y_0, y_1, y_2)$$

式中：$y_0 = k\alpha$；$(c_1, c_2) = k\beta$；$y_1 = c_1 x_1 \bmod p$；$y_1 = c_2 x_2 \bmod p$。

（5）解密变换：对任意密文 $y = (y_0, y_1, y_2) \in E \times Z_p^* \times Z_p^*$，明文为

$$x = (y_1 c_1^{-1} \bmod p, y_2 c_2^{-1} \bmod p)$$

式中：$(c_1, c_2) = dy_0$。

因为 $(c_1, c_2) = k\beta, y_0 = k\alpha, \beta = d\alpha$，所以 $(c_1, c_2) = k\beta = kd\alpha = dy_0$。又因为 $y_1 = c_1 x_1 \bmod p, y_2 = c_2 x_2 \bmod p$，所以

$$\begin{aligned}
&(y_1 c_1^{-1} \bmod p, y_2 c_2^{-1} \bmod p) \\
&= (c_1 x_1 c_1^{-1} \bmod p, c_2 x_2 x_2^{-1} \bmod p) \\
&= (x_1, x_2) \\
&= x
\end{aligned}$$

因此，解密变换能正确地从密文恢复出相应的明文。

可以看出，在基于椭圆曲线的公钥密码体制中，密文依赖于明文 x 和秘密随机选取的随机整数 k。因此，明文空间中的一个明文对应密文空间中的许多不同的密文。从公开的 α 和 β，求保密的解密密钥 d，使得 $\beta = d\alpha$ 就是计算一个离散对数。当 α 的阶足够大时，这是一个目前众所周知的难解问题。因此，基于椭圆曲线的公钥密码体质的安全性主要基于椭圆曲线上离散对数问题的难解性。

定义 5 – 5 IBE 算法。IBE 算法主要有初始化以下四个算法组成：

1）初始化（Setup）

由可信第三方运行的一个概率算法，输入安全参数 $\kappa \in \mathbb{Z}^+$，输出系统参数 $params$ 和主密钥 $s \in \mathbb{Z}_q^*$。

（1）运行双线性 Diffle Hellman（Bilinear Diffle – Hellman, BDH）参数生成器，输出一个大素数 q、两个阶为 q 群 $\mathbb{G}_1$、$\mathbb{G}_2$ 以及双线性映射 $\hat{e}: \mathbb{G}_1 \times \mathbb{G}_1 \to \mathbb{G}_2$。

（2）选择 G_1 的生成元 $P \in \mathbb{G}_1$；选择主私钥 $s \in \mathbb{Z}_q^*$，计算 $P_{pub} = sP$；

（3）选择散列函数满足 $H_1: \{0,1\}^* \to \mathbb{G}_1^*$；$H_2: \mathbb{G}_2 \to \{0,1\}^n$。

（4）输出系统参数 $parms = \langle q, \mathbb{G}_1, \mathbb{G}_2, \hat{e}, n, P, P_{pub}, H_1, H_2 \rangle$，主密钥为 $s \in \mathbb{Z}_q^*$，$\mathcal{M} = \{0,1\}^n$，密文空间为 $C = \mathbb{G}_1^* \times \{0,1\}^n$。

2）私钥抽取（Key – Extraction）

运行一个密钥生成算法，输入主私钥 s 以及用户身份标识 $ID \in \{0,1\}^*$，输出用户的解密私钥 d_{ID}。

（1）计算 $Q_{ID} \in H_1(ID) \in \mathbb{G}_1^*$；

（2）计算私钥 $d_{ID} = sQ_{ID}$，其中，s 为主密钥。

3）加密（Encryption）

执行一个概率算法，输入接收者 ID 以及明文 m，输出为密文 C。

（1）计算 $Q_{ID} \in H_1(ID) \in \mathbb{G}_1^n$；

（2）随机选择数 $r \in \mathbb{Z}_q^*$；

（3）密文 $C = <rP, m \oplus H_2(g_{ID}{}^r)>$，其中 $g_{ID} = \hat{e}(Q_{ID}, P_{pub}) \in \mathbb{G}_2{}^*$。

4）解密（Decryption）

运行一个确定性算法，输入用户私钥 $d_{ID} \in G_1{}^*$、密文 $C = <U, V> \in C$，输出明文 m 或者一个区分标识符号 $\perp$（当 C 为不合法密文时）。

$$\text{计算 } V \oplus H_2(\hat{e}(d_{ID}, U)) = m$$

一致性条件：在加密过程中，将明文 m 与 $g_{ID}{}^r$ 的散列值进行按位异或；在解密过程中，将 V 与 $\hat{e}(d_{ID}, U)$ 的散列值进行按位异或。注意到两次异或使用的掩码实际上是一样的。

$$\hat{e}(d_{ID}, U) = \hat{e}(sQ_{ID}, rP) = \hat{e}(Q_{ID}, P)^{sr} = \hat{e}(Q_{ID}, P_{pub})^r = g_{ID}{}^r$$

因此，解密步骤输出结果就是所需的消息明文 m。

5.1.2　密钥管理协议

本协议将采用一个广泛应用的异构传感网模型，如图 5 - 1 所示。网络由 1 个 Sink 节点，m 个高端节点（High - end Sensor, H - sensor）节点和 n 个低端节点节点（Low - end Sensor, L - sensor）组成（$m < <n$）。Sink 节点安全可信。H - sensor 配备防篡改器件。因成本限制，L - sensor 不配备防篡改器件。每个 L - sensor 和 H - sensor 拥有唯一 ID 标识，并均由电池供电。L - sensor 和 H - sensor 部署位置相对静止，借助定位算法可以确定相对位置。部署完成后，L - sensor 围绕性能较优的 H - sensor 成簇，被选中的 H - sensor 称为簇头（Cluster - heads, CH）。具体成簇过程可以参见文献［16］。网络中 L - sensor 通过多跳与簇头通信，同样簇头经过多跳到达 Sink。Sink、H - sensor 和 L - sensor 形成层次式拓扑结构。

如图 5 - 1 所示，HSN 路由包含两个部分：①簇内路由。L - sensor 向簇头发送数据。②簇间路由。簇头融合 L - sensor 发送的数据，经 H - sensor 骨干网络发送至 Sink。因为 H - sensor 是高能节点，所以 H - sensor 间的路由相对简单，本章采用与文献［16］相同的簇间路由算法。同样，H - sensor 间的密钥管理也相对容易。比如，为每个 H - sensor 预置一个由防篡改器件保护的特殊密钥 K_H，部署后 H - sensor 利用 K_H 实现安全通信。本章主要关注 L - sensor 之间的密钥协商，因为簇内路由决定了如何从 L - sensor 向簇头发送数据。文献［16］采用贪婪路由算法解决簇内路由问题，但簇头集中生成路由结构，导致网络负载过大。与文献［16］不同，本章将采用能量感知路由算法作为簇内路由。因此，在讨论 L - sensor 密钥协商之前，先简单描述一下能量感知路由协议[17]。

簇内通信时往往选择源节点到目的节点之间最低能耗路径传输数据。但

122

频繁使用同一路径,会导致该路径上的节点因能量消耗过快而消亡。最坏情况下,网络将分割为互不连通的多个部分。为此,Shah RC 等[17]提出从网络生命期和联通性角度提出能量多路径路由。在源节点和目的节点之间维持多条路径,依据路径上通信能耗和节点剩余能量,为每条路径赋予一定的概率。每次发送数据时,依据概率随机选择某条路径,从而避免总是使用某一条路径。由于不断地采用不同路径,因此提高了网络对节点移动的自适应能力。该路由协议包括如下三步:①路径建立。每个节点获知所有从源节点到目的节点的路由和能量代价,并计算选择每个下一跳节点传输数据的概率。②数据通信阶段。每个节点依据前一步计算的概率选择使用不同链路。③路由维护。通过周期性地实施从目的节点到源节点的洪泛查询来维持所有路径的活动性。由于概率性的选择每条路由,因此延长了网络生命期。

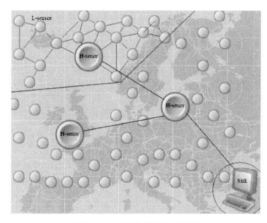

图 5-1 异构传感网模型

考虑到簇内建立路由结构之后,每个 L-sensor 只需与它邻居节点建立共享密钥,也就是它的父节点和孩子节点。本章假设同簇内的 L-sensor 和 H-sensor 拥有邻居节点列表,并且每个 L-sensor 知晓簇头 ID。同时,假设网络存在一个离线可信第三方——私钥生成中心(Private Key Generator,-PKG),比如由 Sink 担任。PKG 依据节点 ID 为生成私钥,并安全地预置到节点中。密钥管理协议主要有以下四部分组成:密钥预分配、消息认证和密钥协商、添加节点、删除节点。

1. 密钥预分配

离线-PKG 输入安全参数 κ 返回系统参数 params 和主密钥。简单地讲,系统参数将公开,而主密钥只有-PKG 知晓。接着以系统参数 params、主密钥和节点 ID 作为输入,-PKG 为每个节点生成私钥。最后私钥安全地预置到节点内。具体过程如下：

（1）设存在两个以大素数 q 为阶的群 $\mathbb{G}_1$、$\mathbb{G}_2$。$P \in \mathbb{G}_1$ 是 $\mathbb{G}_1$ 的生成元。

（2）选取一个可容许双线性映射满足 $\hat{e}: \mathbb{G}_1 \times \mathbb{G}_1 \rightarrow \mathbb{G}_2$，Hash 函数 H_1：$\{0,1\}^* \rightarrow \mathbb{G}_1^*$，$H_2: \mathbb{G}_2 \rightarrow \{0,1\}^n$。

（3）离线 – PKG 随机选择一个主密钥 $s \in \mathbb{Z}_q^*$，并生成主公钥 $P_{pub} = sP$。

（4）为给每个节点生成私钥，– PKG 首先计算 $Q_{ID} = H(ID) \in \mathbb{G}_1^*$，接着计算 $d_{ID} = sQ_{ID}$，则节点公、私钥分别为 $e_{ID} = ID$ 和 $d_{ID} = sQ_{ID}$。

从而，系统参数为 $< q, \mathbb{G}_1, \mathbb{G}_2, \hat{e}, P, P_{pub}, H_1, H_2 >$、系统主私钥为 s，而每个节点的公钥为 ID，私钥为 d_{ID}。

2. 消息认证和密钥协商

部署完成后，网络构建簇型拓扑结构。邻居节点将建立共享密钥。如果两个节点（包括 L – sensor 和 H – sensor）在路由结构中是父子关系，则它们将完成密钥协商。例如，假设节点 x 和 y 是在路由结构中有父子关系，并且它们的私钥来自同一个 – PKG。具体密钥协商过程如下：

（1）节点 x、y 各自选取一个随机数 $r_x, r_y \in \mathbb{Z}_q^*$；

（2）节点 x 计算 r_xP，节点 y 计算 r_yP；

（3）节点 x 广播 $ID_x || E(e_x, r_xP)$，节点 y 广播 $ID_y || E(e_y, r_yP)$；

（4）节点 x 计算 $D_{H(ID_y)}(E(e_y, r_yP)) = r_yP$，并验证消息的真实性，节点 y 计算 $D_{H(ID_x)}(E(e_x, r_xP)) = r_xP$，同样验证消息的真实性；

（5）节点 x 和 y：$k_{xy} = r_x \cdot r_yP = r_y \cdot r_xP = k_{yx}$。

在消息 3 中，由于私钥安全地预置到节点 x、y 中，因此除了 – PKG，只有 x 和 y 节点能加密此消息。在消息 4 中，x、y 可以验证消息来自于发送者。经上述过程，节点间建立共享密钥，可以安全通信。需要说明的是，虽然其他节点也可以解密此交换信息，但不能生成共享密钥。比如此处第三方节点可以获取 r_xP 和 r_yP，但不能计算共享密钥，因为计算共享密钥是一个 $\mathbb{G}_2$ 群上的计算性 Diffie – Hellman 问题（Computational Diffie – Hellman Problem，CDHP）[18]。

3. 添加节点

一段时间以后，部分节点将被捕获或因能量耗尽而消亡。为维持网络正常运转，网络将部署新的节点。新部署的节点将与原网络建立共享密钥。新部署节点 x 按照 5.1.2 节密钥预分频进行配置，x 节点部署后，网络发起一次洪泛查询来维持所有路径的活动性。节点 x 与原网络建立路由关系，并按照 5.1.2 节完成消息认证和密钥协商。

4. 移除节点

由于节点部署在无人值守的环境中，因此增加了节点被移出网络的可能性。尤其当 L-sensor 妥协时,必须要移除网络。假设网络能够探测到妥协节点,并告知簇头。簇头广播一个包含妥协节点 ID 的数据包,并用自己私钥签名。节点在收到签名消息后,首先验证消息的可靠性,再检查自己是否与妥协节点通信,如果有的话,则移除这些通信密钥。

5.1.3 分析实验

本小节将以路由驱动的密钥管理协议[5](简称 ECC-based 协议)为参照,从存储需求、能耗和安全性三个角度,评估所提协议性能。

1. 安全性分析

本部分将分析 ECC-based 协议和本协议抗节点俘获攻击情况。因为 Sink 是本网络与外界的接口,一旦 Sink 捕获将致使整个网络报废,因此 Sink 必须是无条件安全的。接下来将从 L-sensor 和 H-sensor 两个方面分析某个节点被捕获对其他节点的影响。首先分析 L-sensor 被捕获情况。

在 ECC-based 协议中,每个 L-sensor 预置自身私钥。密钥建立后,每对节点间密钥互不相同。因此,捕获一个 L-sensor 对其他节点没有影响。ECC-based 协议可以抵抗节点捕获攻击。本协议中每个 L-sensor 预置节点私钥,消息认证后每对节点建立互不相同的共享密钥。某个 L-sensor 被捕获同样不会影响其他节点,所以本协议同样抗节点捕获攻击。

在 ECC-based 协议中,H-sensor 被选为簇头后,它将产生簇内路由结构。尤其在集中式 ECC-based 协议中,H-sensor 还将为 L-sensor 节点间产出共享密钥,因此防篡改器件是必需的[5]。但是在本协议中,H-sensor 采用与 L-sensor 相同配置。网络安全性基于 IBE 算法的健壮性而不是依赖于器件的安全性。因此,防篡改器件是可选的。从而本协议在 H-sensor 安全方面优于 ECC-based 协议。

2. 存储需求

假设一个异构传感网拥有 M 个 H-sensor,N 个 L-sensor ($M<<N$)。在集中式 ECC-based 协议中,每个 L-sensor 预置自身私钥和 H-sensor 公钥;每个 H-sensor 预置所有 L-sensor 公钥、一对自身的公私钥和簇头间密钥 K_H,所以簇头的存储需求为 $N+3$,整个网络的存储需求为 $M(N+3)+2N=(M+2)N+3M$。与此同时,在集中式 ECC-based 协议中,每个 L-sensor 预置一对公私钥,每个 H-sensor 预置一对公私钥和簇头间密钥 K_H,所以总密钥需求为 $2N+3M$[5]。而在本协议中,预置密钥的只有私钥和簇头间密钥 K_H,因此网络存储需求共计为($N+2M$)。参照表 5-1 配置网络节点数目,图 5-2 是网络存储需求变化情况。x 轴表示节点数目,y 轴表示存储需求。图 5-2 中最下方的直线是

本协议存储需求变化情况,可以看出该协议存储规模随着节点数目增多增长缓慢。

表 5-1　HSN 网络配置

Type ＼ No	1	2	3	4	5
Sink	1	1	1	1	1
H-sensor	4	5	6	7	8
L-sensor	16	35	54	73	92

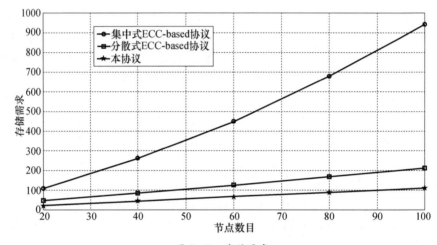

图 5-2　存储需求

3. 能耗分析

在 Omnet++4.1 仿真运行本协议和集中式 ECC-based 协议[5],两个协议采用相同配置。场景配置按照表 5.1 所示,在 $200\text{mm} \times 200\text{m}$ 区域内设置 1 个 Sink,4、5、6、7、8 个 H-sensors 和相应 16、35、54、73、92 个 L-sensors。设定 L-sensor 和 H-sensor 传输范围分别为 20m 和 40m。节点接收功耗为 $E_r = 30\text{mW}$,发送功耗为 $E_t = 80\text{mW}$,空闲功耗为 $E_i = 10\text{mW}$[19]。此处仅计入密钥建立所用功耗,不计网络密钥建立后,监测数据通信功耗。

如图 5-3 所示,当节点数目较少时,两个协议能耗相近。但当节点数目变大时,本协议能耗明显小于集中式 ECC-based 协议。这是因为成簇后,ECC-based 协议采用贪婪路由算法构建簇头路由,需要大量数据通信。而本协议采用分布式能量感知路由,节点自己决定邻居关系,所以能耗相对较少。在分布式 ECC-based 协议中,可以得到相似结果。

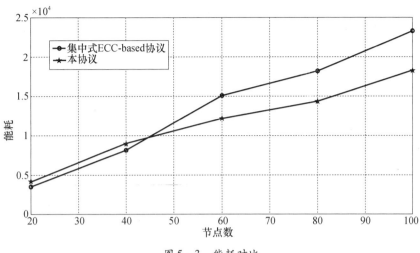

图 5 - 3　能耗对比

5.2　基于 M - IBE 的异构传感网密钥管理协议

由多种不同类型的传感器节点构成的异构传感网,尤其作为物联网感知层而存在时,往往需要不同网络监测不同区域,或者不同网络监测不同内容,因此异构传感网中网内通信和网间通信不可偏废。但是因为节点资源受限、缺乏基础设施、部署环境复杂等异构传感网固有特性,使得许多新的研究成果(如 KDC 技术、PKI/CA 技术等)不能直接应用于异构传感网[20],所以在军用信息监测等私密性要求较高的应用场景中,安全问题成为一个瓶颈问题。而作为各种安全机制的基础,密钥管理协议设计问题必须首先解决[21]。

虽然异构传感网密钥管理已经取得许多良好成果,但已有的密钥管理协议均无法有效解决异构传感网网内通信和网间通信兼顾问题。造成这一现象的原因主要有以下三个方面:

(1)早期的密钥管理协议研究主要基于网络同构性假设,即构成异构传感网的节点是低功耗的、无差异的。例如:E - G 协议[1]、Chan 等[22]提出的 q - composit 协议和多路径密钥管理协议、Du 等[23]提出的基于模的密钥管理协议等。所有这些密钥管理协议均假设网络部署于某一个监测区域,执行相同的监测任务。节点由电池供电,依靠无线通信或光链路传输数据,具有相同的有限计算能力、存储能力。整个网络功能相对简单,主要解决网内节点间通信问题,未考虑网间节点通信。

(2)当前异构性研究主要局限于节点能量、通信能力和计算能力三个方面,对节点功能异构性研究不足。例如:Yarvis 等[24]从能量异构、通信能力两个方面对传感网异构性进行了初步研究。Samundisway 等[25]对能量异构和通信能力异构的异构传感网进行了性能评价。由于异构性研究均集仅限于同一网络中能量和通信能力异构,网络仍以网内通信研究为重点,所以密钥管理协议同样以网内通信为重点,忽略了网间通信问题[4]。

（3）公钥密钥体制在异构传感网密钥管理中的应用研究不够深入,已提出的对称密钥管理协议虽然在一定程度上解决了网内通信和网间通信问题,但存在网络抗俘获性差、存储空间大等不足。2004 年,Lauter 证明经优化设计的非对称密钥系统,不仅可以应用于传感器,而且椭圆曲线密码(Elliptic Curve Cryptography,ECC)系统在计算量和存储需求方面有一定优势[26],从而逐渐引起科研人员重视并把基于 ECC 的密钥算法(如:Elliptic Curve Digital Signature Algorithm,ECDSA[27])用于传感网中。

本节提出一种基于多域身份基加密(Multi – domain Identity – based Encryption,M – IBE)的异构传感网密钥管理协议。该协议使网内通信和网间通信有效融合,解决了网内通信和网间通信问题,为异构传感网乃至物联网的广泛应用提供安全保障;将 M – IBE 运用到异构传感网中,深化了公钥密码体制尤其身份基密码的应用研究;把节点功能异构纳入到异构性研究之中,拓展了异构性研究范围。实验分析表明与已有典型协议相比该协议优势主要体现在:①具有较高的安全性,可以有效抵抗节点俘获攻击;②较低的存储需求、恒定的连通性和高效的计算效率;③适用于军用信息监测等安全需求较高的环境中。

5.2.1 相关基础

为简化公钥密码管理过程,1984 年,Shamir[8]首次提出了身份基密码学概念。在身份基密码系统中,用户的公开身份信息(如 IP 地址、Email 等)即可作为公钥。同一身份基加密系统中的用户从同一个私钥生成中心(域 – PKG)获得私钥,整个系统对证书或目录的依赖程度显著降低[28]。2001 年,Boneh 和 Franklin[9]基于椭圆曲线上双线性配对设计了安全实用的身份基加密(Identity – based Encryption,IBE)协议(BF – IBE 协议)。2003 年,Sakai 和 Kasahara[29]同样基于双线性配对提出了一个约减的身份基加密协议(SK – IBE 协议)。2007 年,杨庚等[11,12]将 BF – IBE 协议用于同构传感网中,表明该协议在复杂性、安全性、健壮性和内存需求等方面,与随机密钥管理协议等相比有一定的优势。同年,上海交通大学王圣宝等[30,31]提出多域环境下的高效身份基加密协议(M – IBE 协议),并指出在多域环境下,SK – IBE 协议[29]扩展性远不如 BF – IBE 协议[9]和 M – IBE 协议[31],BF – IBE 协议的计算效率不及 M – IBE 协议。本部分将对 M – IBE 协议作简要描述。

1. 多域环境 IBE 协议

多域环境下 IBE 协议的定义,与本书第 3 章相关基础中介绍的 Boneh 和 Franklin[9]定义基本相同。不同之处仅仅在于多域环境下身份基加密协议,特别额外提炼出一个全局初始化算法——G – Setup 算法。该算法负责生成全局公共参数 *params*。

定义 5 – 6 (多域 IBE 协议):一个多域 IBE 协议主要由以下五个算法组成。

(1) 全局初始化(G – Setup):由全局可信第三方运行的一个概率算法,输入安全参数 k,输出全局公共参数 *params*。

(2) 域初始化(Setup):由每个域 – PKG 运行的概率算法,输入全局参数 *params*,输出该域的主密钥,即一对公私钥(P_{pub}, *msk*)。其中,P_{pub} 是该域 – PKG 的主公钥,*msk* 为主私钥。域 – PKG 公布主公钥,保密主私钥。

(3) 私钥抽取(Key – Extraction):域 – PKG 运行密钥生成算法,输入全局公共参数 *params*、域主私钥 msk 以及用户身份标识 *ID*,输出用户的解密私钥 S_{ID}。

(4) 加密(Encryption):执行一个概率算法,输入全局公共参数 *params*、接收者所属域 – PKG 的主公钥 P_{pub}、接收者身份标识 *ID* 以及明文 *m*,输出为密文 *C*。

(5) 解密(Decryption):运行一个确定性算法,输入用户私钥 S_{ID}、密文 *C*,输出明文 *m* 或者一个区分标识符号⊥(当 *C* 为不合法密文时)。

2. 选择明文安全的 M – IBE 协议

令 $\mathbb{G}_1$ 表示一个由 *P* 生成的加法循环群,阶为素数 *p*;$\mathbb{G}_2$ 表示一个阶同样为 *p* 的乘法循环群;一个可容许的配对 $\hat{e}$ 是满足双线性、非退化性和可计算性的双线性映射 $\hat{e}:\mathbb{G}_1 \times \mathbb{G}_1 \rightarrow \mathbb{G}_2$。假设群 $\mathbb{G}_1$、$\mathbb{G}_2$ 上的离散对数问题都是困难的。M – IBE 协议的安全性基于 MBDH 问题(Modified BDH 问题)难解性,即:给定 < *P*, *aP*, *bP*, *cP* >(其中,$a, b, c \in \mathbb{Z}_p^*$),计算 $\hat{e}(P,P)^{a^{-1}bc} \in \mathbb{G}_2$ 是难解的[32,33]。M – IBE 协议同样存在一个额外的全局初始化算法——G – Setup,负责生成全局公共参数 *params*。在获得全局参数之后,每个域 – PKG 生成各自的主密钥(包括主私钥、主公钥),避免每个域独立设置并维护各自的域 – PKG,从而有效降低跨域运行复杂度。M – IBE 协议具体包括全局初始化、与初始化、私钥抽取、加密、解密五个算法。选择明文安全的基本 M – IBE 协议如下。

(1) 全局初始化(G – Setup):由全局可信第三方运行的一个概率算法,输入安全参数 *k*,输出全局公共参数 *params*。具体包含以下内容:

① 两个阶为素数 p 的循环群 $\mathbb{G}_1$ 与 $\mathbb{G}_2$，群 $\mathbb{G}_1$ 的生成元为 P，以及一个可容许的双线性映射 $\hat{e}:\mathbb{G}_1 \times \mathbb{G}_1 \rightarrow \mathbb{G}_2$。

② 整数 n 和两个密码 Hash 函数 $H_1:\{0,1\}^* \rightarrow \mathbb{G}_1^*$、$H_2:\mathbb{G}_2 \rightarrow \{0,1\}^n$。

从而，全局公共参数 params 可表示为 $<p,\mathbb{G}_1,\mathbb{G}_2,\hat{e},P,n,H_1,H_2>$。其中，明文空间为 $M=\{0,1\}^n$，密文空间为 $C=\mathbb{G}_1^* \times \{0,1\}^n$。

（2）域初始化（Setup）。由每个域 – PKG 运行的概率算法，输入全局参数 params，输出该域的主密钥，即：一对公私钥 (P_{pub},s)。域 – PKG 公布主公钥，保密主私钥 s。具体过程如下：

① 每个域 – PKG 随机选取整数 $s \in \mathbb{Z}_p$ 作为主私钥。

② 计算主公钥 $P_{pub}=s^{-1}P \in \mathbb{G}_1$。

注意，在 BF – IBE[9] 中，域 – PKG 的主公钥是 $P_{pub}=sP \in \mathbb{G}_1$。

（3）私钥抽取（Key – Extraction）：域 – PKG 运行密钥生成算法，输入全局公共参数 params、域主私钥 s 以及用户身份标识 ID，输出用户的私钥 S_{ID}。具体描述为：

给定一个身份标识 $ID \in \{0,1\}^*$，域 – PKG 首先计算 $Q_{ID}=H_1(ID) \in \mathbb{G}_1^*$，再计算用户私钥 $S_{ID}=sQ_{ID}$。其中，s 为不同域主私钥。

（4）加密（Encryption）：执行一个概率算法，输入全局公共参数 params、接收者身份标识 ID、明文 $m \in \mathcal{M}$，输出为密文 C。详细描述如下：

为加密一个明文消息 $m \in \mathcal{M}$，发送者随机选取一个整数 $r=\mathbb{Z}_p$，利用接收者的身份标识 ID 计算 $Q_{ID}=H_1(ID) \in \mathbb{G}_1^*$，求得密文设置 $C=<U,V>=<rP_{pub},m \oplus H_2(g_{ID}^r)> \in C$。其中，$g_{ID}=\hat{e}(P,Q_{ID}) \in \mathbb{G}_2^*$。

（5）解密（Decryption）：运行一个确定性算法，输入用户私钥 S_{ID}、密文 C，输出明文 m 或者一个区分标识符号 $\perp$（当 C 为不合法密文时）。具体过程为：

① 利用相应用户私钥 S_{ID} 计算 $m=V \oplus H_2(\hat{e}(U,S_{ID}))$。

② 如果密文合法，输出明文 m；否则输出 $\perp$。

一致性条件：接收者能够正确解密密文 C 以获得明文 m，因为
$$\hat{e}(U,S_{ID})=\hat{e}(rP_{pub},sQ_{ID})=\hat{e}(rs^{-1}P,sQ_{ID})=\hat{e}(P,Q_{ID})r$$

即若 C 是对应于明文消息 m 的合法密文，则解密算法能够正确解密获得明文 m。

3. 选择密文安全的 M – IBE 协议

借助 Fujisaki – Okamoto 通用转化方法（简称 FO 转化）[34] 实现由选择明文安全 M – IBE 协议转化为选择密文安全 M – IBE 协议。令 $\mathbb{G}1$ 表示一个由 P 生成的加法循环群，阶为素数 p；$\mathbb{G}_2$ 表示一个阶同样为 p 的乘法循环群；一个可容许的配对 $\hat{e}$ 是满足双线性、非退化性和可计算性的双线性映射 $\hat{e}:\mathbb{G}_1 \times \mathbb{G}_1 \rightarrow \mathbb{G}_2$。

假设群 $\mathbb{G}_1$、$\mathbb{G}_2$ 上的离散对数问题都是困难的。M－IBE 协议的安全性基于 MB-DH 问题(Modified BDH 问题)难解性,即:给定 $<P,aP,bP,cP>$(其中,$a,b,c \in \mathbb{Z}_p^*$),计算 $\hat{e}(P,P)^{a^{-1}bc} \in \mathbb{G}_2$ 是难解的[30,31]。M－IBE 与 BF－IBE 不同之处主要在于特别提炼出一个额外的全局初始化算法——G－Setup,负责生成全局公共参数 params。在获得全局参数之后,每个域－PKG 生成各自的主密钥(包括主私钥、主公钥),避免每个域独立设置并维护各自的域－PKG,从而有效降低跨域运行复杂度。具体的 M－IBE 协议[31]由以下五个算法组成:

(1)全局初始化(G－Setup):由全局可信第三方运行的一个概率算法,输入安全参数 k,输出全局公共参数 params。具体包含以下内容:

① 两个阶为素数 p 的循环群 $\mathbb{G}_1$ 与 $\mathbb{G}_2$,群 $\mathbb{G}_1$ 的生成元为 P,以及一个可容许的双线性映射 $\hat{e}:\mathbb{G}_1 \times \mathbb{G}_1 \rightarrow \mathbb{G}_2$。

② 两个整数 $k_0,n(k_0<n)$ 和三个密码 Hash 函数 $H_1:\{0,1\}^* \rightarrow \mathbb{G}_1^*$、$H_2:\mathbb{G}_2 \rightarrow \{0,1\}^n$、$H_3:\{0,1\}^n \rightarrow \mathbb{Z}_p^*$。

从而,全局公共参数 params 可表示为 $<p,\mathbb{G}_1,\mathbb{G}_2,\hat{e},P,n,k_0,H_1,H_2,H_3>$。其中,明文空间为 $\mathcal{M}=\{0,1\}^{n-k_0}$,密文空间为 $C=\mathbb{G}_1^* \times \{0,1\}^n$。

(2)域初始化(Setup):由每个域－PKG 运行的概率算法,输入全局参数 params,输出该域的主密钥,即一对公私钥(P_{pub},s)。域－PKG 公布主公钥,保密主私钥。具体过程如下:

① 每个域－PKG 随机选取整数 $s \in \mathbb{Z}_p$ 作为主私钥。

② 计算主公钥 $P_{\text{pub}}=s^{-1}P \in \mathbb{G}_1$。

注意,在 BF－IBE[9]中,域－PKG 的主公钥是 $P_{\text{pub}}=sP \in \mathbb{G}_1$。

(3)私钥抽取(Key－Extraction):域－PKG 运行密钥生成算法,输入全局公共参数 params、域主私钥 s 以及用户身份标识 ID,输出用户的私钥 S_{ID}。具体描述为:

给定一个身份标识 $ID \in \{0,1\}^*$,域－PKG 首先计算 $Q_{ID}=H_1(ID) \in \mathbb{G}_1^*$,再计算用户私钥 $S_{ID}=sQ_{ID}$。其中,s 为不同域主私钥。

(4)加密(Encryption):执行一个概率算法,输入全局公共参数 params、接收者身份标识 ID、明文 m,输出为密文 C。详细描述如下:

为加密一个明文消息 $m \in \mathcal{M}$,发送者随机选取 $\sigma \in \{0,1\}^{k_0}$,利用接收者的身份标识 ID 计算 $Q_{ID}=H_1(ID) \in \mathbb{G}_1^*$,计算 Hash 值 $r=H_3(m||\sigma) \in \mathbb{Z}_p^*$。最后,求得密文设置 $C=<U,V>=<rP_{\text{pub}},(m||\sigma)\oplus H_2(g_{ID}^r)> \in C$。其中,$g_{ID}=\hat{e}(P,Q_{ID}) \in \mathbb{G}_2^*$。

(5)解密(Decryption):运行一个确定性算法,输入用户私钥 S_{ID}、密文 C,输出明文 m 或者一个区分标识符号 $\perp$(当 C 为不合法密文时)。具体过程为:

① 计算 $m' || \sigma' = V \oplus H_2(\hat{e}(U, S_{ID}))$。

② 计算 $r' = H_3(m' || \sigma')$，然后检验等式 $U = r' P_{\text{pub}}$ 是否成立。

③ 如果成立，输出明文 m'；否则输出 $\perp$。

一致性条件：接收者能够正确解密密文 C 以获得明文 m，因为

$$\hat{e}(U, S_{ID}) = \hat{e}(r P_{\text{pub}}, s Q_{ID}) = \hat{e}(r s^{-1} P, s Q_{ID}) = \hat{e}(P, Q_{ID})^r$$

即若 C 是对应于明文消息 m 的合法密文，则解密算法能够保证 $m' = m$。

5.2.2　密钥管理协议

本节首先通过介绍异构传感网部署模型和体系结构，阐明基于 M – IBE 的异构传感网密钥管理协议设计思路，再进一步阐述基于 M – IBE 的异构传感网密钥管理协议设计。

1. 设计思路

从宏观上看，作为物联网感知层的异构传感网，可以看作由多个规模相对较小、独立而封闭存是的异构传感网构成。部署前，将异构传感网所有的节点依据功节点能和监测任务分成分如果若干子网；划分完成后，将节点按子网部署到预期位置。通常同一子网内的所有节点会在同一时间部署在同一地点。比如，使用部署直升机在指定地点投放同一子网的所有节点。可以预期，属于同一个子网的节点，在地理位置上会相互更靠近，通常认为满足均匀分布或者二维高斯分布。

整个物联网感知层采用层簇式拓扑结构（图 5 – 4），划分为若干个规模相对较小的异构传感网，每个异构传感网内分为若干簇。在物理结构上看，HSN 由大量低端节点（Low – end Sensor，L – sensor）、少量高端节点（High – end Sensor，H – sensor）和一个基站（Sink）节点组成。其中，H – sensor 在通信能力、存储能力、计算能力和能量方面优于 L – sensor，不同子网 L – sensor 之间可能配备不同的感知原件执行不同监测任务。从逻辑层次看，网络划分为感知层、簇头层和基站层。同子网内 L – sensor 选择信噪比（SRN）较优的 H – sensor 为中心成簇，被选中的 H – sensor 也称为簇头（Cluster Head，CH），簇头间相互通信构建网内骨干网络。基站是数据信息的最终收集者，假设具有无限制的资源，能向整个网络发布命令和进行广播。簇头是簇中的数据汇聚节点，负责数据的融合和转发。簇成员节点是数据的采集节点，由普通传感节点组成，负责将监测到的信息在规定的时间转发给簇头。在信任程度上，通常认为基站是完全可信的，簇头是不完全可信的，感知节点是不可信的。

可以看出，M – IBE 和 HSN 在逻辑结构类似。M – IBE 中的一个域可类比于一个异构传感网，因而启发探索 M – IBE 在异构传感网中的应用问题。

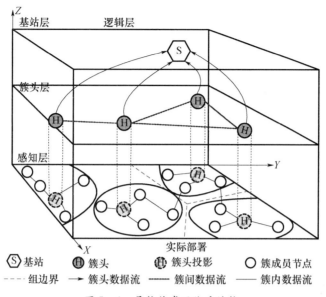

图 5-4　异构传感网体系结构

　　基于 M-IBE 的异构传感网密钥管理协议主要包括网内共享密钥建立和网间共享密钥建立两部分。其基本思想是:部署前,可信第三方(通常由基站担任)构建全局公共参数 params,为不同子网选择不同的主私钥 s。部署后,同一子网内邻居节点交换身份 ID,建立共享密钥;不同子网邻居节点获得簇头授权后,建立共享密钥。如图 5-5 所示,A_1、B_1 是地理位置邻近的不同子网内具有较大通信半径的簇头节点,A_2、A_3、B_2、B_3 是通信半径较小的 L-sensor 节点,A_1、A_2、A_3 属于子网 A,节点 B_1、B_2、B_3 属于子网 B。各组首先建立网内共享密钥,在获得簇头授权后 A_3、B_3 建立网间共享密钥。

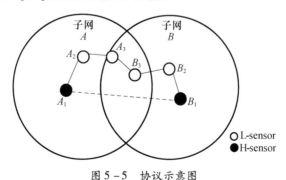

图 5-5　协议示意图

2. 密钥预分配

节点部署前,可信第三方密钥服务器构建全局公共参数、生成各个子网主

133

私钥、并为各个子网传感器节点抽取对应私钥,最后将相关密钥信息存储到节点中。

（1）给定一个安全参数 k,可信第三方运行全局初始化（G – Setup）算法,输出全局公共参数 $params$ 为 $<p,\mathbb{G}_1,\mathbb{G}_2,\hat{e},P,n,k_0,H_1,H_2,H_3>$。其中,明文空间为 $\mathcal{M}=\{0,1\}^{n-k_0}$,密文空间为 $C=\mathbb{G}_1^*\times\{0,1\}^n$。

（2）根据预期部署位置（或功能）将节点划分子网,可信第三方运行域初始化（Setup）为每个子网（域 – PKG）选取主私钥 $s\in\mathbb{Z}_p$,计算主公钥 $P_{pub}=s^{-1}P\in\mathbb{G}_1$。

（3）执行私钥抽取（Key – Extraction）算法为各子网内节点计算各自私钥 $S_{ID}=sQ_{ID}$。其中,s 为各组主私钥。

（4）将全局公共参数 $params$、所在子网主公钥 P_{pub}、节点 ID、节点私钥 S_{ID} 预置到节点中（包括 H – sensor,L – sensor）,并为 H – sensor 装载本网所有节点 ID（包含为补充网络节点而预留的 ID）和其他子网 H – sensor 节点 ID。其中,所在子网主公钥 P_{pub} 用于验证可信第三方发送的广播数据。当可信第三方广播数据包时（如节点移除）,可信第三方借助 ECDSA 算法用子网主私钥生成的数字签名,节点在收到数据包后利用预置的子网主公钥验证签名。

3. 网内共享密钥建立

在密钥预分配完成之后,将异构传感网各子网部署到相应监测区域中。每个子网内都有少量 H – sensor 节点和大量 L – sensor 节点。假设子网内 L – sensor 以簇头为中心成簇,采用贪婪路由算法形成簇内树型路由结构,L – sensor 仅需要与一跳邻居节点建立共享密钥,即:与该节点的双亲和孩子节点建立共享密钥[5]。

在获得邻居节点 ID 后,彼此加密交换密钥公共参数,计算共享密钥。如图 5 – 5 以 A_2、A_3 为例,A_2、A_3 为同属分组 A 的邻居节点。A_2 计算 $s_2=\eta^{x_2}\bmod q\,(x_2<q)$,$A_3$ 计算 $s_3=\eta^{x_3}\bmod q\,(x_3<q)$。$A_2$ 执行 Encryption 算法对 ID_{A_3},ID_{A_2},s_2 进行加密发送给 A_3,A_3 执行 Decryption 算法解密数据,获得 ID_{A_2} 和 s_2。同理,A_2 获得 ID_{A_3} 和 s_3。A_2 计算共享密钥 $K=s_3^{s_2}\bmod q$,A_3 计算 $K=s_2^{s_3}\bmod q$。双方应用对称密钥 K 安全通信。由于该协议满足 MBDH 安全假设,不同组内节点私钥在不同组主私钥下抽取,所以不同子网节点之间不能相互解密数据,从而有效实现了子网间信息隔离。

4. 网间共享密钥协商

在子网内成簇时,节点间相互广播身份 ID,不同子网的相邻节点（如图 5 – 5 中 A_3、B_3）也可以相互获取身份 ID。如果节点收到来自不同分组邻居节点建立共享密钥的请求,则一方面向簇头发送利用簇头 ID 加密的通信授权请求信息,另一方面利用对方 ID 生成准备应答的加密数据;簇头收到通信请求信息后,利用通信距离比较远的优势,与源请求节点所在子网的簇头相互通信,验证源请求节点身份。验证通过后簇头则加密发送授权应答数据,节点间建立共享密钥。

如图 5 – 5 以 A_3、B_3 为例。A_3、B_3 为分属子网 A、子网 B 的邻居节点。假设 B_3 向 A_3 发送建立共享密钥请求,则 A_3 一方面执行 Encryption 算法对 ID_{A_1}、ID_{A_3}、ID_{B_3} 加密,向 A_1 通信授权请求信息,另一方面 A_3 执行 *Encryption* 算法对 ID_{B_3}、ID_{A_3}、s_3 加密准备发送给 B_3。簇头 A_1 执行 Decryption 算法解密数据,获得 ID_{A_3} 和 ID_{B_3},并利用通信能力强的异构特性,A_1 执行 Encryption 算法对 ID_{B_1}、ID_{A_1}、ID_{B_3} 进行加密发送至 B_1。B_1 解密信息,利用预置的本网节点 ID 验证节点 B_3 身份并反馈验证结果至 A_1。若通过验证,B_1 把 ID_{B_3} 用 B_1 私钥加密广播告知子网内所有 H – sensor;A_1 执行 Encryption 算法对向 A_3 单播授权信息,A_3 解密获取授权,执行与子网内共享密钥建立类似过程,与 B_3 建立共享密钥。

由于 M – IBE 协议[31]加密算法中,配对运算为 $g_{ID} = \hat{e}(P, Q_{ID})$,独立于域 – PKG 的主公钥 P_{pub}。因此,发送方无需获得接收者所在域 – PKG 信息,即可完成信息加密,所以可以实现高效的组间信息交互。

5. 添加节点

由于异构传感网节点通常由电池供电,部署在无人值守环境中,难于人工维护。随着时间的推移,一部分节点将失效或因能量耗尽而消亡。为了维持网络正常运转,需要部署新的节点。新节点部署前首先预配置全局公共参数 *params*、所在组主公钥 P_{pub}、节点 ID、节点私钥 S_{ID}。部署完成后,执行子网内共享密钥建立过程,即可通过验证节点身份并加入到网络中。

6. 移除节点

当发生节点妥协时,所有与妥协节点相关的节点需要停止与妥协节点的数据通信。假设网络具有入侵检测功能,并把检测报告上传至可信第三方。可信第三方广播包含该节点 ID 的节点移除数据包,并附上用 ECDSA 算法[34]和节点所在子网主私钥生成的数字签名(*sign*)。数据包格式为:节点 ID + sign。节点(L – sensor 和 H – sensor)收到信息后,可以检查自己的链路中是否包含妥协节点。如果有妥协节点,则移除与妥协节点连通的链路(如果该节点与邻近子网有共享密钥,簇头需告知邻近子网删除该节点)。因为每个节点都具有子网主公钥,所以当节点收到移除节点数据包时,可以通过签名验证数据包的完整性,从而阻止了对方发送虚假移除数据包。

5.2.3 分析实验

本部分将从安全性、存储及连通性和效率三个方面,以经典随机密钥管理协议(E–G协议)[1]为参照,对新提出的协议进行深入分析。

1. 安全性分析

定理5–1　在本协议中,L–sensor妥协不影响网络安全。

证明:L–sensor妥协将泄露全局公共参数 $params$ 、子网主公钥 P_{pub} 、节点 ID 和节点私钥 S_{ID} 。从密钥管理协议设计可以看出所提密钥管理协议的安全性基于 M–IBE 协议的安全性。文献[31,35]已经详细证明,M–IBE 协议是安全的,它的安全性基于 MBDH 问题的困难性,能抵抗适应性选择密文攻击。所以,所提协议发生 L–sensor 节点妥协时,等价于随机预言模型 ROM 中,查询阶段对特定 ID 的解密查询,对未捕获节点的推测等价于猜测查询。所以由文献[31]结论可知,L–sensor妥协不影响网络安全。证毕。

定理5–2　在本协议中,H–sensor妥协不会影响网络安全。

证明:H–sensor妥协将泄露全局公共参数 $params$ 、子网主公钥 P_{pub} 、 ID 、 S_{ID} ,以及本组所有 L–sensor 的 ID 。由文献[31]可知,在 ROM 模型中, ID 的泄露不会给攻击者增加猜测优势。结合定理5–1可知,H–sensor妥协不会影响网络安全。证毕。

定理5–3　本协议中,仅可信第三方可执行密钥重构解密密文。

证明:由5.2.2节密钥预分配可知,可信第三方知晓不同子网主私钥 s ,所以可信第三方可以重构节点自私钥 $S_{ID}=sQ_{ID}$,从而可以正确解密密文。另一方面,由定理5–1、定理5–2可知 L–sensor 与 H–sensor 的妥协不会影响网络安全,即恶意节点不能重构其他节点私钥解密密文。所以仅可信第三方可以执行密钥重构并正确解密密文。证毕。

2. 存储及连通性分析

假设由 M 个 H–sensor 和 N 个 L–sensor 随即部署在观测区域中($M\ll N$)。基于 M–IBE 的异构传感网密钥管理协议,H–sensor 存储全局公共 $params$ 、子网主公钥 P_{pub} 、 ID 、节点私钥 S_{ID} 以及本子网所有 L–sensor 的 ID;L–sensor 存储全局公共 $params$ 、子网主公钥 P_{pub} 、ID 和节点私钥 S_{ID} 。各子网存储需求为: $M(4+N)+4N$ 。路由选择之后,节点间通过交换公共参数建立密钥链路,连通概率为 1。

在 E–G 协议[1]中,由于 H–sensor 和 L–sensor 存储能力互不相同,且与密钥池和节点间连通概率相关。假设密钥池大小为 S ,H–sensor 密钥环长度为 H ,L–sensor 密钥环长度为 $L(H\geqslant L)$,则各组存储需求为 $MH+NL$,L–sensor 间的连通概率(p_{LL})为

$$p_{LL}=1-\frac{\left(1-\dfrac{L}{S}\right)^{2\left(S-L+\frac{1}{2}\right)}}{\left(1-\dfrac{2L}{S}\right)^{\left(S-2L+\frac{1}{2}\right)}} \tag{5–4}$$

H-sensor 与 L-sensor 的连通概率(p_{HL})为

$$p_{HL} = 1 - \frac{\left(1 - \dfrac{H}{S}\right)^{\left(S-H+\frac{1}{2}\right)}\left(1 - \dfrac{L}{S}\right)^{\left(S-L+\frac{1}{2}\right)}}{\left(1 - \dfrac{H+L}{S}\right)^{\left(S-H-L+\frac{1}{2}\right)}} \qquad (5-5)$$

假设 $M=4$、$N=16$，密钥池 s 分别为 $10,20,30,40,50,60,70,80,90,100$。则所提协议连通概率恒为 1，存储需求恒为 144。E-G 协议中存储需求与连通概率相关，假设 $p_{LL} > 0.9$，$p_{HL} > 0.95$，则 L-sensor 与 H-sensor 存储需求如表 5-2 所示，全网存储需求变化如图 5-6 所示。可以看出，本协议连通概率、节点存储需求和总存储需求均恒定不变，而 E-G 协议随着密钥池的增大节点存储需求和总存储需求均变大。

表 5-2　密钥池与节点存储需求对照表

S	$L(P_{LL} > 0.9)$	$H(P_{HL} > 0.95)$
10	4	5
20	6	7
30	8	9
40	9	11
50	10	12
60	11	14
70	12	15
80	13	16
90	14	17
100	15	17

3. 效率分析

如前文所述，BF-IBE 和 M-IBE 均可用于多域环境，但是多域 BF-IBE 协议不及 M-IBE 协议高效，比较结果如表 5-3 所示。两个协议安全性都基于 BDH 假设，域-PKG 私钥、公钥长度相同、加/解密计算负荷相等。但 BF-IBE 协议中，配对运算为 $g_{ID} = \hat{e}(P_{pub}, Q_{ID})$，其中，$P_{pub}$ 是解密者所属域的主公钥。因此，在多域环境下，BF-IBE 协议要求发送者必须事先获得接收者所在域-PKG 主公钥。而 M-IBE 协议加密算法中，配对运算为 $g_{ID} = \hat{e}(P, Q_{ID})$，独立于域-PKG 的主公钥 P_{pub}。因此，发送方无需获得接收者所在域-PKG 信息，具有较高的通信效率。

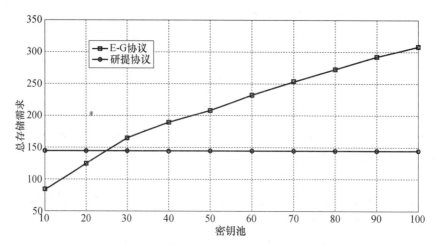

图 5-6 密钥池与总存储需求变化关系

表 5-3 BF-IBE 协议与 M-IBE 协议效率分析

加密算法	理论基础	域私钥	域公钥	配对运算(g_{ID})
BF-IBE	BDH	s	sP	$\hat{e}(P_{pub}, Q_{ID})$
M-IBE	MBDH	s	$s^{-1}P$	$\hat{e}(P, Q_{ID})$

在 Omnet++4.1 平台下仿真运行本协议和 E-G 协议,分析通信密钥建立过程能耗情况。仿真环境大小设定为 200m×200m 正方形区域,网络节点配置情况如表 5-4 所示。节点在空闲、接收和发送三种状态间转换,参照 MICAZ Mote[19] 配置相关参数。

表 5-4 仿真平台节点配置

节点	次数				
	1	2	3	4	5
Sink	1	1	1	1	1
H-sensor	4	5	6	7	8
L-sensor	16	35	54	73	92

如图 5-7 所示新协议比 E-G 协议[1] 能耗要高,原因在于:新协议节点之间通过 IBE 加密交换公共参数,利用 Diffie-Hellman 方式建立共享密钥。而 E-G 协议[11] 中节点以明文方式交换密钥 ID 完成发现共享密钥。所以整个网络构建过程中新协议以较高的能耗换取较高的安全性,较适用于对安全性要求较高的环境中。

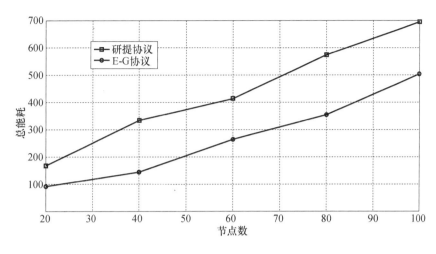

图 5-7　能耗对比

5.3　基于属性的 MP2PWSN 组密钥管理协议

由于对等网络(peer - to - peer)技术分布式计算模式的特点,学者们不断研究如何将对等网络构建于传感器网络之上,以提供高效的传感器数据共享机制。文献[36]首次提出移动对等传感器网络(MP2PWSN)概念,并针对 MP2PWSN 提出了一个位置与带宽控制策略。将 P2P 技术引入传感器网络构建 P2P - WSN,具有以下优点[37]:①支持高效的数据查询;②保证查询时间;③位置无关;④提供传感器数据在线访问;⑤有限制的广播;⑥不使用中心授权的基站或代理。MP2PWSN 包含移动节点,使网络功能更加丰富,具有更大的优势,在森林防火、远程医疗等领域具有较好的应用前景。目前 MP2PWSN 的研究主要集中于对等路由、数据搜索定位和带宽控制等领域,安全问题的相关研究较少。传统的 HSN 密钥管理机制主要以集中式客户/服务器网络结构为研究背景,不能较好地应用于 MP2PWSN。因此,适用于 MP2PWSN 的密钥管理机制的研究尤为重要。本节首先提出了一个解密代价较低的密文策略基于属性加密协议,进而提出一个适合 MP2PWSN 的组密钥管理协议——ABGKM(Attribute - based Group Key Management Protocol)协议,能够实现 MP2PWSN 节点身份和属性认证及组密钥协商。

5.3.1　相关基础

在 MP2PWSN 中,手持终端和机器人等高性能节点可作为移动节点,采用对等方式通信,实现传感器数据的分布式存储、访问和定位,可以更好地实现分布式传感器数据的资源共享。在一些 MP2PWSN 的应用,如医疗监控等,具有共同兴趣爱好或者共同任务目标的节点(包括移动终端用户)构成一个通信组,实现传感器数据的共享,并且要求保护用户的隐私。为了激励 MP2PWSN 用户共享数据,需要解决身份认证、组密钥建立和身份隐私保护问题。在匿名通信方面,现有的 Internet 网络协议不支持隐藏通信端地址的功能,一些安全协议采用加密机制防止他人获得通信内容,但并不能隐藏信息的发送者身份。在无线通信领域,如移动 P2P 网络更需要通过完善的接入控制及授权机制来解决非法用户的侵入,保护无线用户的通信隐私。但这些协议没有考虑节点资源受限和网络异构等特点,而且传感器网络安全协议一般采用跨层设计,将相邻协议层合并融合,减少相关参数,降低总体代价,提高协议效率。因此,传统匿名通信协议不能直接用于传感器网络。

1. MP2PWSN 研究基础

2007 年,Cheung 等[38]提出一个抗碰撞的基于属性加密的组密钥管理协议。采用 BSW CP – ABE[39]协议加密组密钥和访问结构,任何用户的属性只要满足访问结构就能解密获得组密钥。由于组密钥解密过程中每个属性需要 2 个双线性对运算,当属性数量增多时,解密代价较高,不适合低性能的传感器节点。2011 年,Yu 等[40]提出的分布式传感器网络数据的细粒度访问控制协议,采用密钥策略基于属性加密(KP – ABE),实现对密钥分发及传感器数据访问控制。这两个协议都是采用基于属性加密实现了组密钥分发,在实际应用中还必须采用认证机制才能够抵抗中间人攻击。由于采用基于属性密码协议,较好地解决了匿名通信和隐私保护问题。但是当网络中发现恶意事件时,无法仲裁哪个节点产生恶意行为,因为无法区分其身份。在一些应用中,需要可控匿名,即当发生需要仲裁的事件时,可以撤销成员的匿名。现有的协议都不能满足这个要求,而且现有的基于属性组密钥协议都采用密钥分发机制,在前向安全性和后向安全方面存在天然的缺陷。目前还缺乏有效的 MP2PWSN 组密钥管理机制,有必要充分考虑 MP2PWSN 的特点,设计高效的基于属性密码协议,解决可撤销匿名及组密钥协商问题。

2. MP2PWSN 模型

MP2PWSN 可以采用集中式 P2P 和分布式 P2P 相结合的混合式 P2P 网络模型[41],综合了集中式 P2P 快速查找和分布式 P2P 去中心化的优势。网络模型如图 5 – 8 所示。网络中包含移动(超级)节点(M – Node)、簇头节点(H – Node)和传感器节点(S – Node)。M – Node 为高性能节点,具有较强的处理、存储、带宽等方面性能,由手持终端或者具有采集能力的机器人充当,具有存储和查找传感器数据的能力,也可根据实际应用具有感知传感器数据的能力。H-Node 和 S-Node 为性能相对较低的节点,具有较低的处理、存储、能量等方面性能,具有感知、传输传感器数据的能力。M-Node 和 H-Node 具有移动性,网络部署后会不断改变自己的位置。M-Node 与其邻近的若干 H-Node 之间构成一个自治的对等子组,采用基于集中目录式的 P2P 模式,M-Node 之间通过分布式 P2P 结构化模式相连,采用 DTH 进行查询。H-Node 与相邻若干 S-Node 组成一个簇,簇内传感器节点之间可以进行点对点通信,将采集的数据传递给 H-Node。

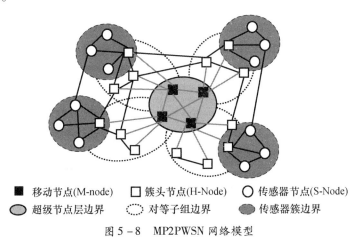

图 5-8 MP2PWSN 网络模型

3. MP2PWSN 评价标准

一个支持隐私保护的安全的组密钥协商协议需要满足以下安全属性[42]:

(1)贡献密钥协商(Contributory Key Agreement)。每个参与实体对组密钥的生成和新鲜性具有均等的贡献,即:组密钥由每个参与实体提供的密钥份额共同计算生成,保证组密钥不能事先生成。

(2)可认证密钥协商(Authenticated Key Agreement)。每个参与实体能够确认组成员身份,即密钥认证。

(3)前向安全性(Forward Secrecy)。实体离开组后不会获得以后的组密钥。保证退出组的实体不能再访问组中后续共享的数据。

(4)后向安全性(Backward Secrecy)。新加入组中的实体不会获得之前的组密钥。保证新加入组的实体不能访问组中以前共享的数据。

(5)密钥确认(Key Confirmation)。参与实体计算出最后的组密钥,可以确认组密钥的正确性,即确实获得了组密钥。

(6)可撤销匿名性(Revocable Anonymity)。参与实体的身份安全,组控制者可以撤销某个实体的匿名。当发生恶意事件需要仲裁时,组控制者可以确认实体的身份。

5.3.2 基于属性密码协议

为了设计满足上述安全属性的组密钥管理协议,将采用基于属性密码体制解决认证和组密钥协商问题。现有的密码学算法不能较好地解决 MP2PWSN 的密钥管理问题,首先提出了 2 个基于属性的密码算法,为解决 MP2PWSN 中节点认证及组密钥协商提供技术支持。

1. 融合身份的基于属性签名协议

1)协议设计

本节将在 BSW CP – ABE[39] 协议系统参数下,提出一个签名协议(CP – ABS)。并且将身份信息作为一个特殊的属性,加入属性集。用户可以被唯一身份标识,也可以被一组属性描述。访问结构由树表示,一个根节点为 R 的访问结构树 Γ_R 中,非叶子节点为逻辑门节点,k_x 表示门限值,叶子节点为属性节点。$parent(x)$ 表示节点 x 的父节点,$att(x)$ 表示属性节点 x 的属性值,$index(x)$ 表示节点 x 的索引值,即节点 x 在所有兄弟节点中所处的序列位置。BSW CP – ABE 协议包括 4 个算法:初始化 $Setup()$,密钥生成 $KeyGen(MK,\omega_{ID})$,加密 $Encrypt(PK,\Gamma_R,m)$,解密 $Decrypt(PK,\Gamma_R,SK_{ID},CT)$。CP – ABS 协议包含四个算法:初始化 $Setup()$,私钥生成 $Extrct(MK,\omega_{ID})$,签名 $Sign(PK,\Gamma_R,SK_{ID},m)$ 和验证 $Verify(PK,\Gamma_R,\sigma,m)$。下面详细叙述 CP – ABS 协议基本过程。

(1)初始化 $Setup()$。设拉格朗日插值系数 $\Delta_{i,S}(x) = \prod_{j\in S, j\neq i} \frac{x-j}{i-j}$,设属性集 $U \subset_R Z_p^*$,密钥生成中心(PKG)选择系统安全参数,选择一个双线性对 $\hat{e}:G_1 \times G_1 \rightarrow G_2$,随机选取 $g \in G_1$,$\alpha,\beta \in_R Z_p^*$,计算 $h = g^\beta$,$Z = \hat{e}(g,g)^\alpha$。选择 $Hash$ 函数 $H:\{0,1\}^* \rightarrow G_1$。公开参数 $PK = \langle p,G_1,G_2,\hat{e},g,h,Z,H \rangle$。保密系统主密钥为 $MK = \langle \beta,g^\alpha \rangle$。

(2)私钥生成 $Extrct(MK,\omega_{ID})$。给定用户 ID,其属性集为 $S \subset U$。PKG 随机选择 $r_{ID} \in_R Z_P^*$。对于任一 $j \in S \cup \{ID\}$,随机选择 $r_j \in_R Z_p^*$。用户的私钥 $SK = \langle D = g^{(\alpha+r_{ID})/\beta}, \forall j \in S:D_j = g^{r_{ID}H(j)^{r_j}},D'_j = g^{r_j} \rangle$。

(3)签名 $Sign(PK,\Gamma_R,SK_{ID},m)$。签名者用属性私钥 SK_{ID}(满足访问结构 Γ_R)对消息 m 进行签名。从根节点开始为每个节点 x 构造多项式 q_x,其次数为 $d_x = k_x - 1$。随机选取 $s,t \in_R Z_P^*$,令 $q_R(0) = s$,再选取 d_R 个点,构造根节点的多项式 q_R。然后为其他节点 x 构造多项式 q_x,并且满足 $q_x(0) = q_{parent\geqslant(x)}(index(x))$。签名为 $\sigma = \langle \sigma_0 = D \cdot H(m)^s, \sigma_1 = Z^s, \sigma_2 = h^t, \forall y \in Y, i = att(y):\sigma_i =$

$D_i^{q_x(0)}, \sigma'_i = D_i'^{q_x(0)} \rangle$。

（4）验证 $Verify(PK, \Gamma_R, \sigma, m)$。任何用户可以验证消息 m 的签名者的属性集是否满足访问结构 Γ_R。验证者需要对访问结构树中的每个节点进行验证计算得到对应的验证值。从根节点开始对每个节点 x 调用验证函数 $VerifyNode(\sigma, x)$，保存输出为 F_x。如果 x 是叶子节点，$i = att(x)$，计算得到 $F_x = VerifyNode(\sigma x) \dfrac{\hat{e}(\sigma_i, g)}{\hat{e}(\sigma'_i, H(i))}$。如果 x 是非叶子节点，设 S_x 是 x 的任意 k_x 个孩子节点 z 组成的集合，$i = index(z)$，$S'_x = \{index(z), z \in S_x\}$，计算得到 $F_x = VerifyNode(\sigma, x) = \prod_{z \in S'_x} F_z^{\Delta_{i, S'_x}(0)}$。因此，可对根节点 R 计算得到 $F_R = \prod_{z \in S_R} F_z^{\Delta_{i, S'_R}(0)}$。判断式（5-6）是否成立，如果成立则接受签名，说明签名者的属性集满足 Γ_R；否则拒绝签名。

$$\frac{\hat{e}(\sigma_0, h)}{F_R \sigma_1 \hat{e}(H(m)), \sigma_2)} = 1_{G_2} \qquad (5-6)$$

2）正确性证明

如果 x 是叶子节点，则 $F_x = \dfrac{\hat{e}(\sigma_{i2}, g)}{\hat{e}(\sigma_{i3}, H(i))} = \dfrac{\hat{e}(D_i^{q_x(0)} g)}{\hat{e}(D_i'^{q_x(0)}, H(i))} = \dfrac{\hat{e}(g^{r_{ID}q_x(0)} H(i)^{r_i q_x(0)} g)}{\hat{e}(g^{r_i q_x(0)}, H(i))} = \hat{e}(g, g)^{r_{ID}q_x(0)}$。

如果 x 是非叶子节点，$i = index(z)$，$S'_x = \{index(z), z \in S_x\}$ 则 $F_x = \prod_{z \in S'_x} F_z^{\Delta_{i, S'_x}(0)} = \hat{e}(g, g)^{r_{ID}q_x(0)}$，对于根节点，可得 $F_R = \prod_{x \in S_R} F_x^{\Delta_{i, S'_R}(0)} = \hat{e}(g, g)^{r_{ID}s}$，因此 $\dfrac{\hat{e}(\sigma_0, h)}{F_R \sigma_1 \hat{e}(H(m), \sigma_2)} = \dfrac{\hat{e}(g^{s(\alpha + r_{ID})/\beta} H(m)^t, h)}{\hat{e}(g, g)^{r_{ID}s} \hat{e}(g, g)^{\alpha s} \hat{e}(H(m), h^t)} = \dfrac{\hat{e}(g^{s(\alpha + r_{ID})/\beta} H(m)^t, g^\beta)}{\hat{e}(g, g)^{r_{ID}s} \hat{e}(g, g)^{\alpha s} \hat{e}(H(m), g^{\beta t})} = 1_{G_2}$，所以式（5-6）成立，所提 CP-ABS 协议正确。

3）安全性证明

该协议是在 BSW CP-ABE[39] 协议提出的基于属性签名协议，BSW CP-ABE[44] 协议采用一般群模型进行了安全证明，因此，该协议也可以采用一般群模型进行证明，具体证明过程可以参见文献[43]的安全证明过程。基本思路是：假设攻击者伪造了一个合法签名，那么推导出该签名是由合法的私钥产生的，于是产生矛盾，因此证明协议满足不可伪造性。证明简述如下：

当攻击者对第 k 个属性集合 A_k 进行私钥生成询问时，模拟器返回私钥：$SK = \langle D = g^{(\alpha + r_k)/\beta}, \forall i \in A_k: D_i = g^{r_k} g^{\lambda_{ik} r_{ik}}, D'_i = g^{r_{ik}} \rangle$。

当攻击者进行第 q 次签名询问时,模拟器返回签名密文:$\sigma^{(q)} = \langle \sigma_0^{(q)} = g^{\eta^{(q)}}, \sigma_1^{(q)} = Z^{s^{(q)}}, \sigma_2^{(q)} = g^{\beta \, t^{(q)}}, \forall y \in Y, i = att(y): \sigma_i^{(q)} = g^{f_i^{(q)}}, {\sigma'}_i^{(q)} = g^{p_i^{(q)}} \rangle$,其中 $\eta^{(q)} = (\alpha + r^{(q)}) s^{(q)} / \beta + \gamma^{(q)} t^{(q)}, p_i^{(q)} = \left(\dfrac{f_i^{(q)} - r^{(q)} q_y^{(q)}(0)}{\lambda_i^{(q)}} \right), H(m^{(q)}) = g^{\gamma^{(q)}}, H(i) = g^{\lambda_i^{(q)}}, q_y^{(q)}(0)$ 为 Γ_R 中每个属性 $i = att(y)$ 对应的 $s^{(q)}$ 的份额,Y 为访问结构树叶子节点集合,签名属性集为 $A^{(q)}$。

假设攻击者伪造消息 m^* 在访问结构 Γ_R^* 和属性集 A^* 下的签名 $\sigma^* = (\sigma_0^* = g^{\eta^*} g^{\gamma t^*}, \sigma_1^* = Z^{s^*}, \sigma_2^* = h^{t^*}, \forall y \in Y^*, i = att(y): \sigma_i^* = g^{f_i^*}, {\sigma'}_i^* = g^{p_i^*})$,其中 $\eta^* = (r^* + \alpha)/\beta, p_i^* = \left(\dfrac{f_i^* - r^* q_y^*(0)}{\lambda_i^*} \right) H(m^*) = g^{\gamma^*}, H(i) = g^{\lambda_i^*}$,设 $L(\Gamma)$ 为集合 Γ 上的多项式集合,设子集 $H(\Gamma) \subset L(\Gamma)$ 为 $L(\Gamma)$ 同构多项式集合(常数项为 0)。可得:$\eta^*, s^*, t^*, f_i^*, p_i^* \in L(\Gamma)$,其中 $\Gamma = \{1, \alpha, \beta\} \cup \{ (\alpha + r_k)/\beta + \gamma_k t_k, r_k + \lambda_{i_k} r_{i_k}, r_{i_k} : i_k \in A_k \} \cup \{ s^{(q)}, t^{(q)}, f_i^{(q)}, p_i^{(q)}, q_y^{(q)}(0) : i \in A_k \}$。按照文献 [43] 的分析过程可知,$\eta^* \in L(\{ (\alpha + r_k)/\beta + \gamma_k t_k \}), f_i^* \in L(\{ r_k + \lambda_{i_k} r_{i_k} : i_k \in A_k \} \cup \{ q_y^{(q)}(0) \}), p_i^* \in L(\{ r_{i_k} : i_k \in A_k \} \cup \{ q_y^{(q)}(0) \})$,将 f_i^* 分成两部分,$f_i^* = l^*(X_i) + \delta^*(\Gamma/X_i)$,其中 $X_i = \{ r_k + \lambda_{i_k} r_{i_k} : i_k \in A_k \}$。将 p_i^* 分成两部分,$p_i^* = {l'}^*(X'_i) + {\delta'}^*(\Gamma/X'_i)$,其中 $X'_i = \{ r_{i_k} : i_k \in A_k \}$。令 $[x]\pi$ 表示 π 中项 x 的系数。因为 σ^* 是一个有效的签名,所以 $[r_k] \eta^* = [r_k] \eta^* l^*, [r_{i_k}] l^* = [r_{i_k}] {l'}^* \lambda_i^*$,因此对于 $\forall i \in A^*, i$ 属于 $\in A^k$,且 A^k 满足访问结构 Γ_R^*,即 σ^* 为合法私钥产生的签名,而非伪造签名。证明完毕。

总之,如果攻击者的属性不满足 Γ_R,则不具有 Γ_R 对应的属性私钥,无法生成合法的 $\sigma_0, \sigma_i, {\sigma'}_i$,使得验证过程中 $\dfrac{\hat{e}(\sigma_{i2}, g)}{\hat{e}(\sigma_{i3}, H(i))} = \hat{e}(g, g)^{r_{ID} q_x(0)}$,因此无法计算出 $F_R = \hat{e}(g, g)^{rs}$ 使式 (5-6) 成立,因此攻击者无法伪造消息 $m*$ 的签名。假设攻击者试图从消息 m 的签名 σ 伪造消息 $m*$ 的签名 σ^*。假设攻击者伪造一个 $\theta \in_R Z_p^*$,计算 $\sigma^* = (\sigma_0^* = \sigma_0^\theta, \sigma_1^* = \sigma_1^\theta, \sigma_2^* = \sigma_2, \forall y \in Y, i = att(y): \sigma_i^* = \sigma_i^\theta, {\sigma'}_i^* = {\sigma'}_i^\theta)$,则 $F_R^* = \hat{e}(g, g)^{\theta rs}$,若使 $\dfrac{\hat{e}(\sigma_0^*, h)}{F_R^* \sigma_1^* \hat{e}(H(m^*), \sigma_2^*)} = I_{G_2}$ 成立,则 $H(m)^\theta = H(m^*)$,则解决了离散对数问题。因此,攻击者无法从已知消息的签名伪造其他消息的合法签名,只能生成该消息的其他合法签名。

2. 低解密代价的基于属性加密协议

1) 协议描述

在 Gentry IBE 协议 [44] 基础上,提出一个解密代价较低的基于属性加密协议——LDC – ABE（Low Decryption Cost Attribute – based Encryption）协议。访问策略采用树结构表示。图 5 – 9 给出一个根节点为 R 的访问结构树 Γ_R。非叶子节点为逻辑门节点，叶子节点为属性节点。num_x 表示非叶子节点的孩子节点个数。k_x 表示门限值，$1 \leqslant k_x \leqslant num_x$。当非叶子节点为"与门"（AND）时，$k_x = num_x$；当非叶子节点为"或门"（OR）时，$k_x = 1$；当非叶

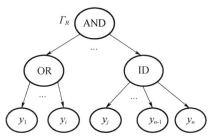

图 5 – 9　访问结构树示例

子节点为"门限门"（t, n）时，$k_x = t$。$parent(x)$ 表示节点 x 的父节点，$att(x)$ 表示属性节点 x 的属性值，$index(x)$ 表示节点 x 的索引值，即节点 x 在所有兄弟节点中所处的序列位置。基于属性加密方案包含四个算法：初始化 $Setup(\ )$，私钥生成 $Extrct(MK, \omega_{ID})$，加密 $Encrypt(param, \Gamma_R, m)$ 和解密 $Decrypt(param, \Gamma_R, sk_\omega, CT)$。

（1）初始化 $Setup(\ )$。密钥生成中心（Private Key Generator, PKG）选择一个双线性对 $\hat{e}: G_1 \times G_1 \to G_2, G_1 、 G_2$ 是阶为素数 p 的循环群。设属性集 $U \subset_R Z_p^*$，拉格朗日插值系数 $\Delta_{i,S}(x) = \prod_{j \in S, j \neq i} \dfrac{x - j}{i - j}, S \subset_R Z_p^*$。随机选取 $g, h \in G_1, \alpha, \beta \in_R Z_p^*, \{t_i \in_R Z_p^*\}_{i \in U}$，计算 $g_1 = g^\alpha, \{T_i\}_{i \in U} = \{g^{-t_i}\}_{i \in U}, E = \hat{e}(g,g), H = \hat{e}(g,h)$，保密系统主密钥 $MK = \langle \alpha, \beta, \{t_i\}_{i \in U} \rangle$，公开系统参数 $param = \langle p, G_1, G_2, \hat{e}, g, g_1, h, g^\beta, \{T_i\}_{i \in U}, E, H \rangle$。

（2）私钥生成 $Extrct(MK, \omega_{ID})$。给定用户 ID，其属性集为 $\omega_{ID} \subset U$。PKG 随机选择 $\{r_{ID,i}\}_{i \in \omega_{ID}}, r_{ID} \in_R Z_p^*$，计算 $h_{ID,i} = \{h^{r_{ID}} g^{-r_{ID,i}}\}^{1/(\alpha - t_i)}$，用户的私钥为 $sk_{\omega_{ID}} = \langle D_{ID} = h^{(r_{ID}+1)/\beta}, D_{ID,i} = \{r_{ID,i}\}_{i \in \omega_{ID}}, D'_{ID,i} = \{h_{ID,i}\}_{i \in \omega_{ID}} \rangle$。

（3）加密 $Encrypt(\Gamma_R, m)$。采用访问结构 Γ_R，对消息 m 加密。从根节点开始为每个节点 x 构造多项式 q_x，其次数为 $d_x = k_x - 1$。首先，随机选取 $s \in_R Z_p^*$，令 $q_R(0) = s$，再选取 d_R 个点，构造根节点的多项式 q_R。然后为其他节点 x 构造多项式 q_x，并且满足 $q_x(0) = q_{parent(x)}(index(x))$。设叶子节点集合为 Y。则密文为：$CT = \langle \Gamma_R, \tilde{C} = m \cdot H^{-s}, C = g^{\beta s}, \forall y \in Y, i = att(y), C_y = E^{q_y(0)}, C'_y = (T_i g_1)^{q_y(0)} \rangle$。

（4）解密 $Decrypt(\Gamma_R, sk_\omega, CT)$。设密文 $CT = (\Gamma_R, \tilde{C}, C, C_y, C'_y)$，接收者属性集为 ω。解密需要对访问结构树中的每个节点进行解密计算得到对应的解密值。从根节点开始对每个节点 x 调用解密函数 $DecryptNode(CT, \Gamma_R, x)$，保存输

出为 F_x。如果 x 是叶子节点,并且 $i = att(x)$,$i \in w$,则返回 $\Gamma_x(\omega) = 1$,并计算得到:$F_x = DecryptNode(CT, \Gamma_R, x) = e(C'_x, D'_{ID,i}) C_x^{D_{ID,i}}$。如果 x 是非叶子节点,设 S_x 是 x 的任意 k_x 个孩子节点 z 组成的集合,$i = index(z)$,$S'_x = \{index(z), z \in S_x\}$,如果 k_x 个孩子节点返回 $\Gamma_z(\omega) = 1$,则返回 $\Gamma_x(\omega) = 1$,计算得到:$F_x = DecryptNode(CT, \Gamma_R, x) = \prod_{z \in S_x}(F_z)^{\Delta_{i,S'_x}(0)}$。如果 $\Gamma_x(\omega) \neq 1$,解密失败。因此,可以计算根节点对应的解密值 $F_R = \hat{e}(g, h)^{r_{ID}q_R(0)} = \hat{e}(g, h)^{r_{ID}s}$。最后解密得到消息明文:$m = \tilde{C} \cdot F_R / \hat{e}(C, D_{ID})$。

2）正确性证明

如果 x 是叶子节点,则 $F_x = e(C'_x, D'_{ID,i}) C_x^{D_{ID,i}} = \hat{e}(g^{-q_x(0) \cdot t_i} g_1^{q_x(0)}, (h^{r_{ID}} g^{-r_{ID,i}})^{1/(\alpha - t_i)}) \hat{e}(g, g)^{q_x(0) \cdot r_{ID,i}} = e(g, h)^{r_{ID}q_x(0)}$；如果 x 是非叶子节点,$i = index(z)$,$S'_x = \{index(z), z \in S_x\}$,则 $F_x = \prod_{z \in S_x}(F_z)^{\Delta_{i,S'_x}(0)} = \prod_{z \in S_x}(\hat{e}(g, h)^{r_{ID}q_{parent(z)}(index(z))})^{\Delta_{i,S'_x}(0)} = \prod_{z \in S_x}(\hat{e}(g, h)^{r_{ID}q_x(i)})^{\Delta_{i,S'_x}(0)} = \hat{e}(g, h)^{r_{ID}q_x(0)}$。

对于根节点,可计算得到 $F_R = \hat{e}(g, h)^{r_{ID}q_r(0)} = \hat{e}(g, h)^{r_{ID}s}$,因此,$\tilde{C} \cdot F_R / \hat{e}(g^{\beta s}, h^{(r_{ID}+1)/\beta}) = m\hat{e}(g, h)^s \hat{e}(g, h)^{r_{ID}s} / (\hat{e}(g^s, h^{r_{ID}}) \hat{e}(g^s, h)) = m$。所以任何满足访问结构 Γ_R 的用户可以解密得到消息 m。

3）安全证明

定理 5 - 3 如果 truncated 判定 q - ABDHE 困难问题成立,则所提出的 LDC - ABE 协议满足 CPA 安全。

证明:借鉴 Gentry 协议[44]的证明思想证明该定理。假设攻击者 A 能够在概率多项式时间内以 ε 的优势在下面"模拟—挑战"游戏中获胜,并且 A 最多进行 q_K 次私钥生成询问。构造算法 C,利用 A 解决 DBDH 问题。即给定 truncated 判定 q - ABDHE 问题的输入 $(g', g'^{\alpha^{q+2}}, g, g^{\alpha}, \cdots, g^{\alpha^q}, Z)$,判断 $Z = \hat{e}(g^{\alpha^{q+1}}, g')$ 是否成立。挑战者输出预挑战的访问结构 Γ_R^*。C 仿真如下:

（1）初始化阶段:模拟器随机选取一个 q 次秘密多项式 $f(x) \in Z_p[x]$,然后根据 $(g, g^{\alpha}, \cdots, g^{\alpha^q})$ 计算 $h = g^{f(\alpha) - f(0)}$。随机选取 $|U|$ 个 q 次秘密多项式 $y_i(x) \in Z_p[x]$,计算 $\{T_i\}_{i \in U} = \{g^{t_i}\}_{i \in U} = \{g^{y_i(0)\alpha}\}_{i \in U}$,系统主密钥为 $\langle \alpha, \beta = f(0)\alpha, \{t_i = y_i(0)\alpha\}_{i \in U} \rangle$（未知）。将系统公开参数 $param = \langle g, g_1, h, g^{\beta}, \{T_i\}_{i \in U} \rangle$ 发送给 A,这样设置的参数与真实系统参数具有相同的分布。C 为攻击者 A 模拟攻击游戏。

（2）询问阶段 1:攻击者 A 对属性集 ω_{ID} 发起产生私钥询问。设 $F_{ID,i}(x) = \dfrac{f(ID)(f(x) - f(0)) - f(i)}{x - y_i(0)\alpha}$,表示 $q - 1$ 次多项式。C 产生私钥为 $sk_{\omega_{ID}} = \langle D_{ID} = $

$g^{(f(\alpha)-f(0))(f(ID)+1)/f(0)\alpha}, D_{ID,i}=f(i), D'_{ID,i}=g^{F_{ID,i}(\alpha)}\rangle$。

因为 $D_{ID} = g^{(f(\alpha)-f(0))(f(ID)+1)/f(0)\alpha} = h^{(f(ID)+1)/\beta}$，$D'_{ID,i} = g^{F_{ID,i}(\alpha)} = g^{\frac{f(ID)(f(\alpha)-f(0))-f(i)}{\alpha-y_i(0)\alpha}} = (g^{f(ID)(f(\alpha)-f(0))}g^{-f(i)})^{1/(\alpha-y_i(0)\alpha)} = (h^{f(ID)}g^{-f(i)})^{1/(\alpha-t_i)}$，所以 $sk_{\omega_{ID}}$ 是一个合法的私钥。

（3）挑战：A 输出消息 m_0, m_1 和挑战属性集 $\omega_0, \omega_1, \Gamma_R^*(\omega_0)=1, \Gamma_R^*(\omega_1)=1$。$C$ 产生比特 $b\in\{0,1\}, c\in\{0,1\}$。按照过程（2）计算 ω_c 的私钥 $sk_{\omega_{ID_c}} = \langle D_{ID_c}, D_{ID_c,i}, D'_{ID_c,i}\rangle$。设叶子节点集合为 Y。对于任意 $y\in Y, i=att(y)$，设多项式 $f_2(x)=x^{q+2}, F_{2,ID_c,i}(x)=\frac{f_2(x)-f_2(y_i(0)\alpha)}{x-y_i(0)\alpha}$ 为 $|Y|$ 个 $q+1$ 次多项式。C 根据输入 $(g', g'^{\alpha^{q+2}}, g, g^\alpha, \cdots, g^{\alpha^q}, Z)$ 可构造：$\tilde{C}^* = m_b \cdot \hat{e}(C^*, D_c)/F_R, C^*=F'_R$，$C'^*_y = \{g'^{(f_2(\alpha)-f_2(y_i(0)\alpha))}\}_{y\in Y, i=att(y)}, C_y^* = \{Z\cdot\hat{e}(g', g^{(\frac{1-y_i(0)^{q+2}}{1-y_i(0)})})\}_{y\in Y, i=att(y)}$。

F_R, F'_R 按照下面的过程构造：从访问结构树根节点开始对每个节点 x 调用 $DecryptNode(CT, \Gamma_R, x)$，如果 x 是叶子节点，则计算 $i=att(x), F_x = DecryptNode(CT, \Gamma_R, x) = e(C'^*_x, D'_{ID_c,i})C_x^{*D_{ID_c,i}}, F'_x = g^{f(0)\alpha(log_g g')F_{2,ID_c,i}(\alpha)} = g'^{f(0)\alpha F_{2,ID_c,i}(\alpha)}$，其中，$\alpha\sum_{i\in\omega'}F_{2,ID_c,i}(\alpha) = (\frac{1-y_i(0)^{q+2}}{1-y_i(0)})\alpha^{q+2}$ 为 $q+2$ 次多项式。如果 x 是非叶子节点，则设 S_x 是 x 的任意 k_x 个子节点 z 组成的集合。$i=index(z)$，$S'_x = \{index(z), z\in S_x\}$，计算 $F_x = DecryptNode(CT, \Gamma_R, x) = \prod_{z\in S_x}(F_z)^{\Delta_{i,S'_x}(0)}$，$F'_x = \prod_{z\in S_x}(F'_z)^{\Delta_{i,S'_x}(0)}$。

设 $s_i = (log_g g')F_{2,ID_c,i}(\alpha) = (log_g g')(\frac{1-y_i(0)^{q+2}}{1-y_i(0)})\alpha^{q+1}$，如果 $Z = \hat{e}(g^{\alpha^{q+1}}, g')$，则 $C'^*_x = \{g^{s_i(\alpha-t_i)}\}_{x\in Y, i=att(y)}, C_x^* = \{\hat{e}(g,g)^{s_i}\}_{x\in Y, i=att(y)}, F_x = e(C'^*_x, D'_{ID_c,i})C_x^{*D_{ID_c,i}} = e(g,h)^{f(ID_c)s_i} = e(g,h)^{f(ID_c)s_i}, F'_x = g^{f(0)\alpha(log_g g')F_{2,ID_c,i}(\alpha)} = g^{\beta s_i}$，所以 $F_R = \prod_{x\in S_R}(F_x)^{\Delta_{i,S'_R}(0)} = e(g,h)^{f(ID_c)q_R(0)}, F'_R = \prod_{x\in S_R}(F'_x)^{\Delta_{i,S'_R}(0)} = g^{\beta q_R(0)}$。对攻击者 A 来说 $CT = \langle\Gamma_R^*, \tilde{C}^*, C^*, C_y^*, C'^*_y\rangle$ 是有效的密文。真实系统参数具有相同的分布。

（4）阶段 2：A 进行密钥产生询问，C 采用阶段 1 相同的方法回答 A。

（5）猜测：最后，A 输出对 b, c 的猜测 $b', c'\in\{0,1\}$，如果 $b'=b, c'=c$，则攻击者 A 赢得游戏，则 C 可判断 $Z = \hat{e}(g^{\alpha^{q+1}}, g')$，解决 truncated 判定 $q-ABDHE$ 问题。根据文献[44]的概率分析方法分析 C 解决 truncated 判定 q－ABDHE 问题的优势为：$\varepsilon' = |Pr[B(g', g'^{q+2}, g, g^\alpha, \cdots g^{\alpha^q}, \hat{e}(g^{\alpha^{q+1}}, g'))=0] - Pr[B(g',$

$g'^{q+2},g,g^{\alpha},\cdots g^{\alpha^{q}},Z)=0]|\geq\varepsilon-2/p^{|U|}$。证明完毕。

4）性能分析

表 5 – 5 给出了本节提出的 LDC – ABE 方案与其他方案在加密、解密代价和通信代价方面的比较结果。S 表示 G_1 上的幂运算，E 表示 G_2 上的幂运算，P 表示双线性对运算。$|\Gamma_R|$ 表示访问结构树 Γ_R 中所有非叶子节点的门限值总和。$|\omega|$ 表示访问结构树 Γ_R 中所有叶子节点个数（即用于加密的属性个数）。$|\omega'|$ 表示访问结构树 Γ_R 中所有叶子节点的父节点的门限值总和（即用于解密的属性个数）。

从表 5 – 5 中可以看出，LDC – ABE 协议具有较低的解密代价。此外，BSW 协议[39]、Yu 协议[40] 和 LDC – ABE 协议在实际应用中还需要采用高效的签名机制实现消息认证，可以采用基于身份签名协议[45]，但组发起者需要暴露自己的身份，而其他节点无需暴露身份。

表 5 – 5   LDC – ABE 协议与其他协议性能比较

代价 协议	加密代价	解密代价	通信代价	访问策略
BSW 协议	$(2|\omega|+1)S+E$	$(2|\omega'|+1)P$ $+|\Gamma_R|E$	$(2|\omega|+1)|G_1|+|G_2|$	密文策略 (ciphertext – policy)
Yu 协议	$(2|\omega|+1)S+E$	$(2|\omega'|+1)P$ $+|\Gamma_R|E$	$(2|\omega|+1)|G_1|+|G_2|$	密钥策略 (key – policy)
LDC – ABE 协议	$(|\omega|+1)P$ $+(|\Gamma_R|+1)E$	$(|\omega'|+1)P$ $+|\Gamma_R|E$	$(|\omega|+1)|G_1|+$ $(|\Gamma_R|+1)|G_2|$	密文策略 (ciphertext – policy)

5.3.3   MP2PWSN 组密钥管理协议

本节将 5.3.2 节提出的 CP – ABS 协议和低解密代价的 CP – ABE 协议应用于 MP2PWSN 认证及密钥管理中，设计了一个支持匿名认证的密钥协商协议。

1. 节点部署与初始化

设超级（移动）节点 M – Node 集合为 $MN=\{M_1,M_2,\cdots,M_{N_1}\}$，簇头节点 H – Node 集合为 $HN=\{H_1,H_2,\cdots,H_{N_2}\}$，网络中包含 N_2 个簇，CL_i 表示第 i 个簇，H_i 为簇 CL_i 的簇头，传感器节点集合为 $SN=\{S_1,S_2,\cdots,S_{N_3}\}$。设属性集为 $U\subset_R Z_q^*$，为所有的节点分配属性，移动节点和簇头节点被分配若干属性，包括一个唯一的标识作为特殊属性，每个传感器节点只被分配一个特殊属性，即唯一的标识。PKG 按照 5.3.2.1 节初始化和私钥生成算法，生成系统公开参数和主密钥，此外，再选择一个哈希函数 $H_1:G_1\rightarrow\{0,1\}^n$。一个对称加/解密算法 $E_K(\ )$ 和 $D_K(\ )$。为所有节点生成私钥（包括唯一标识对应的私钥），并且通过安全方式将私钥发送给 M – Node,其他 H – Node 和 S – Node 传感器节点预先装载私钥。节点部署后,按照分簇算法进行分簇,选取 *HN* 集合中的节点作为簇头。未被选中簇头的 H – Node 可以作为簇内普通传感器节点完成信息采集任务,并且可作为后备簇头节点。M – Node 可以动态加入,并且可以根据需要作为临时簇头节点。

2. 组密钥管理协议基本思想

在 MP2PWSN 中,当 M – Node 和 H – Node 希望访问感兴趣的传感器数据时,可以请求建立一个具有共同兴趣的组,M – Node 可作为组控制者设置访问策略,满足访问策略的 M – node、H – Node 和 S – Node 可以组成一个通信组,共享一个组密钥,彼此可以直接交换数据。H – Node 可以请求其所在的子组中的 M – Node 作为组控制者建立通信组,完成组密钥的建立。每个簇头节点所在子组中的移动(超级)节点可以作为子组控制者,在组密钥建立过程中负责子组成员的身份属性认证以及密钥份额保密传输等任务。

假设在网络部署后,选择能力较强的移动节点作为 M – Node,并且 M – Node 对 H – Node 是可信的。组密钥建立分为两个过程:

(1)超级节点与簇头节点认证及组密钥协商。即满足访问策略的 M – Node 和 H – Node 之间的认证及组密钥建立。采用 5.3.2 节提出的融合身份的基于属性签名协议实现簇头节点身份和属性认证。M – Node 和 H – Node 利用彼此的密钥份额生成组密钥,实现贡献组密钥协商。

(2)簇内传感器节点组密钥分发。H – Node 获得组密钥后,采用 5.3.2 节步骤 1 提出的低解密代价的基于属性加密协议将组密钥分发给簇内 S – Node。下面详细阐述 MP2PWSN 认证及组密钥管理协议的具体步骤。

3. 移动节点与簇头节点认证及组密钥协商

设组控制者为 $SP_e \in SP$,其身份为 ID_c,子组控制者为 $SP_j \in MN$,其身份为 ID_j,子组成员(簇头节点)为 $P_i \in MN$,其身份为 ID_i,属性集为 ω_i,组访问结构为 Γ_R,任何满足组策略 Γ_R 的超级节点与簇头节点可以建立组密钥,其过程简述如图 5 – 10 所示。

步骤 1:子组 $SubGroup_j$ 的节点 P_i 设置访问结构 Γ_R^i 和 $\Gamma_R''^j$,分别如图 5 – 11 和图 5 – 12 所示。随机选择 $v_i \in_R Z_q^*$,计算 g^{v_i},令 $m_i = g^{v_i} \parallel \Gamma_R^i$,$\sigma_i = Sign(PK, \Gamma_R^i, SK_{ID_i}, m_i)\rbrack$,计算 $CT_i = Encrypt(PK, \Gamma_R''^j, \Gamma_R^i)$。$P_i$ 将消息 $Messagei$:$\langle \Gamma_R''^j, \sigma_i, CT_i \parallel g^{v_i}, time \rangle$ 发送给 SP_j。

步骤 2:Γ_R 收到消息 $Messagei$,解密得到 $\Gamma_R^i = \text{Decrypt}(PK, \Gamma_R''^j, SK_{ID_j}, CT_i)$,令 $m_i = g^{v_i} \parallel \Gamma_R^i$,如果 $\text{Verify}(PK, \Gamma_R^i, \sigma, m_i)$ 返回 True,则证明 P_i 的属性集满足访问结构 Γ_R^i,并获得其身份 ID_i,否则拒绝消息。Γ_R 验证簇内子组中所有节点身份和属性合法后,随机选择 $u_j \in_R Z_q^*$,计算 g^{u_j},令 $m_j = g^{u_j} \parallel g^{v_1} \parallel g^{v_2} \parallel \cdots \parallel$

g^{vN_j}，计算 $\sigma_j = Sign(PK, \Gamma''^j_R, SK_{ID_i}, m_j)$，$\Gamma_R$ 将消息 $Messagej: \langle \Gamma'^c_R, \sigma_j, m_j, time \rangle$ 发送给组控制者 SP_c。

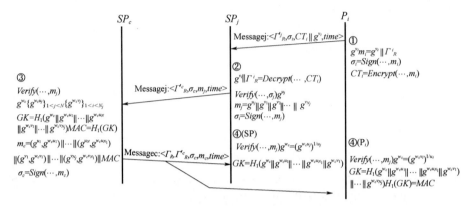

图 5-10　移动节点与簇头节点组密钥协商过程

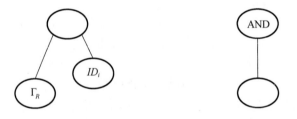

图 5-11　Γ^i_R 访问结构树图　　　　图 5-12　Γ''^j_R 访问结构树

步骤 3：SP_c 收到消息 $Messagej$，验证签名，如果 $Verify(PK, \Gamma''^j_R, \sigma_j, m_j)$ 返回 True，则接收消息，否则终止协议。SP_c 收到所有子组的 $m_j = g^{u_j} \| g^{v_1} \| g^{v_2} \| \cdots \| g^{vN_j}$，$1 \le j \le N_1$，即获得了组中 Γ_R 和 P_i 的组密钥份额 $\{g^{u_j}\}_{1 < j < N_1}$，$\{g^{v_i}\}_{1 < i < N_j}$。$SP_c$ 随机选择 $w_c \in_R Z^*_q$，计算 g^{w_c}，$\{g^{w_c u_1}\}_{1 < j < N_1}$，$\{g^{w_c v_i}\}_{1 < i < N_j}$。计算得到组密钥 $GK = H_1(g^{w_c} \| g^{w_c u_1} \| g^{w_c u_2} \| \cdots \| g^{w_c u_{N_1}} \| g^{w_c v_1} \| g^{w_c v_2} \| \cdots \| g^{w_c v_{N_j}})$，$MAC = H_1(GK)$。令 $m_c = (g^{u_1}, g^{w_c u_1}) \| \cdots \| (g^{u_N}, g^{w_c u_{N_1}}) \| (g^{v_1}, g^{w_c v_1}) \| \cdots \| (g^{vN_j}, g^{w_c v_{N_j}}) \| MAC$。计算 $\sigma_c = Sign(PK, \Gamma'^c_R, SK_{ID_j}, m_c)$，$SP_c$ 将消息 $Messagec: \langle \Gamma_R, \Gamma'^c_R, \sigma_c, m_c, time \rangle$ 发送给组内所有 Γ_R 和 P_i。

步骤 4：节点 SP_j 收到消息 $Messagec$，验证签名，如果 $Verify(PK, \Gamma'^c_R, \sigma_c, m_c)$ 返回 $True$，则接受消息，否则终止协议。Γ_R 利用 v_i 计算 $g^{w_c} = (g^{w_c u_j})^{1/u_j}$，计算得到组密钥 $GK = H_1(g^{w_c} \| g^{w_c u_1} \| g^{w_c u_2} \| \cdots \| g^{w_c u_N} \| g^{w_c v_1} \| g^{w_c v_2} \| \cdots \| g^{w_c v_{N_j}})$。如果 $H_1(GK) = MAC$，则证明自己的份额被组密钥使用，确认建立组密钥。$SubGroup_j$ 中的节点 P_i 执行与 Γ_R 相同的过程建立组密钥。最后，所有子组中的节点都建

立了组密钥 GK。

4. 簇内传感器节点认证及组密钥分发

簇 CL_i 的簇头节点 P_i 获得组密钥 GK 后,令消息 $m = GK \parallel time \parallel sessionID$,$GC$ 调用 5.3.2 节签名算法,得到签名 $\sigma = Sign(PK, \Gamma_R'^i, SK_{ID_i}, m)$,然后调用 5.3.2 节加密算法,得到密文 $CT = Encrypt(\Gamma_R, m)$,在簇 CL_i 中发送消息:$Messagei = \langle sessionID, time, \Gamma_R, \sigma, CT \rangle$。

簇 CL_i 中的任何满足访问结构 Γ_R 的传感器节点 $S_{ID_j} \in SN, 1 \leq j \leq n_i$ 接收到消息 $Messagei = \langle sessionID, time, \Gamma_R, \sigma, CT \rangle$,调用 5.3.2 节解密算法,得到明文 $m = Decrypt(\Gamma_R, sk_{\omega_{GM}}, CT)$,然后调用 5.3.2 节步骤 1 验证算法,如果 $Verify(PK, \Gamma_R'^i, \sigma, m)$ 返回 True,则验证消息合法,接受组密钥 GK。

5. 组密钥更新协议

1) 节点加入组

当新节点 P_t 预加入组时,P_t、SP_j 和 SP_c 执行 5.3.3 节步骤 3 密钥协商过程,使得 SP_c 获得 P_t 的组密钥份额 g^{v_t},然后 SP_c 选择 $w_c^* \in_R Z_q^*$,计算 $g^{w_c^*}$,生成新的组密钥 $GK^* = H_1(g^{w_c^*} \parallel g^{w_c^* u_1} \parallel g^{w_c^* u_2} \parallel \cdots \parallel g^{w_c^* u_N} \parallel g^{w_c^* v_1} \parallel g^{w_c^* v_2} \parallel \cdots \parallel g^{w_c^* v_{N_j}} \parallel g^{w_c^* v_t})$。组中原有的 SP_j 和 P_i 不需要提交新的组密钥份额。SP_c 利用原来的组密钥 GK 加密 GK^*,计算 $c = E_{GK}(GK^*)$,$\sigma_c^* = Sign(PK, \Gamma_R^c, SK_{ID_c}, c_j)$,将消息 $\langle \Gamma_R, \Gamma_R^c, \sigma_c^*, c, time \rangle$ 发送给组中原有的 SP_j 和 P_j。SP_j 和 P_j 验证签名合法解密得到新的组密钥 $GK^* = D_{GK}(c_j)$。簇头节点与传感器节点执行 5.3.3 节步骤 3 获得新的组密钥 GK^*。

2) 节点退出组

如果有节点 P_o 主动退出或者 SP_j 去除一个恶意节点 P_o,SP_c 随机选取 w_c^*,计算得到新的组密钥 $GK^* = H_1(g^{w_c^*} \parallel g^{w_c^* u_1} \parallel \cdots \parallel g^{w_c^* u_N} \parallel g^{w_c^* v_1} \parallel \cdots \parallel g^{w_c^* v_{o-1}} \parallel g^{w_c^* v_{o+1}} \parallel \cdots \parallel g^{w_c^* v_{N_j}})$,$MAC^* = H_1(GK^*)$。令 $m_c^* = (g^{u_1}, g^{w_c u_1}) \parallel \cdots \parallel (g^{u_N}, g^{w_c u_N}) \parallel (g^{v_1}, g^{w_c v_1}) \parallel \cdots \parallel (g^{v_{o-1}}, g^{w_c v_{o-1}}) \parallel \cdots \parallel (g^{v_{o+1}}, g^{w_c v_{o+1}}) \parallel \cdots \parallel (g^{v_{N_j}}, g^{w_c v_{N_j}}) \parallel MAC^*$,计算 $\sigma_c^* = Sign(PK, \Gamma_R^c, m_c^*)$,$SP_c$ 将消息 $\langle \Gamma_R, \Gamma_R^c, \sigma_c^*, m_c^*, time \rangle$ 发送给子组中余下的节点。余下的节点执行 5.3.3 节步骤 4 获得新的组密钥 GK^*。簇头节点与传感器节点执行 5.3.3 节步骤 4 获得新的组密钥 GK^*。由于消息 m_c^* 中不包含 $g^{v_o}, g^{w^* v_o}$,因此,退出的节点 P_o 无法获得新的组密钥 GK^*。

5.3.4 分析实验

1. 安全性分析

(1) ABGKM 协议具有抗共谋能力。ABGKM 协议采用 BSW CP – ABE[39]

151

协议和所提出的 CP – ABS 协议以及 LDC – ABE 协议实现组间组密钥协商和簇内组密钥分发,节点的私钥中含有随机因子 r_{ID},每个节点的 r_{ID} 是不同的,因此,节点不能联合私钥恢复出 $\hat{e}(g,g)^{r_{ID}s}$ 和 $\hat{e}(g,h)^{r_{ID}s}$,无法获得最终的组密钥。因此,ABGKM 协议具有抗共谋能力。

（2）ABGKM 协议满足可认证性。预建立组的节点采用基于属性签名对组密钥份额进行签名,子组控制者负责验证节点的属性是否满足访问结构。如果签名验证成功,则表明节点合法,接受其组密钥份额。不满足访问结构的恶意节点由于没有相应的属性私钥,不能产生合法的签名,因此不能通过子组控制者的认证,不能继续进行子组密钥协商。节点生成组密钥时使用自己的组密钥份额,并且通过判断组密钥哈希值来确认自己的密钥份额被使用,完成组密钥确认。

（3）ABGKM 协议具有后向安全性和前向安全性。新节点加入组后,组密钥份额及组密钥进行了更新,即使新节点获得以前的组密钥份额 g^{v_I} 和 $g^{w_j w_i}$ 也不能恢复出 g^{w_j},也不能计算出子以前的组密钥 GK,因此 ABGKM 协议具有后向安全性。同理,节点退出以后,组密钥份额及组密钥进行了更新,退出的节点不能获得更新的组密钥份额,无法建立新的组密钥,即使获得当前的组密钥份额,也无法恢复出组密钥,因此 ABGKM 协议具有前向安全性。

（4）组内节点可以保持匿名通信,匿名可撤销。P_i 将自己的身份信息添加到访问结构,加密传输给子组控制者 SP_j,不会向其他节点暴露自己的身份信息。建立组密钥时,每个节点都会接收到相同的消息 $m_c = (g^{u_1}, g^{w_c u_1}) \parallel \cdots \parallel (g^{u_N}, g^{w_c u_N}) \parallel (g^{v_1}, g^{w_c v_1}) \parallel \cdots \parallel (g^{v_{N_j}}, g^{w_c v_{N_j}}) \parallel MAC$,节点可以根据自己的 g^{v_i} 来获得对应的 $g^{w_c v_i}$。每个节点的 g^{v_i} 不同,充当了节点的伪身份。组内节点都满足访问结构 Γ_R,彼此之间不知道身份,可以进行匿名通信。移动节点和簇头节点可以设定不同的访问策略进行组密钥分发,满足访问策略的节点组成一个通信组,访问策略可以实现细粒度的访问控制逻辑,使合法的节点能够根据访问策略访问传感器数据。节点只用属性来标识,满足访问策略的节点有多个,因此无法分辨组中具体包含哪些节点以及节点个数。由于组建立时,SP_j 验证了节点的属性和身份,知道每个节点的身份,当发生恶意事件时,SP_j 可以指出恶意节点的身份,因此,节点匿名可撤销。

（5）ABGKM 协议支持细粒度的访问控制。ABGKM 协议采用基于属性签名进行身份认证,可以采用复杂的访问结构来建立组通信,由于将身份作为一个特殊的属性,组控制者可以获知满足访问结构的所有节点的身份,可以选取指定身份的若干节点建立组通信,对满足同一访问结构的节点进行更细粒度的控制,并且可以监控节点的行为,对恶意节点进行删除。因此,ABGKM 协议支

152

持细粒度的访问控制。

2. 性能分析

表5-6给出了ABGKM协议与其他协议在安全属性、计算代价(忽略哈希运算)和通信代价(发送消息长度)方面的比较结果。S表示群G_1上的幂运算，E表示G_2上的幂运算，P表示双线性对运算。T_{EXP}表示模幂运算，T_{MUL}表示模幂运算。$|\Gamma_R|$表示访问结构树Γ_R中所有非叶子节点的门限值总和。$|\omega|$表示访问结构树Γ_R中所有叶子节点数量(即用于加密的属性数量)。$|\omega'|$表示访问结构树Γ_R中所有叶子节点的父节点的门限值总和(即用于解密的属性数量)。表5-6中每个协议分别给出了组成员和组控制者的计算代价及通信代价。AB-GKM协议分别给出了传感器节点、簇头节点、子组控制者和组控制者的计算代价及通信代价，其中N_1表示子组的数量，即子组控制者的数量，N_2表示组中簇头节点的数量。平均每个子组的簇头节点数量为N_2/N_1。

表5-6 ABGKM协议与其他协议安全性与性能比较

协议	贡献密钥协商	可认证	前向安全性	后向安全性	匿名性	可撤销匿名	密钥确认	计算代价	通信代价
Yu协议	×	×	√	√	√	×	×	$nS+(n+4)P$ $(3n+3)E$	0 $(3n+3)\|G_1\|+\|G_2\|$
Cheung协议	×	×	√	√	×	×	×	$(2\|\omega'\|+1)P+\|\Gamma_R\|E$ $(2\|\omega\|+1)S+E$	0 $(2\|\omega\|+1)\|G_1\|+\|G_2\|$
Tseng协议[42]	√	√	√	√	×	×	√	$T_{EXP}+(n+1)T_{MUL}$ $(2n+1)T_{EXP}+nT_{MUL}$	$3\|p\|$ $\|H\|+2n\|p\|$
ABGKM协议	√	√	√	√	√	√	√	$(\|\omega'\|+5)P+\|\Gamma_R\|E$ $(2\|\omega\|+13)S+(\|\Gamma_R\|+6)E+(\|\omega\|+5)P$ $7S+[N_2/N_1(\|\Gamma_R\|+2)+2]E+[N_2/N_1(2\|\omega'\|+7)+4]P$ $(N_1+N_2+6)S+(N_1+1)E+4N_1P$	0 $(3\|\omega\|+10)\|G_1\|+(\|\Gamma_R\|+6)\|G_2\|$ $(N_2/N_1+5)\|G_1\|+\|G_2\|$ $(2N_1+2N_2+4)\|G_1\|+\|G_2\|$

由表5-6可知,ABGKM协议实现了MP2PN可认证组密钥协商协议,与现有协议相比实现了较多的安全属性。Cheung[38]和Yu[40]协议属于密钥分发机制,组成员无法决定组密钥的选取。ABGKM协议属于贡献密钥协商协议,即最终生成的组密钥包含每个成员自己的密钥份额。ABGKM协议采用了所提出的

CP – ABS 协议实现认证,CP – ABS 协议与 CP – ABE 协议可采用共同的系统参数和属性私钥。不需要保存额外的系统参数和私钥,降低了存储代价,提高了系统的安全性。并且将唯一身份作为一个特殊属性,通过定制包含身份属性的访问结构,实现了节点的身份认证以及可撤销匿名。

ABGKM 协议基于 PCB 库,F 椭圆曲线进行了仿真实验,仿真实验中,设 $|p|$ =160bit,属性长度为 2Byte,$time$ 长度为 1Byte。M – Node 采用 3.0GHz 嵌入式设备,数据传输率为 100Mb/s,执行一次标量乘(即 S 运算)大约需要 0.72ms,执行一次双线性对运算需要 14ms。H – Node 采用 1.0GHz 嵌入式设备,数据传输率为 100Mb/s。S – Node 采用 Imote2 13MHz 节点,E 运算代价约为 S 运算代价的 3 倍。图 5 – 13 给出了组密钥协商代价与组中簇头节点节点数量的关系。假设 $|\omega| = 20$,$N_1 = 150$。从图 5 – 13 中可以看出,当组内簇头节点数量为 2000 时,组控制者 SP_c 和子组控制者 SP 的时间消耗约为 10s。簇头节点 P 的时间消耗约为 3s。簇内传感器节点 S_{ID} 的时间消耗约为 15s。当组内簇头节点数量增加时,组控制者和子组控制者的组密钥协商代价随之增加。

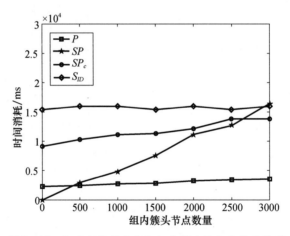

图 5 – 13   组密钥协商代价与组内簇头节点数量的关系

图 5 – 14 给出了组密钥协商代价与组内移动节点(子组控制者)数量的关系。假设属性数量为 20。从图 5 – 14 中可以看出,当移动节点数量与簇头节点数量为 1∶20,移动节点数量为 200 时,组控制者 SP_c 的时间消耗约为 15s。移动节点数量对子组控制者时间消耗影响较小,组内传感器节点 S_{ID} 的时间消耗与移动节点数量无关。

图 5 – 15 给出了组密钥协商代价与属性数量的关系,假设簇头节点数量为 3000,移动节点数量为 200,属性数量为 40。可以看出,组控制者 SP_c 的时间消耗约为 15s,移动节点代价约为 25s,组内簇头节点的时间消耗约为 3s。簇内传

154

感器节点的时间消耗小于 3s。由于采用解密代价较低的基于属性加密协议,可以节约 S – Node 的能耗。

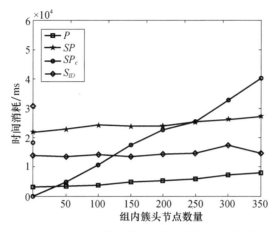

图 5 – 14　组密钥协商代价与组内移动节点数量的关系

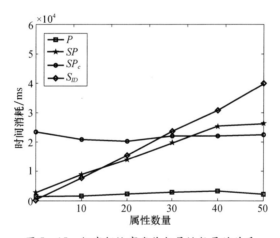

图 5 – 15　组密钥协商代价与属性数量的关系

　　图 5 – 16 给出了组密钥更新代价与簇头节点加入数量的关系,假设簇头节点平均加入每个子组,属性数量为 20,簇头节点数量为 5000,子组控制器的数量为 200。从图 5 – 16 中可以看出,新节点加入组后,原有组成员的组密钥更新代价较小。当新加入组的节点数量达到 4000 时,组控制者 SP_c 和子组控制者 SP_j 的时间消耗小于 25s。组密钥更新对组内原有节点的影响不大。

　　综上所述,ABGKM 协议代价对 H – Node 和 S – Node 来说是完全可以接受的。随着硬件成本的不断降低和密码技术的不断发展,传感器的性能和密码算法的效率将不断提升,ABGKM 协议将会满足包含更多低功耗低性能传感器节点组成的移动对等传感器网络应用安全需求。

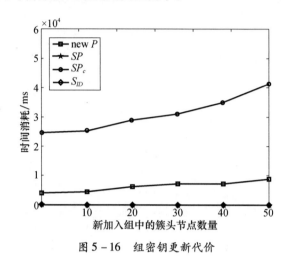

图 5-16　组密钥更新代价

5.4　小结

本章首先通过介绍路由驱动的异构传感网路由驱动密钥管理协议,阐述其存在的不足;接着提出与分布式路由相结合的基于身份的异构传感网密钥管理协议,解决上述问题。所提协议一方面通过与分布式路由相结合降低通信负载、提高自适应能力,另一方面借助身份基加密实现消息认证、降低存储需求、提高密钥协商效率。实验分析表明该协议不但降低了通信能耗和存储需求,还具有较好的安全性和自适应性。

为解决异构传感网网内通信和网间通信安全问题,本章将公钥密码体制与节点性能异构、节点功能异构纳入研究范围,针对当前异构传感网密钥管理所面临的问题,提出了基于身份的异构传感网密钥管理协议。有效解决了异构传感网网内通信与网间通信问题,具有良好的安全性、较低的存储需求和恒定连通性,适用于军用信息监测等私密性要求较高的应用中。

针对移动对等传感器网络特点,设计了一个认证及组密钥管理协议。节点间可以保持匿名通信,组控制者可以追踪节点的真实身份,去除恶意节点。由于采用低解密代价的基于属性加密协议实现簇内传感器节点组密钥分发,节约了传感器节点的能耗。该密钥管理协议具有前向安全性和后向安全性,支持节点动态加入和退出组。该协议较好地保护了传感器网络的用户的隐私,为移动对等传感器网络数据共享的安全和隐私问题的解决提供了有效的解决协议。

参考文献

[1] Eschenauer L, Gligor V D. A key – management scheme for distributed sensor networks[C]//Proceedings of the 9th ACM conference on Computer and communications security. ACM, 2002: 41 – 47.

[2] Kahn J M, Katz R H, Pister K S J. Next century challenges: mobile networking for "Smart Dust"[C]// Proceedings of the 5th annual ACM/IEEE international conference on Mobile computing and networking. ACM, 1999: 271 – 278.

[3] Whitehouse K, Sharp C, Brewer E, et al. Hood: a neighborhood abstraction for sensor networks[C]//Proceedings of the 2nd international conference on Mobile systems, applications, and services. ACM, 2004: 99 – 110.

[4] Du X, Xiao Y, Ci S, et al. A routing – driven key management scheme for heterogeneous sensor networks [C]//Communications, 2007. ICC'07. IEEE International Conference. IEEE, 2007: 3407 – 3412.

[5] Du X, Guizani M, Xiao Y, et al. Transactions papers a routing – driven Elliptic Curve Cryptography based key management scheme for Heterogeneous Sensor Networks[J]. Wireless Communications, IEEE Transactions, 2009, 8(3): 1223 – 1229.

[6] Zhang J, Zhang L. A routing – driven key management scheme for heterogeneous wireless sensor networks based on deployment knowledge[C]//Intelligent Control and Automation (WCICA), 2010 8th World Congress on IEEE, 2010: 1311 – 1315.

[7] Yu C M, Li C C, Lu C S, et al. An application – driven attack probability – based deterministic pairwise key pre – distribution scheme for non – uniformly deployed sensor networks[J]. International Journal of Sensor Networks, 2011, 9(2): 89 – 106.

[8] Shamir A. Identity – based cryptosystems and signature schemes[C]//Advances in cryptology. Springer Berlin Heidelberg, 1985: 47 – 53.

[9] Boneh D, Franklin M. Identity – based encryption from the Weil pairing[C]//Advances in Cryptology – CRYPTO 2001. Springer Berlin Heidelberg, 2001: 213 – 229.

[10] Gura N, Patel A, Wander A, et al. Comparing elliptic curve cryptography and RSA on 8 – bit CPUs [M]. Cryptographic Hardware and Embedded Systems – CHES 2004. Springer Berlin Heidelberg, 2004: 119 – 132.

[11] 杨庚, 余晓捷, 王江涛, 等. 基于 IBE 算法的无线传感器网络加密方法研究[J]. 南京邮电大学学报(自然科学版), 2007, 27(4): 1 – 7.

[12] 杨庚, 王江涛, 程宏兵, 等. 基于身份加密的无线传感器网络密钥分配方法 [J]. 电子学报, 2007, 35(1): 180 – 184.

[13] Boujelben M, Cheikhrouhou O, Youssef H, et al. A pairing identity based key management protocol for heterogeneous wireless sensor networks[C]//Network and Service Security, 2009. N2S'09. International Conference on. IEEE, 2009: 1 – 5.

[14] Szczechowiak P, Collier M. Tinyibe: Identity – based encryption for heterogeneous sensor networks[C]// Intelligent Sensors, Sensor Networks and Information Processing (ISSNIP), 2009 5th International Conference on IEEE, 2009: 319 – 354.

[15] Silverman J H. The arithmetic of elliptic curves[M]. NewYork: Springer – Verlag, 1995.

[16] Du X, Xiao Y. Energy efficient chessboard clustering and routing in heterogeneous sensor networks[J]. International Journal of Wireless and Mobile Computing, 2006, 1(2): 121 - 130.

[17] Shah R C, Rabaey J M. Energy aware routing for low energy ad hoc sensor networks[C]//Wireless Communications and Networking Conference, 2002. WCNC2002. 2002 IEEE. IEEE, 2002, 1: 350 - 355.

[18] Yacobi Y. A note on the bilinear Diffie - Hellman assumption. Cryptology ePrint Archive. Report 2002/113. 2002. http://eprint. iacr. org/2002/113.

[19] MICA2 Mote Datasheet. http://www. xbow. com.

[20] Boujelben M, Youssef H, Mzid R, et al. IKM - - An identity based key management scheme for heterogeneous sensor networks. Journal of Communications. 2011, 6(2): 185 - 197.

[21] Rathod V, Mehta M. Security in wireless sensor network: a survey[J]. Ganpat Univ J Eng Technol, 2011, 1(1): 35 - 44.

[22] Chan H, Perrig A, Song D. Random Key Predistribution Schemes for Sensor Networks. 2003 Symposium on Security and Privacy, 2003:197 - 213.

[23] Du D, Xiong H, Wang H. An Efficient Key Management Scheme for Wireless Sensor Networks [J]. International Journal of Distributed Sensor Networks, 2012:1 - 14.

[24] Yarvis M, Kushalnagar N, Singh H, et al. Nandakishore. Exploiting Heterogeneity in Sensor Networks [c]//INFOCOM 2005 24th Annual Joint Conference of the IEEE Computer and Communications Societies. 2005:878 - 890.

[25] Samundiswary P, Priyadarshini P, Dananjayan P. Performance evaluation of heterogeneous sensor networks [C]//2009 International Conference on Future Computer and Communication, 2009:264 - 267.

[26] Lauter K. The advantages of elliptic curve cryptography for wireless security[J]. IEEE Wireless Communications, 2004, 11(1): 62 - 67.

[27] Blake I, Seroussi G, Smart N. Elliptic curves in cryptography[M]. Cambridge: CambridgeUniversity Press, 1999.

[28] Libert B. New secure applications of bilinear map in cryptography [M]. Louvain: University of Catholique, 2006.

[29] Sakai R, Kasahara M. ID based cryptosystems with pairing on elliptic curve. 2003 [2011 - 07 - 05], http://eprint. iacr. org/2003/054. pdf.

[30] Wang SB. Practical identity - based encryption (IBE) in multiple PKG environments and its applications. Arxiv preprint, 2007 [2011 - 07 - 19], http://arxiv. org/pdf/cs. cr/0703106. pdf.

[31] 王圣宝. 基于双线性配对的加密方案及密钥协商协议[D]. 上海: 上海交通大学. 2008.

[32] Oliveira LB, Dahab R, Lopez J, et al. Identity - Based Encryption for Sensor Networks[J]. Proceedings of the Fifth Annual IEEE International Conference. IEEE, 2007:1 - 5.

[33] 胡亮, 初剑峰, 林海群, 等. IBE 体系的密钥管理机制[J]. 计算机学报, 2009, 32(3): 543 - 551.

[34] Fujisaki E, Okamoto T. How to enhance the security of public - key encryption at minimum cost [J]. IEICE Trans. Fundamentals of Electronics, Communications and Computer Sciences, 2000, 83:24 - 32.

[35] Lal S, Sharma P. Security proof for Shengbao Wang's identity - based encryption scheme. 2007 [2011 - 08 - 26]. http://eprint. iacr. org/2007/316. pdf.

[36] Rondini E, Hailes S, Li L. Load sharing and bandwidth control in mobile P2P wireless sensornetworks [C]//In Proceedings of the 6th Annual IEEE International Conference on Pervasive Computing and Communications, Hong Kong, China, March 17 - 21, 2008: 468 - 473.

[37] Sioutas S, Panaretos A, Karydis I, et al. SART: Dynamic P2P query processing in sensor networks with probabilistic guarantees[C]//In proceedings of the 27th Symposium on Applied Computing, Riva del Garda, Italy, March 26 – 30, 2012: 847 – 852.

[38] Cheung L, Cooley J A, Khazan R, et al. Collusion – resistant group key management using attribute – based encryption. Cryptology ePrint Archive, Report 2007/161.

[39] Bethencourt J, Sahai A, Waters B. Ciphertext – policy attribute – based encryption[J]. In Proceedings of IEEE Symposium on Security and Privacy. Berkeley, CA , USA, May 20 – 23, 2007: 321 – 334.

[40] Yu S, Ren K, Lou W. FDAC: toward fine – grained distributed data access control in wireless sensor networks[J]. IEEE Transactions on Parallel and Distributed Systems, 2011, 22(4): 673 – 686.

[41] Sumino H, Ishikawa N, Kato T. Design and implementation of P2P protocol for mobile phones[C]. In Proceedings of the 4th Annual IEEE International Conference on Pervasive Computing and Communications Workshops, Pisa, Italy, March 13 – 17, 2006: 1 – 6.

[42] Tseng Y M. A secure authenticated group key agreement protocol for resource – limited mobile devices [J]. The Computer Journal, 2007, 50(1): 41 – 52.

[43] Maji H K, Prabhakaren M, Rosulek M. Attribute – based signatures: achieving attribute – privacy and collusion – resistance. IACR Cryptology ePrint Archive: Report 2008/328.

[44] Gentry C. Practical identity – based encryption without random oracles[C]. In Proceedings of Advances in Cryptology – Eurocrypt 2006, 25th Annual International Conference on the Theory and Applications of Cryptographic Techniques, St. Petersburg, Russia, May 28 – June 1, 2006, LNCS 4404: 445 – 464.

[45] Bellare M, Namprempre C, Neven G. Security proofs for identity – based identification and signature schemes[J]. Proceedings of Eurocrypt, 2004, LNCS 3027: 268 – 286.

第6章 可认证密钥协商协议

现有的基于身份的异构传感器网络密钥管理协议,根据密钥建立方式可分为密钥传输协议和密钥协商协议。密钥分发协议效率高,但密钥由分发者确定,安全性没有密钥协商协议高。密钥协商协议能够满足更多的安全属性,但代价较高。第 5 章利用节点身份信息,设计了传感网密钥管理方案,本章通过不同的异构网环境设计了适用于无线传感反应网络(WSAN)的基于身份的密钥协商协议和异构传感网(HSN)标准模型下的基于身份的密钥协商协议。

6.1 WSAN 可认证密钥协商协议

无线传感反应网络(Wireless sensor and actor networks,WSAN)[1]是一种特殊类型的异构传感器网络,通过引入具有资源丰富且可移动的反应节点,极大地增强了现有的无线传感器网络的应用范围。与传统的 Ad Hoc 网络和 WSN 相比,WSAN 具有特殊的网络限制和数据传输要求。WSAN 中可以包含不同类型的传感器节点,节点拥有不同的属性,如位置、温度、湿度和归属等。具有不同属性的传感器节点负责感知不同的环境数据,检测的事件具有不同的实时性要求和不同的安全级别,需要不同功能和权限的反应节点对事件做出反应。在 WSAN 中,需要传感器节点与反应节点、反应节点与反应节点之间的通信协作,完成事件的传输和动作的执行。因此,保证 WSAN 节点之间通信的安全性至关重要。

由于传感器节点的性能较低,传感器节点之间需要以较小的代价建立安全通信。而且 WSAN 中包含多反应节点任务(Multi – Actor Task)[2],需要多个反应节点对同一事件协同做出决策,传感器检测的事件会发送给多个反应节点。因此,传感器节点与反应节点需要高效的密钥协商机制,才能满足 WSAN 的实际安全通信需求。现有的 WSAN 密钥管理协议在网络异构特性、性能和安全性方面存在不足。本节充分考虑了 WSAN 的异构特性,并对基于身份密钥协商协议进行了深入的研究,将其应用于 WSAN 密钥管理中,结合部署和地理位置信息,提出了一个能量有效的基于身份可认证密钥协商协议 – WSAN – IBAKA(I-dentity – based Authenticated Key Management)协议。

6.1.1 相关基础

1. WSAN 模型

假设 WSAN 采用分簇结构,由基站(Sink)、簇头节点、传感器节点和反应节点组成,簇头节点与反应节点构成上一层分布式网络。网络模型如图 6 – 1 所示。

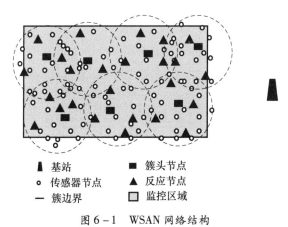

基站　　　　　　■ 簇头节点
o 传感器节点　　　▲ 反应节点
— 簇边界　　　　　▣ 监控区域

图 6 – 1　WSAN 网络结构

图 6 – 1 中,反应节点与簇头节点为高性能的传感器节点,计算能力较强、存储空间较大、通信能力较强,并且装配防篡改硬件。反应节点还具有决策和控制装置,主要负责收集簇头节点发送的事件特征数据,分析后做出相应的决策。根据实际的应用需求,反应节点可以具有移动功能。簇头节点主要负责收集传感器节点监测的数据,融合后向基站或反应节点转发。传感器节点为低性能的传感器节点,数量较多,计算和通信能力较弱,存储空间较小并且易被篡改,主要负责感知监测区域内的信息,向簇头节点发送感知数据。由于高端节点和低端节点通信范围的差异以及不同节点之间能量消耗的差异,导致非双向链路节点的存在,即使两个节点在物理上为相邻节点,彼此也不能进行直接双向通信。下面给出非双向链路相关定义,设节点身份信息为 ID,通信半径为 R_{ID},地理位置信息为 l_{ID}。

定义 6 – 1　相邻节点:节点 A 和 B 都在彼此的通信边界内,即满足 $|l_A - l_B| < R_A$ 和 $|l_A - l_B| < R_B$。则称节点 A 和 B 为彼此的相邻节点,并称节点 A 与 B 之间存在一条双向链路。

定义 6 – 2　非双向链路:节点 A 和 B 之间存在一条通信链路,但是节点 A

161

不在节点 B 的通信边界内或者节点 B 不在节点 A 的通信边界内,即满足 $|l_A - l_B| > R_A$ 或 $|l_A - l_B| > R_B$,则称节点 A 与 B 之间存在一条非双向链路。

定义 6-3 安全通信链路:节点 A 和 B 之间存在一条通信链路,如果节点 A 与 B 彼此通过身份认证,并且建立了共享密钥,则称节点 A 与 B 之间建立了一条安全通信链路。

2. 无双线性对基于身份可认证密钥协商协议

基于 BNN 签名方案[3] 和 Diffie – Hellman 密钥交换协议[4] 提出一个可双向认证的密钥协商协议,简称 BNN – IBAKA 协议。协议过程如下:

(1) 初始化。PKG 选取有限域 F_p 上一条安全的椭圆曲线 $E/F_p : y^2 = x^3 + ax + b$,其中,$a, b \in F_p$,并且满足 $4a^3 + 27b^2 \neq 0 \bmod p$。$E(F_p)$ 为椭圆曲线 E/F_p 上的点和无穷远点构成的群。$P \in E(F_p)$,阶为 q,G_1 是由 P 生成的循环群。PKG 选择 $s \in_R Z_q^*$ 作为主密钥,计算系统公钥 $P_{pub} = sP$,选择抗碰撞 Hash 函数 $H_1 : \{0,1\}^* \times G_1^* \to_R Z_q^*$、$H_2 : \{0,1\}^* \to_R Z_q^*$。公布参数 $\langle E/F_p, P, q, G_1, G_2, P_{pub}, H_1, H_2 \rangle$,主密钥 s 保密。

(2) 私钥生成。给定共开身份 $ID \in \{0,1\}^*$,PKG 选择 $r \in_R Z_q^*$,计算 $R = rP$,$c = H_1(ID || R)$,$d = r + cs \bmod q$,生成私钥 $\langle R, d \rangle$。

(3) 密钥协商。

① A 选择 $x_A, y_A \in_R Z_q^*$,计算 $Y_A = y_A P$,$E_A = x_A P$,$h_A = H_2(ID_A, E_A, R_A, Y_A)$,$z_A = x_A + h_A d_A \bmod q$,发送 $\langle ID_A, E_A, R_A, Y_A, z_A \rangle$ 给 B。

② B 接收 $\langle ID_A, E_A, R_A, Y_A, z_A \rangle$,计算 $c_A = H_1(ID_A || R_A)$,$h_A = H_2(ID_A, E_A, R_A, Y_A)$,判断 $z_A P = Y_A + h_A(R_A + c_A P_{pub})$ 是否成立,如果成立,验证 A 的身份合法。然后,B 选择 $x_B, y_B \in_R Z_q^*$,计算 $Y_B = y_B P$,$E_B = x_B P$,$h_B = H_2(ID_B, E_B, R_B, Y_B)$,$z_B = y_B + h_B d_B \bmod q$,$K_{BA} = x_B E_A$,发送 $\langle ID_B, E_B, R_B, Y_B, z_B \rangle$ 给 A。

③ A 接收 $\langle ID_B, E_B, R_B, Y_B, z_B \rangle$,计算 $c_B = H_1(ID_B || R_B)$,$h_B = H_2(ID_B, E_B, R_B, Y_B)$,判断 $z_B P = Y_B + h_B(R_B + c_B P_{pub})$ 是否成立,如果成立,验证 B 的身份合法。计算 $K_{AB} = x_A E_B$。

至此,A、B 得到共享密钥 $SK = H_2(ID_A, ID_B, K_{AB}) = H_2(ID_A, ID_B, K_{BA})$。

(4) 正确性分析。$z_B P = (y_B + h_B d_B) P = Y_B + h_B(r_B + c_B s) P = Y_B + h_B(R_B + c_B P_{pub})$,$K_{AB} = x_A E_B = x_B y_B P$。同理,$z_A P = Y_A + h_A(R_A + c_A P_{pub})$,$K_{BA} = x_B x_A P$。

3. 基于模糊身份可认证密钥协商协议

在 Fuzzy IBE 加密方案[5]、BNN 签名方案和 Diffie – Hellman 密钥交换协议的基础上,提出一个基于模糊身份可认证密钥协商协议(Fuzzy – IBAKA 协议)。假设通信实体由一个唯一身份和模糊身份(一组可描述的属性)标识。唯一身份用来进行身份认证,模糊身份用来解密密钥交换信息,生成共享密钥。Fuzzy

– IBAKA 协议过程如下：

（1）初始化。PKG 选取有限域 F_p 上一条安全的椭圆曲线 $E/F_p: y^2 = x^3 + ax + b$，其中，$a, b \in F_p$，并且满足 $4a^3 + 27b^2 \neq 0 \bmod p$。$E(F_p)$ 为椭圆曲线 E/F_p 上的点和无穷远点构成的群。$P \in E(F_p)$，G_1 是由 P 生成的循环群，阶为 q。设身份域为 U，其大小为 $|U|$，设门限参数为 d'，设拉格朗日插值系数 $\Delta_{i,S} = \prod_{i \in S, j \neq i} \frac{x-j}{i-j}, i \in_R Z_q^*, S \subseteq U$。PKG 选择一个双线性对 $\hat{e}: G_1 \times G_1 \to G_2$，随机选择 $s, t_1, t_2, \cdots, t_{|U|} \in_R Z_q^*$，作为主密钥，计算 $P_{pub} = sP$，$T_{ID} = t_{ID}P$，$T_1 = t_1 P$，$T_2 = t_2 P, \cdots, T_{|U|} = t_{|U|}P$，$Y = \hat{e}(P,P)^s$。选择强随机提取函数 $Exct_\kappa(): G_1^* \to \{0,1\}^k, \kappa \in \{0,1\}^{d'}$，选择抗碰撞 Hash 函数 $H_1: \{0,1\}^* \times G_1^* \to_R Z_q^*$，$H_2: \{0,1\}^* \to_R Z_q^*$，$Expd_K(): \{0,1\}^* \to \{0,1\}^n, K \in \{0,1\}^k, n$ 为会话密钥的长度。保密系统主密钥 $s, t_1, t_2, \cdots, t_{|U|}$，公开系统参数 $\langle E/F_p, P, q, G_1, G_2, d, \hat{e}, P_{pub}, T_1, T_2, \cdots, T_{|U|}, Y, H_1, H_2, Exct_\kappa(), Expd_K() \rangle$。

（2）密钥生成。给定唯一身份 $ID \subseteq U$ 和模糊身份 $\omega_{ID} \subseteq U$。PKG 选择 $r \in_R Z_q^*$，计算 $R_{ID} = rP$，$c_{ID} = H_1(ID \| R_{ID})$，$d_{ID} = r + cs \bmod q$。PKG 随机选取 $d-1$ 次多项式 $q(x)$，满足 $q(0) = s$。节点的私钥为 $\langle R_{ID}, d_{ID}, D_{ID}, \{D_i\}_{i \in \omega_{ID}} \rangle$。$D_{ID} = \frac{s}{t_{ID}}$，$\{D_i\}_{i \in \omega_{ID}} = \frac{q(i)}{t_i}P$

（3）密钥协商。① A 随机选择 $x_A, y_A \in_R Z_q^*$，计算 $\{T_{A,i} = x_A T_i\}_{i \in \omega_1}$，$Y_A = y_A P$，$h_A = H_1(ID_A, R_A, Y_A, \{T_{A,i}\}_{i \in \omega_A}, T'_A)$，$z_A = x_A + h_A d_A \bmod q$，发送消息 $\langle ID_A, \{T_{A,i}\}_{i \in \omega_1}, R_A, Y_A, z_A \rangle$ 给任何具有模糊身份 $|\omega_{ID} \cap \omega_1| \geq d'$ 的用户。

② 假设 B 满足 $|\omega_B \cap \omega_1| \geq d'$，设 $S = \omega_B \cap \omega_1$。B 接收 $\langle ID_A, \{T_{A,i}\}_{i \in \omega_1}, R_A, Y_A, z_A \rangle$，计算 $c_A = H_1(ID_A \| R_A)$，$h_A = H_1(ID_A, R_A, Y_A, \{T_{A,i}\}_{i \in \omega_A}, T'_A)$，判断 $z_A P = Y_A + h_A(R_A + c_A P_{pub})$ 是否成立，如果成立，验证 A 的身份合法。然后，B 选择 $x_B, y_B \in_R Z_q^*$，计算 $T_B = x_B T_{ID_A}$，$Y_B = y_B P$，$h_B = H_2(ID_B, R_B, Y_B, T_B)$，$z_B = y_B + h_B d_B \bmod q$，计算 $K_{BA} = Exct_\kappa\left(\prod_{i \in S}(\hat{e}(D_i, T_{A,i}))^{\Delta_{i,S}(0)x_B}\right)$，$s = ID_A \| ID_B \| \omega_1 \| T_{A,i} \| T_B$，$SK_{BA} = Expd_{K_{BA}}(s)$，发送 $\langle ID_B, T_B, R_B, Y_B, z_B \rangle$ 给 A。

③ A 接收 $\langle ID_B, T_B, R_B, Y_B, z_B \rangle$，计算 $c_B = H_1(ID_B \| R_B)$，$h_B = H_2(ID_B, R_B, Y_B, T_B)$，判断 $z_B P = Y_B + h_B(R_B + c_B P_{pub})$ 是否成立，如果成立，验证 B 的身份合法。计算 $K_{AB} = Exct_\kappa(\hat{e}(D_{ID_A}, T_B)^{x_A})$，$s = ID_A \| ID_B \| \omega_1 \| T_{A,i} \| T_B$，$SK_{AB} = Expd_{K_{AB}}(s)$。

至此，A、B 得到共享密钥 $SK = SK_{AB} = SK_{BA}$。

（4）正确性分析。

$$\prod_{i \in S} \left(\hat{e}(D_i, T_{A,i}) \right)^{\Delta_{i,S}(0)} = \prod_{i \in S} \left(\hat{e}\left(\frac{q(i)}{t_i}P, \{x_A Ti\}_{i \in \omega_j} \right) \right)^{\Delta_{i,S}(0)}$$

$$= \prod_{i \in S} \left(\hat{e}\left(\frac{q(i)}{t_i}P, \{x_A t_i P\}_{i \in \omega_j} \right) \right)^{\Delta_{i,S}(0)}$$

$$= \hat{e}(P,P)^{x_A \sum\limits_{i \in \omega_j} q(i)\Delta_{i,S}(0)} = \hat{e}(P,P)^{sx_A}$$

$$\hat{e}(D_{ID_A}, T_B) = \hat{e}\left(\frac{s}{t_{ID_A}}P, x_B T_{ID_A} \right) = \hat{e}\left(\frac{s}{t_{ID_A}}P, x_b t_{ID_A} P \right) = \hat{e}(P,P)^{sx_B}$$

因此，A 和 B 得到共享秘密 $K_{AB} = K_{BA} = \hat{e}(P,P)^{sx_A x_B}$，$A$ 和 B 能够最终得到共享会话密钥 SK。

6.1.2　WSAN 基于身份可认证密钥协商协议

1. WSAN 密钥协商协议基本思想

WSAN 中包含大量的低性能传感器节点，为了节约低性能传感器节点的能量，提高运算速度，需要设计代价较低的密钥协商协议实现传感器节点之间的对密钥建立。充分考虑 WSAN 资源受限的特点和不同类型节点计算和通信能力差异，在 6.1.1 节提出的 BNN – IBAKA 协议基础上，设计一个能量有效的基于身份的 WSAN 节点间认证及密钥协商（WSAN – IBAKA）协议。WSAN – IBA-KA 协议包括 4 个子协议：

（1）簇头节点与相邻反应节点（或簇头节点）间认证及密钥协商协议（H – H 协议）；

（2）簇头节点与相邻簇内传感器节点之间的认证及密钥协商协议（H – S 协议）；

（3）簇内相邻传感器节点之间的认证及密钥协商协议（S – S – H 协议）；

（4）簇内非双向链路节点之间的认证及密钥协商协议（S – H – S 协议）。

WSAN – IBAKA 协议仅使用椭圆曲线点加和点乘等运算，不使用代价较高的双线性对运算，以较低的功耗实现了节点间的认证及密钥协商。为了进一步降低传感器节点的密钥协商代价，簇内相邻传感器节点借助高性能簇头节点建立对密钥，有效节约低性能传感器节点的能耗。

WSAN 包含高性能和低性能两种节点，其通信能力的差异导致非双线性链路的存在，因此，密钥协商需要考虑非双向链路的存在，保证密钥建立的高效性和可靠性。主要采用路由驱动的双向认证的密钥协商思想，高性能簇头节点直接将密钥交换信息发送给低性能传感器节点，而传感器节点通过相邻传感器节点经过多跳发送密钥交换信息给簇头，完成密钥协商。保证与簇头节点进行多跳通信的传感器节点也能够与簇头节点间建立对密钥，实现"端到端"的安全通信。

WSAN 一般采用静态节点，属于静态传感器网络，节点部署后位置一般保持不变，如果反应节点具有移动性，由于反应节点具有丰富的资源，可以采用高效的定位机制，及时获得位置信息。因此，采用基于位置密钥思想[6]将节点位置信息、节点身份信息与节点的私钥绑定，提高密钥协商协议的抗攻击能力。下面详细阐述 WSAN – IBAKA 协议的具体步骤。

2. 节点部署与私钥更新

PKG 执行 6.1.1 节步骤 2 中的初始化算法，生成系统公开参数 $\langle E/F_p, P, q, G_1, G_2, P_{pub}, H_1, H_2 \rangle$，保密系统主密钥 s。PKG 执行 6.1.1 节无双线性对基于身份可认证密钥协商协议的私钥生成算法，为每个节点生成私钥 $\langle R, d \rangle$。每个节点预装载公开的系统参数、自己的私钥和身份等信息。节点部署以后，在分簇过程中，节点执行定位算法，将地理位置信息加入自己的公钥和私钥中，生成基于地理位置信息的公钥和私钥。例如，簇头节点 H_A 的地理位置信息为节点 l_A，则 H_A 的基于身份和地理位置信息的公钥为 $c_A = H_1(ID_A \parallel l_A \parallel R_A)$，私钥为 (R_A, d_A)，其中 $d_A = r_A + c_A s$，$R_A = r_A P$。

3. 节点间认证及密钥协商协议

1）簇头节点与相邻反应节点（或簇头节点）间认证及密钥协商（H – H 协议）

簇头节点（或反应节点）具有较高的性能，每次通信可以采用不同的会话密钥，或者周期性地协商不同的会话密钥。簇头节点（或反应节点）H_A 和 H_B 之间的认证及密钥协商协议过程如下：

（1）H_A 选择 $x_A, y_A \in_R Z_q^*$，计算 $Y_A = y_A P$，$E_A = x_A P$，$h_A = H_2(ID_A, l_A, time, E_A, R_A, Y_A)$，$z_A = x_A + h_A d_A \bmod q$，发送消息 $M_1 : \langle ID_A, l_A, time, E_A, R_A, Y_A, z_A \rangle$ 给 H_B。

（2）H_B 接收消息 M_1，判断 $time$ 是否有效，如果消息过期，拒绝消息 M_1。判断 $|l_A - l_B| < \mathbb{R}_H$ 是否成立，如果成立，说明节点 H_A 是相邻节点，否则拒绝消息 M_1。然后，计算 $c_A = H_1(ID_A \parallel l_A \parallel R_A)$，$h_A = H_2(ID_A, l_A, time, E_A, R_A, Y_A)$，判断 $z_A P = Y_A + h_A(R_A + c_A P_{pub})$ 是否成立，如果成立，验证 H_A 的身份合法，否则拒绝消息 M_1。然后，H_B 选择 $x_B, y_B \in_R Z_q^*$，计算 $Y_B = y_B P$，$E_B = x_B P$，$h_B = H_2(ID_B, l_B, time, E_B, R_B, Y_B)$，$z_B = y_B + h_B d_B \bmod q$，$K_{BA} = x_B E_A$，发送消息 $M_2 : \langle ID_B, l_B, time, E_B, R_B, Y_B, z_B \rangle$ 给 H_A。

（3）H_A 接收消息 M_2，验证 M_2 为非过期消息并且 H_B 是相邻节点，否则拒绝 M_2。计算 $c_B = H_1(ID_B \parallel l_B \parallel R_B)$，$h_B = H_2(ID_B, l_B, time, E_B, R_B, Y_B)$，验证 $z_B P = Y_B + h_B(R_B + c_B P_{pub})$ 成立，即 H_B 的身份合法，否则拒绝 M_2。计算 $K_{AB} = x_A E_B$。

至此，H_A 和 H_B 得到共享密钥 $SK = H_2(ID_A, ID_B, l_A, l_B, K_{AB}) = H_2(ID_A, ID_B, l_A, l_B, K_{BA})$。

2）簇头节点与相邻簇内传感器节点之间的认证及密钥协商（H－S 协议）

WSAN 中，传感器节点需要不断地将感知数据发送给簇头节点，通信次数频繁，数据量较大。由于传感器节点的资源受限、计算和存储能力较差，所以传感器节点与簇头节点不易采用"一次一密"的安全通信模式。传感器节点与簇头节点可以在 WSAN 部署阶段进行一次认证及密钥协商，建立共享密钥，以后周期性地重新进行认证及密钥协商，更新共享密钥。簇头节点 H_A 与相邻传感器节点 S_B 采用 BNN－IBAKA 协议完成身份认证和对密钥建立，协议过程与 H－H 协议类似。H_A 和 S_B 得到共享密钥 $SK = H_2(ID_A, ID_B, l_A, l_B, K_{AB}) = H_2(ID_A, ID_B, l_A, l_B, K_{BA})$。

3）簇内相邻传感器节点之间的认证及密钥协商（S－S－H 协议）

由于传感器节点资源受限、计算能力较低，所以相邻传感器节点可以借助簇头节点建立对密钥，并且周期性地更新对密钥。在网络部署阶段，每个传感器节点都与所在簇的簇头节点建立对密钥以后，传感器节点可以在簇头节点的参与下进行认证及密钥协商。假设传感器节点 S_A 与 S_B 通过 H－S 协议分别与簇头节点 H_C 建立了对密钥 SK_{AC} 和 SK_{BC}。S_A 与 S_B 在 H_C 参与下的认证及密钥协商协议基本过程如图 6－2 所示。

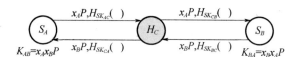

图 6－2　簇内传感器节点密钥协商基本过程

（1）S_A 选择 $x_A, n_A \in_R Z_q^*$，$E_A = x_A P$，$h_{AC} = H_{SK_{AC}}(ID_A, ID_B, l_A, time, E_A, n_A)$，发送消息 M_1：$\langle ID_A, ID_B, l_A, time, E_A, h_{AC}, n_A \rangle$ 给 H_C。

（2）H_C 接收消息 M_1，判断 $time$ 是否有效，如果消息过期则拒绝 M_1。判断 $|l_A - l_C| < \mathbb{R}_H$ 是否成立，如果成立，说明节点 S_A 是相邻节点，否则终止协议。计算 $h_{CA} = H_{SK_{CA}}(ID_A, ID_B, l_A, time, E_A, n_A)$，判断 $h_{AC} = h_{CA}$ 是否成立，如果成立，验证 S_A 身份合法，否则终止协议。选择 $n_B \in_R Z_q^*$，计算 $h_{CB} = H_{SK_{CB}}(ID_C, ID_A, l_C, l_A, time, E_A, n_B)$，发送消息 M_2：$\langle ID_C, ID_A, l_C, l_A, time, E_A, h_{CB}, n_B \rangle$ 给 S_B。

（3）S_B 接收消息 M_2，验证消息 M_2 为非过期消息并且 H_C 和 S_A 都是相邻节点，否则拒绝消息 M_2。计算 $h_{BC} = H_{SK_{BC}}(ID_C, ID_A, l_C, l_A, time, E_A, n_B)$，验证 $h_{BC} = h_{CB}$ 成立，即 H_C 和 S_A 的身份合法，否则拒绝消息 M_2。然后，S_B 选择 $x_B \in_R Z_q^*$，$E_B = x_B P$，计算 $K_{BA} = x_B E_A$，$h'_{BC} = H_{SK_{BC}}(ID_B, ID_A, l_B, time, E_B, n_B)$，发送消息 M_3：$\langle ID_B, ID_A, l_B, time, E_B, h'_{BC} \rangle$ 给 H_C。

（4）H_C 接收消息 M_3，验证消息 M_3 为非过期消息并且 S_B 是相邻节点，否则

拒绝消息 M_3。计算 $h'_{CB} = H_{SK_{BC}}(ID_B, ID_A, l_B, time, E_B, n_B)$，验证 $h'_{BC} = h'_{CB}$ 成立，即 S_B 的身份合法，否则拒绝消息 M_3。然后，计算 $h'_{CA} = H_{SK_{AC}}(ID_C, ID_B, l_C, l_B, time, E_B, n_A)$，发送消息 $M_4 : \langle ID_C, ID_B, l_C, l_B, time, E_B, h'_{CA} \rangle$ 给 S_A。

（5）S_A 接收消息 M_4，验证消息 M_4 为非过期消息并且 H_C 和 S_B 都是相邻节点，否则拒绝消息 M_4。计算 $h'_{AC} = H_{SK_{AC}}(ID_C, ID_B, l_C, l_B, time, E_B, n_A)$，验证 $h'_{AC} = h'_{CA}$ 成立，即 H_C 和 S_B 的身份合法，否则拒绝消息 M_4。计算 $K_{AB} = x_A E_B$。

至此，簇内传感器节点 S_A 和 S_B 得到共享密钥 $SK = H_2(ID_A, ID_B, l_A, l_B, K_{AB}) = H_2(ID_A, ID_B, l_A, l_B, K_{BA})$。

4）簇非双向链路节点之间的认证及密钥协商（S–H–S 协议）

由于簇头节点和传感器节点的通信半径不同，会导致非双向链路节点的存在。当 HSN 部署后，大多数节点之间存在双向链路，只有少数节点之间存在非双向链路。为了提高网络连通率，需要实现非双向链路节点之间的认证及密钥协商。假设传感器节点 S_A 与簇头节点 H_B 存在一条非双向链路，传感器节点 S_C 是 S_A 和 H_B 的相邻节点。H_B 通过 H–S 协议与 S_C 建立了对密钥 SK_{BC}。非双向链路节点 S_A 与 H_B 在 S_C 的参与下进行认证及密钥协商，包括两个步骤：

（1）S_A 采用 BNN–IBAKA 协议与 S_C 建立对密钥 SK_{AC}，协议过程与 H–H 协议类似。

（2）S_C 充当中间节点协助 S_A 与 H_B 完成认证及密钥协商，协议基本过程如图 6–3 所示。

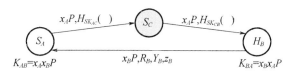

图 6–3　簇内非双向链路节点密钥协商基本过程

① S_A 选择 $x_A, n_A \in_R Z_q^*$，$E_A = x_A P$，$h_{AC} = H_{SK_{AC}}(ID_A, ID_B, l_A, time, E_A, n_A)$，发送消息 $M_1 : \langle ID_A, ID_B, l_A, time, E_A, h_{AC}, n_A \rangle$ 给 S_C。

② S_C 接收消息 M_1，判断 $time$ 是否有效，如果消息过期拒绝 M_1。判断 $|l_A - l_C| < R$ 是否成立，如果成立，说明节点 S_A 是相邻节点，否则终止协议。计算 $h_{CA} = H_{SK_{CA}}(ID_A, ID_B, l_A, time, E_A, n_A)$，判断 $h_{AC} = h_{CA}$ 是否成立，如果成立，验证 S_A 身份合法，否则终止协议。选择 $n_B \in_R Z_q^*$，计算 $h_{CB} = H_{SK_{CB}}(ID_C, ID_A, l_C, l_A, time, E_A, n_B)$，发送消息 $M_2 : \langle ID_C, ID_A, l_C, l_A, time, E_A, h_{CB}, n_B \rangle$ 给 H_B。

③ H_B 接收消息 M_2，验证消息 M_2 为非过期消息并且 S_C 和 S_A 都是相邻节点，否则拒绝消息 M_2。计算 $h_{BC} = H_{SK_{BC}}(ID_C, ID_A, l_C, l_A, time, E_A, n_B)$，判断 $h_{BC} = h_{CB}$ 是否成立，如果成立，验证 S_C 身份合法，否则终止协议。H_B 选择 $x_B, y_B \in_R$

Z_q^*，计算 $Y_B = y_B P$，$E_B = x_B P$，$h_B = H_2(ID_B, l_B, time, E_B, R_B, Y_B)$，$z_B = y_B + h_B d_B \bmod q$，$K_{BA} = x_B E_A$，发送消息 M_3：$\langle ID_A, ID_B, l_B, time, E_B, R_B, Y_B, z_B \rangle$ 给 S_A。

④ S_A 接收消息 $M3$，验证 M_3 为非过期消息并且 H_B 是相邻节点，否则拒绝 $M3$。计算 $c_B = H_1(ID_B \| l_B \| R_B)$，$h_B = H_2(ID_B, l_B, time, E_B, R_B, Y_B)$，验证 $z_B P = Y_B + h_B(R_B + c_B P_{pub})$ 成立，即 H_B 的身份合法，否则拒绝 M_3。计算 $K_{AB} = x_A E_B$。

至此，簇内非双向链路传感器节点 S_A 和簇头节点 H_B 得到共享密钥 $SK_{AB} = H_2(ID_A, ID_B, l_A, l_B, K_{AB}) = H_2(ID_A, ID_B, l_A, l_B, K_{BA})$。

4. 安全性分析

（1）WSAN – IBAKA 协议满足完美前向安全性和主密钥前向安全性。WSAN – IBAKA 协议基于 BNN – IBAKA 协议，采用椭圆曲线数字签名以及消息认证码实现身份认证，得到共享密钥 $SK = H_2(ID_A, ID_B, l_A, l_B, K_{AB}) = H_2(ID_A, ID_B, l_A, l_B, K_{BA})$，其中，$K_{AB} = K_{BA} = x_A x_B P$。攻击者无法通过密钥协商过程交换的消息 $E_A = x_A P$ 和 $E_B = x_B P$ 获得 x_A 和 x_B，也不能计算出 $x_A x_B P$，否则需要面临攻破椭圆曲线离散对数问题的困难性。由于共享密钥仅由随机数 $x_A x_B$ 确定，所以即使用户 A 和 B 的私钥泄露或者系统主密钥泄露，之前建立的共享（会话）密钥的安全性不受影响。所以 WSAN – IBAKA 协议具有完全前向安全性和主密钥前向安全性。

（2）WSAN – IBAKA 协议能够抵制重放攻击和节点伪造攻击。在认证消息中加入时间戳 $time$，可以防止重放攻击。H – H 协议和 H – S 协议采用签名机制实现了双向身份认证，双方利用自己的私钥对重要参数和密钥交换信息等数据进行签名，完成了密钥交换信息的鉴别，实现了身份认证。攻击者不知道参与双方的私钥，不能伪造签名，无法通过身份认证。S – S – H 协议在完成 H – H 和 H – S 协议的基础上进行，双方利用已经与簇头节点建立的共享密钥，采用消息认证码实现身份认证。攻击者由于不能通过认证和簇头节点建立共享密钥，所以也无法通过簇头节点与传感器节点完成认证及密钥协商。同理，S – H – S 协议可以阻止非法用户通过认证并建立共享密钥。因此，WSAN – IBAKA 协议中的认证机制可以有效地防止非法用户的伪造攻击。在认证消息中加入时间戳 $time$，可以防止重放攻击。

（3）WSAN – IBAKA 协议能够抵制"女巫"（Sybil）攻击。WSAN – IBAKA 协议中，节点的公钥和私钥以及认证消息都包含了身份信息和地理位置信息，恶意节点不知道基于身份和地理位置信息的私钥，无法通过认证，因此不能伪造多个身份或地理位置的节点，有效地防止"女巫"（Sybil）攻击。

（4）WSAN – IBAKA 协议能够抵制节点复制攻击。WSAN – IBAKA 协议中，如果攻击者捕获一个节点，并在多个地理位置放置其复本。由于协议中采用相邻节点认证机制，被捕获节点邻居范围以外任何位置的合法节点将拒绝接收复制节点的消息,不能使其通过认证,建立安全通信链路。所以攻击者不能利用一个身份伪造多个地理位置的节点,有效地防止了节点复制攻击。

6.1.3 支持大规模簇的 WSAN 认证及密钥协商协议

1. 协议描述

在6.1.2节提出的 WSAN 认证及密钥协商协议(H－H 协议)中,簇头节点需要分别与相邻反应节点建立对密钥,簇头节点需要知晓每个相邻反应节点的 ID,并且依次为它们生成密钥交换消息。当簇的规模变大,簇内传感器节点和反应节点数量非常庞大时,簇头节点和反应节点的密钥协商会占用大量的网络带宽,而且为了降低簇头节点和反应节点密钥协商的通信代价,提高密钥协商效率。我们基于6.1.1.2节提出的基于模糊身份密钥协商(Fuzzy－IBAKA)协议,提出了一个高效的簇头节点与相邻反应节点间的认证及密钥协商协议(简称 exH－H 协议,即对 H－H 协议的扩展),簇头节点与相邻传感器节点、传感器节点之间的密钥协商仍采用6.1.2节提出的密钥协商协议实现对密钥建立。exH－H 协议适合于簇规模较大、反应节点数量较多和带宽受限的 WSAN 的安全需求。

exH－H 协议基本思想:簇头节点欲与某些类型的反应节点建立对密钥,簇头节点可以指定一个反应节点的模糊身份,使用该模糊身份做为公钥来加密密钥交换消息并发送给所有具有该模糊身份的反应节点。假设簇头节点指定的模糊身份为 ω_1,某个反应节点的模糊身份为 ω_B,如果 $|\omega_B \cap \omega_1| > d'$,称该反应节点具有模糊身份 ω_1,这样的反应节点不止一个。使用 Fuzzy－IBAKA 协议,簇头节点可以在同一时间只计算和传输加密的密钥交换消息一次,就可以同时分别和多个反应节点进行密钥协商。簇头节点只分配唯一的身份,反应节点必须知道簇头节点的唯一身份。簇头节点接收到来自反应节点的密钥交换消息时,获得反应节点的唯一身份。这样,簇头节点分别与多个反应节点之间建立对密钥。exH－H 协议具体过程如下:

(1)节点部署与私钥更新。PKG 选择6.1.1.2节提出的 Fuzzy IBAKA 协议初始化参数。生成系统主密钥 $s, t_1, t_2, \cdots, t_{|U|}$,和系统参数公开参数 $\langle E/F_p, P, q, G_1, G_2, d, \hat{e}, P_{pub}, T_1, T_2, \cdots, T_{|U|}, Y, H_1, Exct_\kappa(\ ), Expd_K(\ )\rangle$。给定唯一身份 $ID \subseteq U$ 和模糊身份 $\omega_{ID} \subseteq U$。PKG 选择 $r \in_R Z_q^*$,计算 $R = rP, c_{ID} = H_1(ID \| R_{ID}), d_{ID} = r + cs \bmod q$。PKG 随机选取 $d-1$ 次多项式 $q(x)$,满足 $q(0) = s$。$D_{ID} = \dfrac{s}{t_{ID}}P$,$\{D_i\}_{i \in \omega_{ID}} = \dfrac{q(i)}{t_i}P$。节点的私钥为 $\langle R_{ID}, d_{ID}, D_{ID}, \{D_i\}_{i \in \omega_{ID}}\rangle$。

节点部署以后,执行6.1.2.3节步骤(3),将节点的位置信息与私钥在分簇过程中,节点执行定位算法,将地理位置信息加入自己的公钥和私钥 d 绑定。

（2）簇头节点与相邻反应节点密钥协商过程。假设簇头节点的身份为 ID_A，指定的反应节点模糊身份为 ω_1，不失一般性，假定某个反应节点的模糊身份为 ω_B，满足 $|\omega = \omega_B \cap \omega_1| > d'$。簇头节点 H_A 与反应节点 H_B（以及其他同类型的反应节点如 H_C、H_D 和 H_E）密钥协商基本过程如图 6－4 所示。

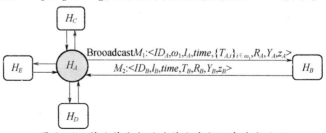

图 6－4　簇头节点与反应节点密钥协商基本过程

① 簇头节点 H_A 随机选择 $x_A, y_A \in_R Z_q^*$，计算 $\{T_{A,i} = x_A T_i\}_{i \in \omega_1}$，$Y_A = y_A P$，$h_A = H_1(ID_A, R_A, Y_A, \{T_{A,i}\}_{i \in \omega_A})$，$z_A = x_A + h_A d_A \bmod q$，发送消息 $M1\langle ID_A, \omega_1, l_A, time, \{T_{A,i}\}_{i \in \omega_1}, R_A, Y_A, z_A\rangle$ 给反应节点 H_B。

② 反应节点 H_B 接收消息 M_1，判断 $time$ 是否有效，如果消息过期则拒绝消息 M_1。判断 $|l_A - l_B| < \mathbb{R}_H$ 是否成立，如果成立，说明节点 H_A 是相邻节点，否则拒绝消息 M_1。然后，计算 $c_A = H_1(ID_A \parallel R_A \parallel l_A)$，$h_A = H_2(ID_A, \{T_{A,i}\}_{i \in \omega_A}, R_A, Y_A)$，判断 $z_A P = Y_A + h_A(R_A + c_A P_{pub})$ 是否成立，如果成立，验证 H_A 的身份合法。然后，H_B 选择 $x_B, y_B \in_R Z_q^*$，计算 $T_B = x_B T_{ID_A}$，$Y_B = y_B P$，$h_B = H_2(ID_B, T_B, R_B, Y_B)$，$z_B = y_B + h_B d_B \bmod q$，计算 $K_{BA} = Exct_\kappa(\prod_{i \in \omega} (\hat{e}(D_i, T_{A,i}))^{\Delta_{i,s^{(0)}} x_B})$，$s = ID_A \parallel ID_B \parallel \omega_1 \parallel T_{A,i} \parallel T_B$，$SK_{BA} = Expd_{K_{BA}}(s)$，$MAC_B = Expd_{SK_{BA}}(s)$。发送消息 $M_2: \langle ID_B, l_B, time, T_B, R_B, Y_B, z_B\rangle$ 给 H_A。

③ 簇头节点 H_A 接收消息 $M_2: \langle ID_B, l_B, time, T_B, R_B, Y_B, z_B\rangle$，判断 $time$ 是否有效，如果消息过期则拒绝消息 M_2。判断 $|l_A - l_B| < \mathbb{R}_H$ 是否成立，如果成立，说明节点 H_B 是相邻节点，否则拒绝消息 M_2。然后，计算 $c_B = H_1(ID_B \parallel R_B)$，$h_B = H_2(ID_B, R_B, Y_B, T_B)$，判断 $z_B P = Y_B + h_B(R_B + c_B P_{pub})$ 是否成立，如果成立，验证 H_B 的身份合法。计算 $K_{AB} = Exct_\kappa(\hat{e}(D_{ID_A}, T_{ID_A})^{x_A})$，$s = ID_A \parallel ID_B \parallel \omega_1 \parallel T_{A,i} \parallel T_B$，$SK_{AB} = Expd_{K_{AB}}(s)$。

至此，簇头节点 H_A 与反应节点 H_B 得到共享密钥 $SK = SK_{AB} = SK_{BA}$。同理，其他反应节点接收到消息 M_2 后，执行步骤②与簇头节点建立对密钥。簇头节点只需执行一次步骤①，然后接收到每个反应节点发送的密钥交换消息，执行步骤 3 与其建立对密钥。

2. 安全性分析

（1）exH－H 协议具有完美前向安全性和主密钥前向安全性。exH－H 协议基于 6.1.1 节提出的 Fuzzy IBABK 协议,采用基于模糊身份的可认证密钥协商,得到共享秘密 $K_{AB} = K_{BA} = \hat{e}(P,P)^{sx_A x_B}$,进而得到共享密钥 $SK = SK_{AB} = SK_{BA}$。攻击者即使知道双方的私钥和主密钥,只能计算出 $\hat{e}(P,P)^{sx_A}$ 和 $\hat{e}(P,P)^{sx_B}$,在不知道 x_A, x_B 的情况下也无法计算出 $\hat{e}(P,P)^{sx_A x_B}$。攻击者也不能通过 $y_A P$ 和 $y_B P$ 计算出 x_A, x_B,否则需要面临攻破 CDH 问题的困难性。所以 exH – H 协议具有完全前向安全性和主密钥前向安全性。

(2) exH – H 协议能够抵制重放攻击和节点伪造攻击。在认证消息中加入时间戳 *time*,可以防止重放攻击。采用基于身份或属性的加密机制,双方利用对方的公钥(身份或属性)对重要参数和密钥交换消息等数据进行了加密,攻击者不知道参与双方的私钥,不能解密数据,建立有效的共享密钥,无法通过后续的密钥确认,不能完成密钥协商。因此,exH – H 协议中的认证机制可以有效地防止非法用户的伪造攻击。

(3) exH – H 协议能够抵制女巫(Sybil)攻击和节点复制攻击。exH – H 协议采用与 6.1.2 节提出的协议相同的认证机制,都采用基于 BNN 数字签名的双向认证机制,并且将地理位置信息与私钥绑定,与 6.1.2.4 节安全性分析(3)和(4)分析过程类似,因此,exH – H 协议能够抵制女巫攻击和节点复制攻击。

6.1.4 分析实验

表 6 – 1 列出了 H – H 协议、H – S 协议、S – S – H 协议、S – H – S 协议和 exH – H 协议的计算代价和通信代价。其中,H 表示单向 Hash 运算;M 表示模乘运算;S 表示椭圆曲线点乘运算,P 表示双线性对运算,H – node 表示簇头节点,A – node 表示反应节点,S – node 表示传感器节点。n 表示簇头节点的相邻反应节点数量。计算代价为一次密钥协商过程中每个节点的计算代价。通信代价为一次密钥协商过程中每个节点发送和接收的消息长度。

表 6 – 1　WSAN – IBAKA 协议计算代价与通信代价

	协议	计算代价	通信代价/Byte
H – H 协议	H – node1/A – node1	4S + 2M + 3H	$4|G_1| + |time| + |ID| + |l|$
	H – node2/A – node2	4S + 2M + 3H	$4|G_1| + |time| + |ID| + |l|$
H – S 协议	H – node	4S + 2M + 3H	$4|G_1| + |time| + |ID| + |l|$
	S – node	4S + 2M + 3H	$4|G_1| + |time| + |ID| + |l|$
S – S – H 协议	S – node1	2S + 2H	$3|G_1| + |time| + 2|ID| + |l|$
	S – node2	2S + 2H	$2|G_1| + |time| + 2|ID| + |l|$
	H – node	4H	$5|G_1| + 2|time| + 4|ID| + 4|l|$

协议		计算代价	通信代价/Byte
S – H – S 协议	S – node1	$3S + 2H$	$3\lvert G_1 \rvert + \lvert \text{time} \rvert + 2\lvert ID \rvert + \lvert l \rvert$
	H – node	$3S + 2H$	$4\lvert G_1 \rvert + \lvert \text{time} \rvert + 2\lvert ID \rvert + \lvert l \rvert$
	S – node2	$2H$	$3\lvert G_1 \rvert + 2\lvert \text{time} \rvert + 2\lvert ID \rvert + 2\lvert l \rvert$
exH – H 协议	H – node	$(S + E + P + 3H)n + (\lvert \omega_1 \rvert + 1)S + H$	$(\lvert \omega_1 \rvert + 3)\lvert G_1 \rvert + \lvert \text{time} \rvert + \lvert ID \rvert + \lvert \omega_1 \rvert + \lvert l \rvert$
	A – node	$3S + (d' + 1)P + (d' + 1)E + 6H$	$4\lvert G_1 \rvert + \lvert \text{time} \rvert + \lvert ID \rvert + \lvert l \rvert$

假设$\lvert p \rvert = 160\text{bit}$，$\lvert q \rvert = 60\text{bit}$，节点 ID 的长度为 2Byte，地理位置信息 l 的长度为 4Byte，时间戳 $time$ 的长度为 2Byte，属性（映射成整数）的长度为 2Byte。假设 Hash 函数、密钥提取函数和伪随机函数输出长度分别为 20Byte。椭圆曲线点的一个坐标长度为 160bit，为了减小通信代价，消息中只传送点的横坐标，纵坐标较容易计算。

假设 WSAN 中，簇内传节点采用 MICAZ，MICAZ 集成 8 位 8MHz ATmega128L 处理器，工作电压为 3V，工作电流为 8mA，接收状态下电流为 10mA，传输状态下电流为 27mA，数据传输率为 12.4kb/s。MICAZ 执行双线性对（Tate pairing）运算需要 2.66s，执行一次椭圆曲线点乘运算需要 0.81s。计算可知：MICAZ 节点执行一次 Tate pairing 运算需要消耗的能量为 $3 \times 8 \times 2.66 = 63.84\text{mJ}$，执行一次椭圆曲线点乘运算消耗的能量为 $3 \times 8 \times 0.81 = 19.44\text{mJ}$，传输一个字节消耗的能量约为 $3 \times 27 \times 8/12400 = 0.052\text{mJ}$，接收一个字节消耗的能量为 $3 \times 10 \times 8/12400 = 0.019\text{mJ}$。簇头节点和反应节点采用 Imote2。Imote2 集成 32 位 104MHz PXA271 XScale 处理器，工作电压为 0.95V，工作电流为 66mA，数据传输率为 250kb/s。Imote2 执行 Tate pairing 运算需要 0.06s，执行一次椭圆曲线点乘运算约为 0.012s，计算可知：Imote2 节点执行 Tate pairing 运算消耗的能量约为 $0.95 \times 66 \times 0.06 = 3.762\text{mJ}$，执行一次椭圆曲线点乘运算消耗的能量约为 $0.95 \times 66 \times 0.012 = 0.752\text{mJ}$，传输/接收一个字节消耗的能量约为 $0.95 \times 66 \times 8/250000 = 0.002\text{mJ}$。表 6 - 2 列出了 WSAN – IBAKA 协议中各个节点的能量消耗。其中 exH – H 协议给出了簇头节点与一个反应节点认证及密钥协商的能量消耗。

从表 6 - 2 中可以看出，exH – H 协议中簇头节点的能量消耗较大。H – S 协议、S – S – H 协议和 S – H – S 协议中传感器节点比簇头或反应节点的能量消耗大，尤其 S – H – S 协议中 S – node 的能量消耗最大。下面通过仿真实验重点分析 S – S – H 协议、S – H – S 协议和 exH – H 协议的性能。

表 6-2　WSAN-IBAKA 协议能量消耗

IMKM 协议	能量消耗/mJ			
	H-node/A-node	H-node/A-node	S-node	S-node
H-H 协议	12.146	12.146	—	—
H-S 协议	12.146	—	65.704	—
S-S-H 协议	1.124		44.038	43.246
S-H-S 协议	8.092	—	109.742	6.500
exH-H 协议	126.338	177.692		

图 6-5 给出了 S-S-H 协议与现有其他密钥协商协议中传感器节点能量消耗比较。从图 6-5 中可知,Yang 协议[7]中,S-node 直接采用基于双线性对的密钥协商协议进行认证和对密钥建立,能量消耗最大。尤其,当 S-node 相邻节点个数为 400 时,Yang 协议中 S-node 的能量消耗超过 80J。S-S-H 协议和 Zhang 协议[8]中 S-node 的能量消耗小于 20J。Zhang 协议由于采用密钥预分配方案,共享对密钥只在网络部署阶段建立一次,所以 S-node 能量消耗最小。但是对密钥一旦建立不再变化,如果对密钥泄露将给网络安全带来较大的威胁。S-S-H 协议中 S-node 的能量消耗比 Zhang 协议略高,但是 S-S-H 协议实现了认证和基于公钥的密钥协商,具有较高的安全性,而且 S-node 的能量消耗没有随着相邻节点数量增加而显著增加,对于 S-node 的能量来说,完全可以承受。从图 6-5 可以看出,传感器节点与相邻 50 个节点进行密钥协商能耗约为 10J,如果进行密钥更新 200 次,那么 S-node 的能量消耗约 2000J,假如 S-node 采用 2 节 AA 电池,电压 3.2V,容量为 2500mAh,并且在供电电压 2.0~3.2V 时,S-node 可以正常工作,那么根据文献[9]可计算得到电池提供的能量为 17550J,则 S-node 的能量消耗约为电池总能量的 1/10。因此,S-S-H 协议具有较高的安全性和较低的代价,传感器节点可以周期性的与相邻节点建立密钥,保持对密钥的新鲜。

在 S-S-H 协议中,簇内安全通信链路数量将影响 H-node 的能量消耗。假设 H-node 相邻传感器节点 x 个,传感器节点之间的安全通信链路数为 k。如果传感器节点构成一个连通图,那么传感器节点之间的最小安全通信链路数为 $K_{min} = x-1$,最大安全通信链路数为 $K_{max} = x(x-1)/2$。图 6-6 给出了 S-S-H 协议中 H-node 的能量消耗。

由图 6-6 可知,$k = K_{max}$,$x = 300$ 时,H-node 的能量消耗约 30J,这对于高性能的 H-node 来说完全可以接受。而实际应用中,传感器节点安全通信链路不必构成一个完全图就可以达到较高的网络连通率,即安全通信链路数不用达到 K_{max},因此还可以支持更大数量的传感器节点。分析与仿真结果表明,在 H-node 参与下完成 S – node 之间的认证及密钥协商可以显著降低 S – node 的能量消耗,而不会给 H – node 带来较大的负荷。S – node 之间可以周期性的进行认证及密钥协商,多次更新对密钥,提高 HSN 的安全性。

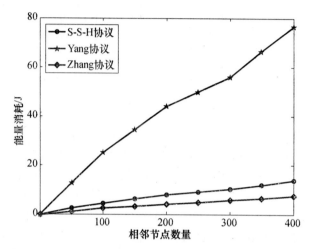

图 6 – 5 S – S – H 协议与其他协议中 S – node 能量消耗比较

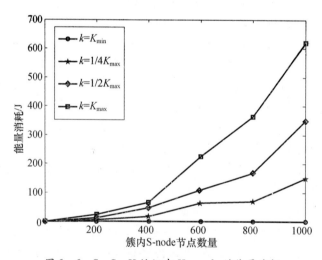

图 6 – 6 S – S – H 协议中 H – node 的能量消耗

图 6 – 7 给出了 S – H – S 协议中节点的能量消耗。S – H – S 协议中,非双向链路的节点需要中间传感器节点(S – node helper)的参与完成密钥协商,如果一个传感器节点帮助过多的非双向链路的节点,那么会过多消耗它的能源,因此需要选择剩余能量较高的传感器节点作为中间传感器节点。从图 6 – 7 中可以看出,当相邻节点为 400 时,S – node helper 的能量消耗超约为 3J,

174

低性能的传感器节点完全可承受作为"中间者"的密钥协商代价。另外,由于HSN中非双向链路节点数量较小,所以S－H－S协议不会给中间传感器器节点造成很大能量消耗。

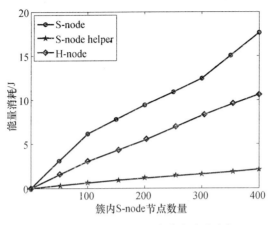

图6－7　S－H－S协议中节点能量消耗

图6－8给出了exH－H协议中簇头节点(H－node)与反应节点(A－node)的能量消耗,由于椭圆曲线点乘运算和模乘运算与Hash运算相比是最耗时的运算,因此协议计算代价只考虑椭圆曲线点乘运算。假设 $\omega_A = \omega_B = U$。由图6－8可知,当$|U|=30$ 时,簇头节点与相邻300个反应节点进行密钥协商时,簇头节点的能量消耗约为20J,这对于Imote2节点来说能耗非常低,簇头节点可以和更多节点进行密钥协商,而且属性数量对簇头节点的能耗影响较小,簇头节点可以支持更多的属性。

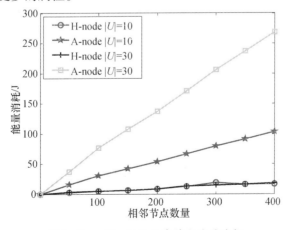

图6－8　exH－H协议中节点能量消耗

从图 6-8 中可以看出,反应节点的能耗比簇头节点的能耗增加较快。这是因为在 exH-H 协议中,簇头节点只需计算和发送一次密钥交换消息,接收多个相邻反应节点的密钥交换消息,完成与每个反应节点的密钥协商和密钥确认,使得簇头节点的计算和传输负荷不会随着相邻反应节点的数量增加而线性增长。反应节点作为 exH-H 协议的响应者,收到簇头节点发来的密钥交换信息后,计算密钥,并且将自己的密钥交换信息发送给相邻簇头节点,所以反应节点的能耗与相邻簇头节点个数成正比。实际中应用中,网络中的簇头节点数量较少,而且反应节点的相邻簇头节点数量会更少。因此,反应节点完全可以承受 exH-H 协议的代价。如果反应节点作为协议的发起者,那么它也能够以较小的代价同时分别和相邻簇头或反应节点建立密钥。综上所述,exH-H 协议采用基于模糊身份密钥协商,反应节点采用一系列可描述属性作为公钥,虽然增加了一定的计算量和通信代价,但不会给节点带来很大的能耗。簇头节点与反应节点之间可以采用 exH-H 协议进行密钥协商建立对密钥,并且周期性地重新执行 exH-H 协议更新对密钥,保证不阶段使用不同的对密钥,增强了通信的安全性。

图 6-9 给出了当簇头节点与多个反应节点(或簇头节点)进行密钥协商时,簇头节点采用采用 exH-H 协议、H-H 协议和 Yang 协议[7]的通信能量消耗比较。假设 $\omega_A = \omega_B = U, |U| = 15$。从图 6-9 中可以看出,随着相邻反应节点数量的增加,exH-H 协议中簇头节点通信能量消耗增长速度相对缓慢。因为 exH-H 协议采用基于模糊身份密钥协商,实现了一对多的密钥交换消息的计算和传输,有效地减少了向网络中发送的密钥交换信息数量。所以,当簇的规模增大,相邻反应节点数量增大并且网络带宽受限时,可以采用 exH-H 协议实现簇头节点和反应节点间的认证及密钥协商。

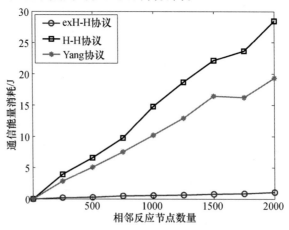

图 6-9 exH-H 协议与其他协议中簇头节点能量消耗比较

6.2　标准模型下 HSN 可认证密钥协商协议

HSN 由于自身的资源受限、无线信道易受攻击和应用环境开放性等特点,使得比传统网络面临更大的威胁。从密码体制方面,需要采用更加安全的密码协议才能从根本上提高 HSN 的安全性。目前应用于传感器网络的基于身份密钥协商协议基本都是在随机预言机模型下可证安全的。在随机预言机模型下证明安全的方案在实际应用中并不安全[10],而在不使用随机预言机的标准模型下可证安全的基于身份密钥协商协议具有更高的安全性,更能满足 HSN 的安全需求。而标准模型下可证安全的密码协议一般设计复杂,代价较高,并且在安全性证明方面具有很大难度,使其应用受到很大的限制。为了提高 HSN 的安全性,设计标准模型下可证安全、高效的基于身份密钥协商协议具有重要意义。

本章在已有加密方案的基础上,提出了一个低计算代价的抗短期密钥泄露的密钥协商协议,在 Water 标准模型下可证安全基于身份加密方案的基础上,提出了一个具有低通信代价的基于身份密钥协商协议。单基站难以满足实际应用需求,且难以抵抗 Dos、DoM 和虚假信息等攻击,针对多基站 HSN,以前两个密钥协商协议为基础,通过密钥确认,设计了一种相邻节点和多跳节点之间的密钥协商协议。

6.2.1　相关基础

目前大多数标准模型下的基于身份密钥协商协议都没有较好地解决短期密钥泄露问题,如果攻击者窃取了密钥协商过程中的短期密钥,那么就可以直接计算出会话密钥。在安全需求较高的应用环境下,这样的密钥协商协议不能提供足够强的安全性。还有一些协议不具备主密钥前向安全性,无法解决密钥托管问题。密钥托管问题是基于身份加密系统固有的缺陷,即 PKG 知道所有用户的私钥,可以解密任何利用身份加密的密文。密钥协商的目的是通信双方每一次协商一个唯一的会话密钥,一个会话密钥泄露不会影响其他会话密钥的安全。如果只需要知道双方私钥就可以计算得到会话密钥,那么 PKG 可以获得任何会话密钥,这样的密钥协商协议即使每次协商了不同的会话密钥也是没有意义的,因为 PKG 可以获得所有的会话密钥。为了设计安全的密钥协商协议,需要使协议满足一些安全属性,例如认证性、主密钥前向安全性等。下面将介绍基于身份密钥协商协议安全评价标准。

1. 基于身份的密钥协商协议安全评价标准

一个安全的基于身份的密钥协商协议,除了密钥认证和密钥确认外,还需满足一些安全属性[11]：

（1）前向安全性（Forward Secrecy）：一个或多个参与实体的长期私钥泄露，已建立的会话密钥不会被攻破。具体分为：

① 部分前向安全性：一部分参与实体的长期私钥泄露，已建立的会话密钥不会被攻破。

② 完美前向安全性：如果所有参与实体的长期私钥泄露，已建立的会话密钥不会被攻破。

③ 主密钥前向安全性（或者 PKG 前向安全性）：PKG 的主密钥泄露（由此所有用户的长期私钥泄露），已建立的会话密钥不会被攻破。

（2）已知密钥安全（Known – key Security）：每一次密钥协商过程中，实体 A 和 B 都应该生成唯一的共享会话密钥，每一次协商的会话密钥是独立产生的，不会因其他会话密钥的泄露而暴露。

（3）抗密钥泄露伪装（Key – compromise Impersonation）：如果实体 A 的长期私钥泄露，获得 A 的长期私钥的攻击者只具有冒充 A 的能力，而不能伪造其他实体与 A 生成会话密钥。

（4）未知密钥共享（Unknown Key – share Resilience）：在没有实体 A 知道的情况下，不能强制实体 A 与实体 B 共享一个会话密钥。

（5）密钥控制（Key Control）：任何实体都不能强制会话密钥是一个预先确定的值，也就是说密钥协商所得的会话密钥是随机的

2. 基于身份密钥协商协议安全模型

1993 年，Bellare 和 Rgowaya 首次提出密钥交换协议的可证安全方法，称为 Bellare – Rgowaya（BR）模型[12]。Blake 和 Wilson 等对 BR 模型进行了扩展[13]，称作 BJM 模型，适用于 IBAKA 协议安全性分析。Chen 等[14]利用 BR 模型和 BJM 模型证明了 IBAKA 协议的安全性，首次提出使用双线性对的 IBAKA 协议的形式化安全分析方法。Chen 等[11]对 BR 模型进行了进一步扩展，采用内置判定函数的方法使得模拟器能够利用敌手的帮助来计算会话密钥或者保持随机预言机回答的一致性。在 BR 扩展模型下安全的 IBAKA 协议满足已知密钥安全、未知密钥共享、抗密钥泄露伪装和非密钥控制等安全属性。

本节将采用 Chen 安全模型[11]对所提出的密钥协商协议进行证明，并且给攻击者增添了一个攻击能力，允许攻击者获得密钥协商过程中的短期密钥。由于增强了攻击者的能力，使得在这样的模型下证明安全的协议能够满足更多的安全属性，如部分前向安全性、完全前向安全性、主密钥安全性和抗密钥泄露伪装等。模型包括了一个协议参与者集合 U 和一个主动攻击者 E。预言机 $\prod_{i,j}^{s}$ 模拟协议参与者 i 与它的意定伙伴（intended partner）j 进行第 s 次密钥协商。良

性攻击者只是诚实地传递预言机之间的信息,可以通过一些特定的询问访问预言机。通过定义挑战者 S 与攻击者 E 之间的游戏来定义密钥协商协议的安全性。游戏包含初始化、询问阶段 1、测试阶段、询问阶断 2 和猜测阶段。模型的具体描述如下:

定义 6 - 4　匹配会话(matching conversation):如果某个预言机 $\prod_{i,j}^{s}$ 发出的每条消息都相继被传送到另外一个随机预言机 $\prod_{j,i}^{t}$,并且 $\prod_{i,j}^{s}$ 的应答消息也被传回到 $\prod_{j,i}^{t}$,并记录于其会话脚本记录中,那么称这两个预言机之间拥有了匹配对话,互称为彼此的匹配预言机。匹配预言机在"接受"状态(已经协商了一个会话密钥)时有相同的会话标识符 SID,即发送和接受所有消息的串联。

定义 6 - 5　新鲜预言机:一个预言机 $\prod_{i,j}^{s}$ 是新鲜的,如果满足条件:

(1) $\prod_{i,j}^{s}$ 为"接受"状态;

(2) $\prod_{i,j}^{s}$ 没有被"打开"(即没有被执行 Reveal 询问,会话密钥没有泄露);

(3) 实体 $i \neq j$,没有被"腐化"(即没有被执行 Corrupt 询问,私钥没有泄露);

(4) 没有"打开"的预言机 $\prod_{j,i}^{t}$ 和 $\prod_{i,j}^{s}$ 拥有一个匹配会话。

初始化:S 根据困难问题的输入,设置系统参数等。

询问阶段 1:攻击者 E 允许对预言机进行下列询问:

$Send(\prod_{i,j}^{s}, M)$ 询问:当接收到消息 M 时,预言机 $\prod_{i,j}^{s}$ 执行协议并且回答一个输出消息 M' 或者一个决定以示"接受"或"拒绝"。如果 $\prod_{i,j}^{s}$ 不存在,则创建 $\prod_{i,j}^{s}$,如果 $M = \phi$,则 $\prod_{i,j}^{s}$ 作为会话发起者,否则作为会话应答者。

$Corrupt(i)$ 询问:要求参与者 i 返回它拥有的长期私钥 S_i。

$CorruptE(i)$ 询问:要求参与者 i 返回它拥有的短期私钥 r_i(如果已进行密钥协商,即被执行过 $Send$ 询问)。

$Reveal(\prod_{i,j}^{s})$ 询问:收到此询问的预言机返回它协商得到的会话密钥。如果该预言机还不是"接受"状态,那么它返回一个符号 $\perp$ 表示终止。

测试阶段:E 选择一个"新鲜预言机"作为"测试预言机",并向其发出 $Test$ 询问。

$Test(\prod_{i,j}^{s})$ 询问:S 投掷一枚公平硬币 $b \in \{0,1\}$ 来回答此询问:如果 $b = 0$,返回已协商的会话密钥;否则返回会话密钥空间 $\{0,1\}^{k}$ 上的一个随机值。

询问阶段 2:E 可以继续针对预言机进行 $Send(\prod_{i,j}^{s}, M)$,$Reveal(\prod_{i,j}^{s})$ 和

$Corrupt(i)$询问。但有一定的限制。

猜测阶段：最后，E 输出对 b 的一个猜测 b'，如果 $b = b'$，则称攻击者 E 赢得游戏，那么称 E 以优势概率 $Adv^E(l) = |2Pr[b' = b] - 1|$（$l$ 为安全参数）赢得游戏。

定义 6 - 6　若一个 IBAKA 协议满足下面条件，则称其是一个安全的认证密钥协商协议即满足上述一些安全属性，根据游戏中对攻击者赋予的能力的不同，证明协议拥有的安全属性也不同：

（1）存在良性攻击者 E，忠诚地在预言机 $\prod_{i,j}^{s}$ 和其匹配预言机 $\prod_{j,i}^{t}$ 之间传递消息，在"接受"状态时得到相同的会话密钥，这个密钥满足 $\{0,1\}^k$ 均匀分布。

（2）在上述游戏中结束后，攻击者 E 成功的优势 $Adv^E(l)$ 是可忽略的。

6.2.2　标准模型下增强安全的基于身份密码协议

本节是在已有加密方案的基础上进行改进，设计了低计算的基于身份的密钥协商协议和低通信的基于身份的密钥协商协议。

1. 低计算代价的基于身份密钥协商协议

1）方案描述

基于 Gentry 加密方案[15]提出一个低计算代价的抗短期密钥泄露的密钥协商的协议——EKLR - IBAKA - I（Ephemeral Key Leakage Resilient Authenticated Identity - Based Authenticated Key Agreement）协议。

（1）初始化。PKG 选择一个双线性对 $\hat{e}:G_1 \times G_1 \to G_2$，随机选取 $g, h, h_1 \in G_1, \alpha, \beta \in_R Z_p^*$，计算 $g_1 = g^\alpha, g_t = \hat{e}(g, g)$。选择抗碰撞 $Hash$ 函数 $H_0:\{0,1\}^* \to \{0,1\}^p$，密钥生成函数 $H_1:\{0,1\}^* \to \{0,1\}^n$。公开参数 $PK = \langle q, G_1, G_2, \hat{e}, g, g_1, h, h_1, H\rangle$。$\alpha, \beta$ 为系统主密钥。

（2）密钥生成。PKG 随机选取 $r_{ID} \in_R Z_p^*$，计算 $h_{ID,0} = (hg^{-r_{ID}})^{1/(\alpha - ID)}, h_{ID,1} = (h^\beta g^{-r_{ID}})^{1/(\alpha - ID)}$ 用户的私钥为 $SK_{ID} = \langle r_{ID}, h_{ID,0}, h_{ID,1}\rangle$。PKG 确保每个给定 ID 的用户赋予固定的 r_{ID}，并且 $\alpha \neq ID$。

（3）密钥协商。

① A 随机选择 $x \in_R Z_q^*$，计算 $T_{A1} = (g_1 g^{-ID_B})^x, T_{A2} = g_t^x$，将消息 (T_{A1}, T_{A2}) 发送给 B；

② B 接收消息 (T_{A1}, T_{A2})，计算 $K_{BA} = (\hat{e}(T_{A1}, h_{ID_B,1}) T_{A2}^{r_{ID_B}})^y$，$SK = H(ID_A \oplus ID_B \oplus T_{A1} \oplus T_{A2} \oplus T_{B1} \oplus T_{B2} \oplus K_{BA})$。$B$ 随机选择 $y \in_R Z_p^*$，计算 $T_{B1} = (g_1 g^{-ID_A})^y$，$T_{B2} = g_t^y$，将消息 (T_{B1}, T_{B2}) 发送给 A；

③ A 接收消息 (T_{B1}, T_{B2})，计算 $K_{AB} = (\hat{e}(T_{B1}, h_{ID_A,1}) T_{B2}^{r_{ID_A}})^x$，$SK = H(ID_A \oplus ID_B \oplus T_{A1} \oplus T_{A2} \oplus T_{B1} \oplus T_{B2} \oplus K_{AB})$。

至此，A、B 得到共享秘密 $K = K_{AB} = K_{BA} = \hat{e}(g,h)^{\beta xy}$，得到共享会话密钥 $SK = H(ID_A \oplus ID_B \oplus T_{A1} \oplus T_{A2} \oplus T_{B1} \oplus T_{B2} \oplus K)$。

2）正确性分析

$$
\begin{aligned}
K_{AB} &= (\hat{e}(T_{B1}, h_{ID_{A,1}}) T_{B2}^{r ID_A})^x \\
&= (\hat{e}((g_1 g^{-ID_A})^y, (h^\beta g^{-r ID_A})^{1/(\alpha - ID_A)}) \hat{e}(g,g)^{yr ID_A})^x \\
&= (\hat{e}(g^y, h^\beta g^{-r ID_A}) \hat{e}(g,g)^{yr ID_A})^x \\
&= \hat{e}(g^y, h^\beta)^x = \hat{e}(g,h)^{\beta xy}
\end{aligned}
$$

同理 $K_{BA} = \hat{e}(g,h)^{\beta xy} = K_{AB}$，因此 A、B 能够最终得到共享会话密钥 SK。

3）安全证明

定理 6-1 如果 truncated q-ABDHE 问题假设成立，则 EKLR-IBAKA-I 是一个安全的密钥协商协议，即满足定义 6-6 中的部分前向安全性和完全前向安全性等属性。

证明：定义 6-6 中的条件（1）显然满足，下面证明满足条件（2）。假设存在多项式时间的良性攻击者 E 能够以不可忽略的优势 ε 在 6.2.1.2 节中的游戏中获胜，则存在一个模拟器 S 能够利用 E 解决 truncated q-ABDHE 问题。即给定 truncated q-ABDHE 问题的输入 g'，$g'^{\alpha^{q+2}}$，g，g^α，$\cdots$，$g^{\alpha^q} \in G_1$，$Z \in G_2$，判断 $\hat{e}(g^{\alpha^{q+1}}, g') = Z$ 是否成立。S 仿真过程具体如下：

初始化：S 随机选取一个 q 次秘密多项式 $f(x) \in Z_p[x]$，然后根据 g'，$g'^{\alpha^{q+2}}$，g，g^α，$\cdots$，g^{α^q}，设置 $g_1 = g^\alpha$，$h = g'$，主密钥为 α，$\beta = f(\alpha) \log_g{'g}$。将系统公开参数 $\langle g, g_1, h \rangle$ 发送给 E。随机选取 3 个整数 $I, J \in \{1, 2, \cdots, q\}$，$s \in \{1, 2, \cdots, q_s\}$。选择测试预言机为 $\prod_{I,J}^s$，其匹配预言机 $\prod_{J,I}^t$。

$Send(\prod_{i,j}^s, M)$ **询问**：模拟器 S 维护一个列表 $L_s = (\prod_{i,j}^s, r_i, M, M', K_{ij}, SK_{ij})$，其中，$M$ 是参与方 i 在会话过程中收到的消息，$r_i \in_R Z_p^*$ 是 $\prod_{i,j}^s$ 选择的随机数（即 i 的短期密钥），M' 是 $\prod_{i,j}^s$ 产生的消息，K_{ij} 是共享秘密，SK_{ij} 是最后生成的会话密钥。S 诚实回答除预言机 $\prod_{J,I}^t$ 和 $\prod_{J,I}^t$ 之外的其他预言机的 $Send$ 询问。如果 $\prod_{i,j}^s$ 不存在，则创建 $\prod_{i,j}^s$。

当 $\prod_{i,j}^s = \prod_{J,I}^t$ 时，如果 $M = \phi$，S 生成 1 个 $q+2$ 次多项式 $f_2(x) = x^{q+2}$，1 个 $q+1$ 次多项式 $F_{2,ID_i} = \dfrac{f_2(x) - f_2(ID_i)}{x - ID_i}$。返回预言机 $\prod_{J,I}^t$ 的消息 $M' = (T_{J1}, T_{J2})$，其中 $T_{J1} = g'^{f_2(x) - f_2(ID_I)}$，$T_{J2} = Z \hat{e}(\prod_{l=0}^{q} (g^{\alpha^l})^{F_{2,ID_I,l}}, g')$。这里 $F_{2,ID_I,l}$ 是

$F_{2,ID_I}(x)$ 中 x^l 的系数。令 $r_J = (\log_g g')F_{2,ID_I}(\alpha)$。若 $Z = \hat{e}(g^{\alpha^{q+1}}, g')$，则 $T_{J1} = g^{r_J(\alpha - ID_I)}$，$T_{J2} = \hat{e}(g,g)^{r_J}$。如果 $M \neq \phi$，即 $M = (T_{I1}, T_{I2})$，则 S 接受会话，共享秘密为 $K_{JI} = (\hat{e}(T_{I1}, h_{ID_J})T^{ID_J})^{r_J} = \hat{e}(g,h)^{\beta r r_J}$。会话密钥为 $SK_{JI} = H(ID_A \oplus ID_B \oplus T_{A1} \oplus T_{A2} \oplus T_{B1} \oplus T_{B2} \oplus K_{JI})$。因为 E 不会选取 $\prod_{J,I}^{t}$ 作为测试预言机，不会要求其返回会话密钥，S 不必真的计算出 SK_{JI}，从 E 角度看这和真实系统相同。

当 $\prod_{i,j}^{s} \neq \prod_{J,I}^{t}$ 时，S 随机选择 $r_i \in_R Z_p^*$，计算 $M' = (T_{i1}, T_{i2})((g_1 g^{-ID_j})^{r_i}, g_t^{r_i})$；如果 $M \neq \phi$，则 S 利用 M 按照正常的协议生成会话密钥。如果 $\prod_{i,j}^{s} = \prod_{I,J}^{s}$，则 $M' = (T_{I1}, T_{I2}) = ((g_1 g^{-ID_j})^{r_i}, g_t^{r_i})$，若 $Z = \hat{e}(g^{\alpha^{q+1}}, g')$，则共享秘密为 $K_{IJ} = (\hat{e}(T_{J1}, h_{ID_I})T^{ID_I})^{r_i} = \hat{e}(g,h)^{\beta r r_i}$，会话密钥为 $SK_{IJ} = H(ID_A \oplus ID_B \oplus T_{A1} \oplus T_{A2} \oplus T_{B1} \oplus T_{B2} \oplus K_{IJ})$。对于 E 来说 SK_{IJ} 是有效的且恰当分布的挑战。

Corrupt(i) 询问：如果 $ID_i = \alpha$，直接用 α 解决判定 $q - ABDHE$ 问题；S 维护一个列表 $L_c = (ID_i, r_{ID_i}, h_{ID_{i,0}}, h_{ID_{i,1}})$。$S$ 根据身份 i 查找列表 L_c，如果找到对应的元组，返回用户 i 的私钥 $\langle r_{ID_i}, h_{ID_{i,0}}, h_{ID_{i,1}} \rangle$；否则生成 2 个 $q - 1$ 次多项式 $F_{ID_i,0}(x)$
$$= \frac{f(x) - f(ID_i)}{x - ID_i}, F_{ID_i,1}(x) = \frac{sf(x) - f(ID_i)}{x - ID_i}$$
计算 $r_{ID_i} = f(ID_i)$，$h_{ID_{i,0}} = g^{F_{ID_i,0}(\alpha)}$
$$= (g^{f(\alpha)} g^{-f(ID_i)})^{\frac{1}{\alpha - ID_i}} = (h_0 g^{-f(ID_i)})^{\frac{1}{\alpha - ID_i}}, h_{ID_{i,1}} = g^{F_{ID_i,1}(\alpha)} = (g^{sf(\alpha)} g^{-f(ID_i)})^{\frac{1}{\alpha - ID_i}} =$$
$$(g'^{sf(\alpha)\log_g' g} g^{-f(ID_i)})^{\frac{1}{\alpha - ID_i}} = (h^{sf(\alpha)\log_g' g} g^{-f(ID_i)})^{\frac{1}{\alpha - ID_i}} = (h^{\beta} g^{-f(ID_i)})^{\frac{1}{\alpha - ID_i}}$$
返回私钥 $\langle r_{ID_i}, h_{ID_{i,0}}, h_{ID_{i,1}} \rangle$。

CorruptE(i) 询问：S 查找列表 $L_s = (\prod_{i,j}^{s}, r_i, M, M', K_{ij}, SK_{ij})$，如果存在相应的元组，返回短期私钥 r_i，否则返回 ϕ，表示该实体还没有进行密钥协商。如果 $i = J$，随机选择 $r'_J \in_R Z_p^*$，返回 $r'_J \in_R Z_p^*$。因为 E 不能够利用 r_I, r_J 计算出共享秘密 K_{IJ}，因此无法区分 r'_J 和 r_J。如果 I, J 已被执行过 *CorruptE()* 询问，并且 E 执行过 *Corrupt(i)* 询问，则报错退出（Event1）。

Reveal($\prod_{i,j}^{s}$) 询问：当询问的预言机为 $\prod_{I,J}^{s}$ 或其匹配预言机 $\prod_{J,I}^{t}$ 时，报错退出（Event2）。否则返回对应的会话密钥 SK_{ij}。

测试阶段：E 选择一个"新鲜预言机"作为"测试预言机"，并向其发出 *Test* 询问。

Test($\prod_{i,j}^{s}$) 询问：如果 E 没有选择预言机 $\prod_{I,J}^{s}$ 做 *Test* 询问，则报错退出（Event3），否则返回会话密钥 SK_{IJ}。

询问阶段 2：E 可以继续针对预言机进行 *Send*、*Reveal* 和 *Corrupt* 询问。但有一定的限制：不能对测试预言机 $\prod_{I,J}^{s}$ 或其匹配预言机 $\prod_{J,I}^{t}$ 进行 *Reveal* 询问。

182

猜测阶段:如果 E 能够以不可忽略的优势 ε 赢得游戏,即判断会话密钥 SK_{IJ} 是否为合法的会话密钥。则 S 能以不可忽略的概率 ε' 判断 $Z = \hat{e}(g^{\alpha^{q+1}}, g')$ 是否成立,即解决了 truncated q - ABDHE 困难问题。

$$Pr[\overline{abort}] = Pr[\overline{Event1}] Pr[\overline{Event2}] Pr[\overline{Event3}] = \left(1 - \frac{1}{q^2}\right)\left(1 - \frac{2}{q_s}\right)\left(1 - \frac{1}{q_s}\right) =$$

$$\frac{(q^2-1)}{q^2} \frac{a_s - 1}{q_s} \frac{q_s - 1}{q_s} \geq \frac{1}{q^2 q_s^2}, 则 \varepsilon' \geq \varepsilon / q^2 q_s^2。证明完毕。$$

定理 6 - 2 如果 DBDH 假设成立,则 EKLR - IBAKA - I 协议满足主密钥前向安全性。

证明:定义 6 - 6 中的条件(1)显然满足,下面证明满足条件(2)。假设存在多项式时间的良性攻击者 E 能够以不可忽略的优势 ε 在 6.2.1.2 节中的游戏中获胜,则存在一个模拟器 S 能够利用 E 解决 DBDH 问题。即给定 DBDH 问题的输入 $g, g^a, g^b, g^c \in G_1, Z \in G_2$,判断 $Z = \hat{e}(g, g)^{abc}$。S 具体仿真过程如下:

初始化:S 已知主密钥为 $\alpha, \beta \in_R Z_p^*$,随机选取 $w \in_R Z_p^*$,计算 $g_1 = g^{\alpha}, h = g^{cw}$,将系统公开参数 $\langle g, g_1, h \rangle$ 发送给 E。随机选取 3 个整数 $I, J \in \{1, 2, \cdots, q\}$,$s \in \{1, 2, \cdots, q_s\}$。选择测试预言机为 $\prod_{I,J}^{s}$,其匹配预言机 $\prod_{J,I}^{t}$。

$Send(\prod_{i,j}^{s}, M)$ 询问:同定理 6.1 中的 $Send$ 询问一样,模拟器 S 维护一个列表 $L_s = (\prod_{i,j}^{s}, r_i, M, M', K_{ij}, SK_{ij})$。$S$ 诚实回答除预言机 $\prod_{I,J}^{s}$ 和 $\prod_{J,I}^{t}$ 之外的其他预言机的 $Send$ 询问。如果 $\prod_{i,j}^{s}$ 不存在,则创建 $\prod_{i,j}^{s}$。

当 $\prod_{i,j}^{s} = \prod_{J,I}^{t}$ 时,计算 $T_{J1} = (g_1 g^{-ID_I})^{bw} = g^{b\alpha w} g^{-bwID_I}, T_{J2} = \hat{e}(g, g)^{bw} = \hat{e}(g^b, g)^w$,相当于选择短期密钥 wb。返回预言机 $\prod_{J,I}^{t}$ 的消息 $M = (T_{J1}, T_{J2})$。

当 $\prod_{i,j}^{s} = \prod_{I,J}^{s}$ 时,S 计算 $T_{I1} = (g_1 g^{-ID_J})^{aw} = g^{a\alpha w} g^{-awID_J}, T_{I2} = \hat{e}(g, g)^{aw} = \hat{e}(g^a, g)^w$,相当于选择短期密钥 wa,返回预言机 $\prod_{I,J}^{s}$ 的消息 $M = (T_{I1}, T_{I2})$。

S 为 $\prod_{I,J}^{s}$ 计算共享秘密 $K_{IJ} = Z^{\beta w^3}$ 和会话密钥 $SK_{IJ} = H(ID_A \oplus ID_B \oplus T_{A1} \oplus T_{A2} \oplus T_{B1} \oplus T_{B2} \oplus K_{IJ})$。如果 $Z = \hat{e}(g, g)^{abc}$,则

是一个合法得共享秘密,对于 E 来说 SK_{IJ} 是有效的且恰当分布的挑战。

$Corrupt(i)$ 询问:输入为 ID_i,S 维护一个列表 $L_c = (i, r_{ID_i}, h_{ID_i})$。如果 $ID_i = \alpha$,则仿真失败,报错退出($Event1$);否则 S 根据身份 i 查找列表 L_c,如果找到对应的元组,返回用户 i 的私钥 $\langle r_{ID_i}, h_{ID_i} \rangle$;否则按照私钥生成算法生成私钥,PKG 随机选取 $r_{ID} \in_R Z_p^*$,计算 $h_{ID} = (h^{\beta} g^{-r_{ID}})^{1/(\alpha - ID)}$,返回私钥 $\langle r_{ID}, h_{ID} \rangle$。

$Reveal(\prod^{s}_{i,j})$ 询问:当询问的预言机为 $\prod^{s}_{I,J}$ 或其匹配预言机 $\prod^{t}_{J,I}$ 时,报错退出(Event2)。否则返回对应的会话密钥。

测试阶段:E 选择一个"新鲜预言机"作为"测试预言机",并向其发出 $Test$ 询问。

$Test(\prod^{s}_{i,j})$ 询问:如果 E 没有选择预言机 $\prod^{s}_{I,J}$ 做 $Test$ 询问,则报错退出(Event3),否则返回会话密钥 SK_{IJ}。

询问阶段 2:E 可以继续针对预言机进行 $Send$、$Reveal$ 和 $Corrupt$ 询问。但有一定的限制:不能对测试预言机 $\prod^{s}_{I,J}$ 或其匹配预言机 $\prod^{t}_{J,I}$ 进行 $Reveal$ 询问。

猜测阶段:最后,E 输出对 b 的一个猜测 b',如果 $b = b'$,则称 E 赢得游戏。由定理 6-1 证明中概率分析方法可得,E 若能以不可忽略的优势 ε 正确判断 b 的值,则 S 能以不可忽略的概率 ε' 判断 $Z = \hat{e}(g,g)^{abc}$ 是否成立,即解决 DBDH 问题,且 $\varepsilon' \geq \varepsilon/qq_s$。

4)性能分析

表 6-3 给出了所提出的 EKLR-IBAKA-I 密钥协商协议与其他协议在安全属性、抗攻击能力以及计算代价和通信代价方面的比较结果。S 表示群 G_1 上的幂运算,E 表示 G_2 上的幂运算,P 表示双线性对运算(不包括预先能够计算的双线性对运算)。

表 6-3　EKLR-IBAKA-I 协议与现有协议安全性与性能比较

协议	已知密钥安全	部分前向安全性	完全前向安全性	主密钥前向安全性	抗短期密钥泄露	计算代价	通信代价
Wang-I[16]	√	√	×	×	×	$S+3E+P$	$\|G_1\|+\|G_2\|$
Wang-II[16]	√	√	√	×	×	$S+5E+P$	$\|G_1\|+\|G_2\|$
WXF[17]	√	√	√	√	×	$3S+3E+P$	$2\|G_1\|+\|G_2\|$
Tian[18]	√	√	√	×	×	$S+3E+P$	$\|G_1\|+\|G_2\|$
Gao-I[19]	√	√	×	×	×	$4S+E+2P$	$2\|G_1\|$
Gao-II[19]	√	√	√	×	×	$5S+E+2P$	$3\|G_1\|$
Ren[20]	√	√	√	√	×	$4S+3E+P$	$2\|G_1\|+\|G_2\|$
EKLR-IBAKA-I协议	√	√	√	√	√	$S+3E+P$	$\|G_1\|+\|G_2\|$

由表 6-3 可知,EKLR-IBAKA-I 协议满足较多的安全属性,能够抵抗短期密钥泄露攻击,EKLR-IBAKA-I 协议具有最小的代价。EKLR-IBAKA-I 协议中的共享秘密包含了主密钥因素,即使攻击者获得了全部的短期密钥也不能够获得最终的会话密钥。WXF[22] 协议证明过程中存在缺陷,Wang-I[16] 和

Gao $-\mathrm{I}^{[19]}$ 协议并不满足完全前向安全性（分析见引言部分）。Tian$^{[18]}$ 协议与 EKLR $-$ IBAKA $-$ I 协议（基础协议）代价相同，但是协仪不能抵抗短期密钥泄露攻击。Ren$^{[20]}$ 协议证明较完善，但是协议本身不能抵抗短期密钥泄露攻击，并且代价较大。综上所述，EKLR $-$ IBAKA $-$ I 协议在安全性、代价和安全证明方面都具有一定的优势。

2. 低通信代价的基于身份密钥协商协议

在 Water 标准模型下可证安全基于身份加密方案的基础上，提出了一个具有较小通信代价、抗短期密钥泄露的基于身份密钥协商协议（EKLR $-$ IBAKA $-$ Ⅱ协议）。协议过程如下。

1）方案描述

（1）初始化。PKG 选择一个双线性对 $\hat{e}: G_1 \times G_1 \to G_2$，随机选取 $\alpha \in_R Z_p^*$，g，$g_2 \in G_1$。其中 g 是 G_1 的生成元。计算 $g_1 = g^\alpha$。随机选择 $u' \in G_1$ 和一个 n 维向量 $U = (u_i), u_i \in G_1$。选择抗碰撞 $Hash$ 函数 $H: \{0,1\}^* \to \{0,1\}^n$，公开参数 $PK = \langle G_1, \hat{e}, g, g_1, H, H_1 \rangle$。$g_2^\alpha$ 为系统主密钥。

（2）密钥生成。给定用户身份 ID，ID 为 n 位字符串，设 v_k 表示 ID 的第 k 位。设 $V \subseteq \{1, 2, \cdots, n\}$ 是所有满足 $v_k = 1$ 的 k 的集合。PKG 随机选取 $r_{ID} \in_R Z_p^*$，计算 $d_{ID} = (d_{ID,0}, d_{ID,1}) = (g_2^\alpha (u' \prod_{k \in V} u_k)^{r_{ID}}, g_1^{r_{ID}})$，PKG 确保每个给定 ID 的用户赋予固定的。

（3）密钥协商。① A 随机选择 $x \in_R Z_p^*$，计算 $T_{A,1} = (u' \prod_{k \in V_{ID_B}} u_k)^x$，$T_{A2} = g^x$，将消息 (T_{A1}, T_{A2}) 发送给 B；

② B 接收消息 (T_{A1}, T_{A2})，计算 $K_{BA} = \hat{e}(d_{ID_B,0}, T_{A1}) \hat{e}(d_{ID_B,1}^{-1}, T_{A2})$，$SK = H(ID_A \oplus ID_B \oplus T_{A1} \oplus T_{A2} \oplus T_{B1} \oplus T_{B2} \oplus K_{BA})$。$B$ 随机选择 $y \in_R Z_p^*$，计算 $T_{B1} = (u' \prod_{k \in V_{ID_B}} u_k)^y$，$T_{B2} = g^y$，将消息 (T_{B1}, T_{B2}) 发送给 A；

③ A 接收消息 (T_{B1}, T_{B2})，计算 $K_{AB} = (\hat{e}(T_{B1}, h_{ID_A,1}) T_{B2}^{r_{ID_A}})^x$，$SK = H(ID_A \oplus ID_B \oplus T_{A1} \oplus T_{A2} \oplus T_{B1} \oplus T_{B2} \oplus K_{AB})$。

至此，A、B 得到共享会话密钥 SK。

2）正确性分析

$$
\begin{aligned}
K_{AB} &= (\hat{e}(d_{ID_A,0}, T_{B1}) \hat{e}(d_{ID_A}^{-1}, T_{B2}))^x \\
&= \hat{e}(g_2^\alpha (u' \prod_{k \in V_{ID_A}} u_k)^{r_{ID_A}}, g_1^y) \hat{e}(g_1^{-r_{ID_A}}, (u' \prod_{k \in V_{ID_A}} u_k)^y) \\
&= \hat{e}(g_1, g_2)^{axy}
\end{aligned}
$$

同理 $K_{BA} = \hat{e}(g_1, g_2)^{\alpha xy}$，因此，$A$、$B$ 得到共享秘密 $K = K_{AB} = K_{BA} = = \hat{e}(g_1, g_2)^{\alpha xy}$，得到共享会话密钥 $SK = H(ID_A \oplus ID_B \oplus T_{A1} \oplus T_{A2} \oplus T_{B1} \oplus T_{B2} \oplus K)$。

3）安全性与性能分析

EKLR – IBAKA – Ⅱ 协议对 Gao 协议进行了改进，增强了协议的安全性，降低了协议的通信代价。假设攻击者获得协议双方的私钥或者主密钥，但由于无法获得密钥过程中的短期密钥 x, y，也无法计算出共享秘密 K_{AB} 和 K_{BA} 和最终的共享密钥 SK，因此 EKLR – IBAKA – Ⅱ 协议满足完全前向安全性和主密钥前向安全性。

EKLR – IBAKA – Ⅱ 协议还满足抗短期密钥泄露攻击，即使用户获得短期密钥 x, y，如果没有获得系统主密钥 α，也无法计算出共享秘密 K_{AB} 和 K_{BA} 和共享密钥 SK。而 Gao 协议中，攻击者获得短期密钥 x, y 后，可以计算得到共享秘密 $\hat{e}(g_1, g_2)^{xy}$，进而计算出共享密钥。EKLR – IBAKA – Ⅱ 协议与 EKLR – IBAKA – Ⅰ 协议、Gao – Ⅱ 协议比较结果如表 6 – 4 所示。从表 6 – 4 中可以看出，EKLR – IBAKA – Ⅱ 协议稍微增加了计算代价，但降低了通信代价。

表 6 – 4　EKLR – IBAKA – Ⅱ 协议与现有协议安全性与性能比较

协议	已知密钥安全	部分前向安全性	完全前向安全性	主密钥前向安全性	抗短期密钥泄露	计算代价	通信代价
EKLR – IBAKA – Ⅰ 协议	√	√	√	√	×	S + 3E + P	$\|G_1\| + \|G_2\|$
Gao – Ⅱ [24]	√	√	√	√	×	5S + 2P	$3\|G_1\|$
EKLR – IBAKA – Ⅱ 协议	√	√	√	√	√	2S + E + 2P	$2\|G_1\|$

6.2.3　多基站 HSN 标准模型下基于身份密钥协商协议

由于基于身份密码系统中，PKG 拥有所有用户的私钥，即密钥托管，PKG 如果受到攻击，所有私钥将泄露。因此密钥协商协议需要解决密钥托管问题，6.2.2 节提出的两个密钥协商协议针对单 PKG 环境，并且能够抵抗短期密钥泄露攻击，虽然可以解决密钥托管问题，但鉴于传感器网络应用环境的开放性和安全需求较高的特点，这两个协议还不能直接用于传感器网络的密钥管理。传感器网络往往包含多个基站，单基站难以满足实际应用需求。单击站传感器网络中，一旦基站被攻破，将导致密钥泄露、认证协议失败。并且攻击者的攻击具有针对性，单基站传感器网络难以抵抗 DoS、DoM 和虚假消息等攻击。在 HSN 实际应用中，HSN 可能由多个机构共有，每个机构拥有一个基站（充当 PKG），负责收集传感器数据，提供访问控制服务，管理用户和传感器节点的密钥。为了避免某个机构权利过大，需要多个基站共同管理用户和传感器节点，当有新用户或者传感器节点加入网络时，需要每个基站为新成员生成私钥，这样可以减少对某个基站的信任。我们针对多基站 HSN 提出了一个可认证密钥协商协议——MIBAKA(Multiple – Sink Identity – based Authenticated Key Agreement) 协议。该协议以 6.2.2 节提出的两个密钥协商协议为基础,增加了密钥确认,分别实现了相邻节点和多跳节点之间的密钥协商。

1. 多基站 HSN 网络模型与节点预部署

MIDAKA 协议适合任何拓扑结构的 HSN,图 6 – 10 给出了一种移动基站分层式 HSN 网络结构。

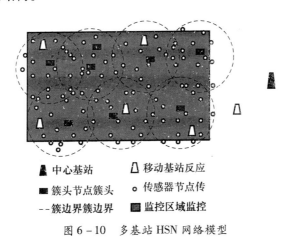

🏔 中心基站	🏛 移动基站反应
■ 簇头节点簇头	○ 传感器节点传
-- 簇边界簇边界	▨ 监控区域监控

图 6 – 10　多基站 HSN 网络模型

网络采用分簇结构,包括一个中心基站、多个移动基站、少量簇头节点和大量普通传感器节点。簇头节点为高性能的节点,负责传感器数据的汇聚、融合和传输。传感器节点为低性能节点,负责环境数据的感知和传输。中心基站负责管理整个传感器网络检测的数据和用户数据。移动基站在监控区域内收集传感器节点感知的环境数据,并将数据实时传递或者离线拷贝给中心基站。假设中心基站充当主私钥生成中心:PKG_{CA},其他基站充当若干子私钥生成中心:PKG_1,PKG_2,$\cdots$,PKG_K。

1)系统初始化与参数建立

PKG_{CA} 选择一个双线性对 $\dot{e}:G_1 \times G_1 \to G_2$,随机选取 $g,g_2,h \in G_1,\alpha,\beta \in_R Z_p^*$,计算 $g_1 = g^\alpha,g_t = \dot{e}(g,g)$。随机选取 $u' \in G_1$ 和一个 n 维向量 $U = (u_i),u_i \in G_1$。选择抗碰撞 Hash 函数 $H:G_1 \to \{0,1\}^n$,选择一个伪随机函数 $F_K(x):\{0,1\}^* \to \{0,1\}^p$,$PKG_{CA}$ 存储每个基站的伪随机函数种子 $s_1,s_2,\cdots,s_k \in_R Z_p^*$。公开参数 $PK = \langle q,G_1,G_2,\hat{e},g,g_1,g_2,h,H \rangle$。$\alpha,\beta$ 为系统主密钥。基站$PKG_i,1 \leq i \leq k$ 保存伪随机函数种子 s_i,随机选取 $t_i \in_R Z_p^*$,计算 $T_i = g^{t_i}$。PKG_i 的私钥为 s_i,t_i,公钥为 T_i,T'_i。

2）节点预装载私钥和系统参数

给定节点身份 ID，PKG_i，$1 \leqslant i \leqslant k$ 计算 $y_{i,ID} = F_{S_i}(ID)$，$h_{i,ID} = g^{y_{i,ID}/t_i}$，$h'_{i,ID}$ $= (u' \prod_{k \in V} u_k)^{y_{i,ID}/t_i}$。$PKG_{CA}$ 随机选取 $r_{ID} \in_R Z_p^*$，计算 $h_{ID,0} = (hg^{-r_{ID}})^{1/(\alpha-ID)}$，$h_{ID,1}$ $= (h^{\beta} g^{-r_{ID}})^{1/(\alpha-ID)}$，$r'_{ID} = r_{ID} - \sum_{i=1}^k y_{i,ID_A}$，$d_{ID,0} = g_2^{\alpha} (u' \prod_{k \in V} u_k)^{r_{ID}}$，$d_{ID,1} = g_1^{r'_{ID}}$。$PKG_{CA}$ 确保每个给定 ID 的用户赋予固定的 r_{ID}，并且 $\alpha \neq ID$。用户的私钥为 SK_{ID} $= \langle r'_{ID}, h_{ID,0}, h_{ID,1}, \{h_{i,ID}\}_{1 \leqslant i \leqslant k}, d_{ID,0}, d_{ID,1}, \{h'_{i,ID}\}_{1 \leqslant i \leqslant k} \rangle$。

2. 相邻节点间认证及密钥协商

传感器节点部署以后，传感器节点之间执行下面的过程建立密钥。设传感器节点的身份为ID_A 和ID_B，移动基站与传感器节点之间也采用相同的过程建立共享密钥。相邻节点间认证及密钥协商协议（简称 MIDAKA – I 协议）如下：

（1）节点 ID_A 随机选择 $x \in_R Z_q^*$，计算 $T_{A1} = (g_1 g^{-ID_B})^x$，$T_{A2} = g_t^x$，$\{T_{A,i} = T_i^y\}_{1 \leqslant i \leqslant k}$，发送消息 $M_1 : \langle ID_A, T_{A1}, T_{A2}, \{T_{A,i}\}_{1 \leqslant i \leqslant k} \rangle$ 发送给节点ID_B；

（2）节点 ID_B 接收到消息 M_1，计算 $K_{BA} = (\hat{e}(T_{A1}, h_{ID_{B,1}}) T^{r'_{ID_{BA2}}} \prod_{i=1}^k \hat{e}(T_{A,i}, h_{i,ID_B}))^y$。随机选择 $y \in_R Z_q^*$，计算 $T_{B1} = (g_1 g^{-ID_A})^y$，$T_{B2} = g_t^y$，$\{T_{B,i} = T_i^y\}_{1 \leqslant i \leqslant k}$，计算 $SK = H(ID_A \oplus ID_B \oplus T_{A1} \oplus T_{A2} \oplus T_{B1} \oplus T_{B2} \oplus K_{BA})$，$MAC_B = MAC_{H(SK)}(2, ID_B, ID_A, T_{B1}, T_{B2}, \{T_{B,i} = T_i^y\}_{1 \leqslant i \leqslant k})$，将消息 $M_2 : \langle ID_B, T_{B1}, T_{B2}, \{T_{B,i} = T_i^y\}_{1 \leqslant i \leqslant k}, MAC_B \rangle$ 发送给节点ID_A；

（3）节点ID_A 接收到消息 M_2，计算 $K_{AB} = (\hat{e}(T_{B1}, h_{ID_{A,1}}) T_{B2}^{r'_{ID_A}} \prod_{i=1}^k \hat{e}(T_{B,i}, h_{i,ID_A}))^x$，$SK = H(ID_A \oplus ID_B \oplus T_{A1} \oplus T_{A2} \oplus T_{B1} \oplus T_{B2} \oplus K_{AB})$，$MAC'_B = MAC_{H(SK)}(2, ID_B, ID_A, T_{B1}, T_{B2})$，如果 $MAC'_B = MAC_B$，则接受 SK 为共享密钥，否则终止协议；节点ID_A 计算 $MAC_A = F_{H(SK)}(3, ID_B, ID_A, T_{A1}, T_{A2}, \{T_{B,i}\}_{1 \leqslant i \leqslant k})$，将消息 $M_3 : \langle ID_A, MAC_A \rangle$ 发送给节点ID_B。

（4）节点ID_B 接收到消息 $M_1 : \langle ID_A, MAC_A \rangle$，计算 $MAC'_A = F_{H(SK)}(3, ID_B, ID_A, T_{A1}, T_{A2}, \{T_{B,i}\}_{1 \leqslant i \leqslant k})$，如果 $MAC'_A = MAC_A$，则接受 SK 为共享密钥，否则终止协议。

至此，传感器节点ID_A 和ID_B 最终建立共享会话密钥 SK。

正确性分析：

$$K_{AB} = (\hat{e}(T_{B1}, h_{ID_{A,1}}) T_{B2}^{r'_{ID_A}} \prod_{i=1}^k \hat{e}(T_{B,j}, h_{i,ID_A}))^x$$
$$= (\hat{e}((g_1 g^{-ID_A})^y, (h^{\beta} g^{-r_{ID_A}})^{1/(\alpha-ID_A)}) \hat{e}(g,g)^{y(r_{ID_A} - \sum_{i=1}^k y_{i,ID_A})} \prod_{i=1}^k \hat{e}(g^{yt_j}, g^{y_{i,ID_A}/t_i}))^x$$
$$= (\hat{e}(g^y, h^{\beta} g^{r_{ID_A}}) \hat{e}(g,g)^{y(r_{ID_A} - \sum_{i=1}^k y_{i,ID_A})} \hat{e}(g,g)^{y \sum_{i=1}^k y y_{i,ID_A}})^x$$
$$= (\hat{e}(g^y, h^{\beta} g^{-r_{ID_A}}) \hat{e}(g,g)^{yr_{ID_A}})^x$$

188

$$= \hat{e}(g^y, h^\beta)^x = \hat{e}(g, h)^{\beta xy}$$

同理 $K_{BA} = \hat{e}(g, h)^{\beta xy} = K_{AB}$，因此传感器节点 ID_A 和 ID_B 最终建立共享会话密钥 SK。

3. 多跳节点间认证及密钥协商

传感器节点部署以后，除了相邻节点建立对密钥外，经过多跳通信的簇头节点和传感器节点或者两个传感器节点之间也可能有安全通信的需求，需要进行密钥协商，实现端到端的安全通信。由于网络中路由上的其他节点需要转发数据包，因此需要降低密钥协商协议的密钥交换信息长度，才能减少整个网络的通信消耗，节约低性能传感器节点的能量，延长 HSN 的生命周期。多跳节点间执行下面的过程建立密钥。设传感器节点的身份为 ID_A 和 ID_B。多跳节点间认证及密钥协商协议（简称 MIDAKA－Ⅱ协议）如下：

（1）节点 ID_A 随机选择 $x \in_R Z_p^*$，计算 $T_{A1} = (u' \prod_{k \in V_{ID_B}} u_k)^x$，$T_{A2} = g^x$，$\{T_{A,i} = T_i^y\}_{1 \leq i \leq k}$，令 $m_{ID_A} = T_{A1} \| T_{A2} \| \{T_{A,i}\}_{1 \leq i \leq k}$，发送消息 $M_1 : \langle ID_A, m_{ID_A}\rangle$ 发送给节点 ID_B；

（2）节点 ID_B 接收到消息 $M_1 : \langle ID_A, m_{ID_A}\rangle$，随机选择 $y \in_R Z_q^*$，计算 $K_{BA} = (\hat{e}(d_{ID_B,0}, T_{A1})\hat{e}(d_{ID_B,1}^{-1}, T_{A2}) \prod_{i=1}^k \hat{e}(T_{A,i}, h_{i,ID_B}))^y$。计算 $T_{B1} = (u' \prod_{k \in V_{ID_B}} u_k)^y$，$T_{B2} = g^y$，$\{T_{B,i} = T_i^y\}_{1 \leq i \leq k}$，计算 $SK = H(ID_A \oplus ID_B \oplus T_{A1} \oplus T_{A2} \oplus T_{B1} \oplus T_{B2} \oplus K_{BA})$，$MAC_B = MAC_{H(SK)}(2, ID_B, ID_A, T_{B1}, T_{B2}, \{T_{B,i}\}_{1 \leq i \leq k})$，令 $m_{ID_B} = T_{B1} \| T_{B2} \| \{T_{B,i}\}_{1 \leq i \leq k}$，将消息 $M_2 : \langle ID_B, m_{ID_B}, MAC_B\rangle$ 发送给节点 ID_A；

（3）节点 ID_A 接收到消息 $M_2 : \langle ID_B, m_{ID_B}, MAC_B\rangle$，计算 $K_{AB} = (\hat{e}(d_{ID_A,0}, T_{B1})\hat{e}(d_{ID_A,1}^{-1}, T_{B2}) \prod_{i=1}^k \hat{e}(T_{B,i}, h_{i,ID_A}))^x$，$SK = H(ID_A \oplus ID_B \oplus T_{A1} \oplus T_{A2} \oplus T_{B1} \oplus T_{B2} \oplus K_{AB})$，$MAC'_B = MAC_{H(SK)}(2, ID_B, ID_A, T_{B1}, T_{B2}, \{T_{B,i}\}_{1 \leq i \leq k})$，如果 $MAC'_B = MAC_B$，则接受 SK 为共享密钥，否则终止协议；节点 ID_A 计算 $MAC_A = MAC_{H(SK)}(2, ID_B, ID_A, T_{A1}, T_{A2}, \{T_{A,i}\}_{1 \leq i \leq k})$，将消息 $M_3 : \langle ID_A, MAC_A\rangle$ 发送给节点 ID_B。

（4）节点 ID_B 接收到消息 $M_3 : \langle \mathrm{ID}_A, MAC_A\rangle$，计算 $MAC'_A = MAC_{H(SK)}(3, ID_B, ID_A, T_{A1}, T_{A2}, \{T_{A,i}\}_{1 \leq i \leq k})$，如果 $MAC'_A = MAC_A$，则接受 SK 为共享密钥，否则终止协议；

正确性分析：

$$K_{AB} = (\hat{e}(d_{ID_A,0}, T_{B1})\hat{e}(d_{ID_A,1}^{-1}, T_{B2}) \prod_{i=1}^k \hat{e}(T_{B,i}, h_{i,ID_A}))^x$$

$$= (\hat{e}(g_2^\alpha (u' \prod_{k \in V_{ID_A}} u_k)^{r_{ID_A}}, g_1^y)\hat{e}(g_a^{-r_{ID_A}}, (u' \prod_{k \in V_{ID_A}} u_k)^y)$$

$$\prod_{i=1}^{k} \hat{e}(g^{yt_i}, (u' \prod_{k \in V_{ID_A}} u_k)^{-y_i, ID_A/t_i}))^x$$

$$= (\hat{e}(g_2^{\alpha}, g_1^y) \hat{e}((u' \prod_{k \in ID_A} u_k)^{r_{ID_A}}), g_1^y) \hat{e}(g_1^{-r_{ID_A}}, (u' \prod^{k \in V_{ID_A}} u_k)^y) \hat{e}(g^{\sum_{i=1}^{k} hy_i, ID_A},$$

$$(u' \prod^{k \in V_{ID_A}} u_k)^y) \hat{e}(g, u' \prod_{k \in V_{ID_A}} u_k)^y) \hat{e}(g, u' \prod^{k \in V_{ID_A}} u_k)^{-uy \sum_{i=1}^{k} y_i, ID_A})^x$$

$$= (\hat{e}(g_2^a (u' \prod_{k \in V_{ID_A}})u_k)^{r_{ID_A}}, g_1^y) \hat{e}(g^{-(r_{ID_A} - \sum_{i=1}^{k} y_i, ID_A)}, u' \prod_{k \in V_{ID_A}} u_k)^y) \hat{e}$$

$$(g, u' \prod_{k \in V_{ID_A}} u_k)^{-y \sum_{i=1}^{k} y_i, ID_A})^x$$

$$= (\hat{e}(g_2^{\alpha}, g_1^y))^x = \hat{e}(g_2, g_1)^{\alpha x y}$$

同理，$K_{BA} = \hat{e}(g_1, g_2)^{\alpha x y} = K_{AB}$，因此，传感器节点 ID_A 和 ID_B 最终建立共享会话密钥 SK。

6.2.4 分析实验

1. 安全性分析

（1）MIDAKA - I 协议满足完全前向安全性和主密钥前向安全性，防止了会话密钥托管。MIDAKA - I 协议以 6.2.2 节的 EKLR - IBAKA - I 协议为基础，EKLR - IBAKA - I 协议满足完全前向安全性和主密钥前向安全性。从共享密秘的计算过程和最终形式 $K = K_{AB} = K_{BA} = \hat{e}(g, h)^{\beta x y}$ 可以看出，如果在不知道协议双方的短期密钥 x, y 的情况下，即使知道系统主密钥和协议双方的私钥，PKG 或者其他攻击者也无法计算出共享密秘，无法计算出最终的共享密钥。因此 MIDAKA - I 满足完全前向安全性和主密钥前向安全性。形式化安全证明与定理 6 - 1 证明过程相似，不再赘述。

（2）MIDAKA - I 协议能够抵抗短期密钥泄露攻击。在定理 6 - 1 中，允许攻击者获取协议双方的短期密钥，证明了协议满足部分前向安全性，能够抵抗短期密钥泄露攻击。而且从共享密秘的计算过程和最终形式 $K = K_{AB} = K_{BA} = \hat{e}(g, h)^{\beta x y}$ 也可以看出，攻击者如果获得短期密钥 x, y，要想计算出共享密秘，还必须获得系统主密钥 $\beta, g^{\beta}, h^{\beta}$，或者捕获一个合法的私钥，那么可以计算出 $\hat{e}(g, h)^{\beta}$，进而计算出共享密秘。因此，MIDAKA - I 协议能够抵抗短期密钥泄露攻击。

（3）MIDAKA - I 协议能够抵抗中间人攻击，并且实现密钥确认。在实际的应用协议中，协议在进行认证密钥协商过程中，通常需要确认对方正确地计算出了会话密钥。我们采用 MAC（消息认证码）方法实现密钥确认。MIDAKA - I 协议增加了密钥确认性质后能够抵抗中间人攻击。如果攻击者企图和用户 A 进行密钥协商，由于攻击者没有合法的私钥，因此无法从 A 发送的密钥交换信息(T_{A1}, T_{A2})计算出共享密钥,不能生成正确的 MAC 信息,无法完成密钥协商。如果攻击者篡改了 A 发送给 B 的(T_{A1}, T_{A2}),那么 A 和 B 也不能计算出相同的共享密钥,不能通过密钥确认,所以会终止密钥协商。因此 MIDAKA – I 协议可以抵抗中间人攻击。

（4）MIDAKA – I 协议可以抵抗恶意基站的攻击。MIDAKA – I 协议以 6.2.2 节提出的 EKLR – IBAKA – I 协议为基础协议,因此能够满足 6.2.3 节协议的安全性,如完全前向安全性和主密钥前向安全性等,能够抗短期密钥攻击。MIDAKA – I 协议采用多基站传感器网络模型,假设基站 PKG_{CA} 截获发给节点 A 的消息 $\langle ID_B$, T_{B1}, T_{B2}, $\{T_{B,i} = T_i^y\}_{1 \leqslant i \leqslant k}$, $MAC_B \rangle$ 和短期密钥 x。那么由于 PKG_{CA} 不知道其他基站为节点 A 生成的私钥 h_{i,ID_A},那么它无法计算出共享秘密 K_{AB} 和最终的会话密钥 SK。因此,除非所有的基站共谋,任何基站都不能攻破该密钥协商协议。

（5）MIDAKA – II 协议满足 MIDAKA – I 具备的所有安全属性。MIDAKA – II 协议中的共享秘密最终形式为 $\hat{e}(g_1, g_2)^{\alpha xy}$,与 MIDAKA – I 协议类似,MIDAKA – II 协议的构造方法与 MIDAKA – I 协议基本相似,因此 MIDAKA – II 协议满足 MIDAKA – I 具备的所有安全属性,如完全前向安全性、主密钥前向安全性和密钥确认等,并且能够抵抗中间人、短期密钥泄露攻击和恶意基站攻击。安全分析和证明过程与 MIDAKA – I 协议相似,不再赘述。

2. 仿真实验与性能分析

PKG 选取有限域 F_p 上一条安全的椭圆曲线 $E/F_p: y^2 = x^3 + ax + b$。设 $|p| = 160$bit,节点 ID 的长度为 2Byte,属性（映射成整数）的长度为 2Byte,时间戳 $time$ 的长度为 2Byte。假设密钥提取函数和伪随机函数输出长度为 20Byte。协议仿真实验中节点的能量消耗只考虑椭圆曲线双线性对运算和点乘运算和 G_2 上的幂运算。假设簇内传感器节点采用 MICAz,MICAz 集成 8 位 8MHz ATmega128L 处理器,工作电压为 3V,工作电流为 8mA,接收状态下电流为 10mA,传输状态下电流为 27mA,数据传输率为 12.4kb/s。簇头节点采用 Imote2[10]。Imote2 集成 32 位 104MHz PXA271 XScale 处理器,工作电压为 0.95V,工作电流为 66mA,数据传输率为 250kb/s。假设传感器节点采用 2 节 AA 电池,电压 3.2V,容量为 2500mA·h,并且在供电电压 2.0～3.2V 时,传感器节点可以正常工作,那么根据文献[13]可计算得到电池提供的能量为 17550J。假设网络中的簇头节点和传感器节点的比例是 1：40。簇头节点和传感器节点可以分别和相邻的簇头节点或传感器节点采用 MIDAKA – I 协议进行密钥协商。多跳簇头节点之间、多跳传感器节点之间以及多跳簇头节点和传感器节点之间采用 MIDAKA – I 协议进行密钥协商。

图 6 – 11 给出了 MIDAKA – I 协议中相邻簇头节点与传感器节点的能量消耗。假设基站数量为 30。当相邻节点为 200 时,簇头节点的能量消耗不到 50J,对

于高性能的传感器节点来说能耗很小。传感器节点的能量消耗约为500J,占电池总能量的3%。因此低性能传感器节点完全可以接受 MIDAKA - I 协议的负荷。

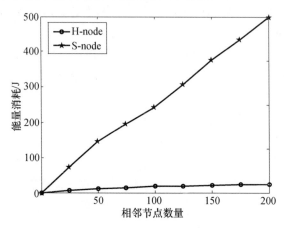

图 6 - 11 MIDAKA - I 协议中相邻簇头节点与传感器节点的能量消耗

图 6 - 12 给出了 MIDAKA - I 协议中节点的能量消耗与基站数量的关系。假设簇头节点和传感器节点的相邻节点数量为300。从图 6 - 12 可以看出,MI-DAKA - I 协议中基站数量对高性能簇头节点来说影响不大。当基站数量为30时,传感器节点的能耗约为800J,约占电池总店量的5%。如果应用需求更多的基站,为了保证足够的网络生命周期,需要提升高性能节点的比例,才能较好的发挥 MIDAKA - I 协议的效率。

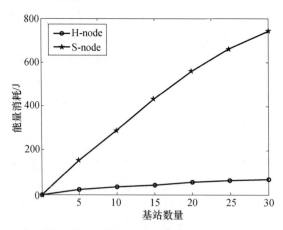

图 6 - 12 MIDAKA - I 协议中节点能量消耗与基站数量的关系

图 6 - 13 给出了 MIDAKA - Ⅱ 协议中多跳簇头节点与传感器节点的能量消耗。假设基站数量为30。从图 6 - 13 中可看出,当簇头节点和传感器节点需

要建立安全通信的多跳节点数量达到 200 时,簇头节点的能量消耗约为 130J,占电池总能量的 7‰。传感器节点的能量消耗约为 500J,占电池总能量的 3%。MIDAKA – Ⅱ 协议的能耗比 MIDAKA – Ⅰ 协议略高,但是由于 MIDAKA – Ⅱ 协议的密钥交换信息数量少,信息长度较小,因此给网络带来的总体通信代价较少,可以降低整个网络的通信代价,提高延长网络的生命周期。

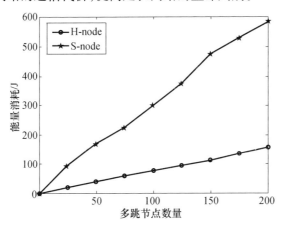

图 6 – 13　MIDAKA – Ⅱ 协议中多跳簇头节点与传感器节点的能量消耗

　　图 6 – 14 给出了 MIDAKA – Ⅱ 协议中节点的能量消耗与基站数量的关系。假设簇头节点和传感器节点的多跳节点数量为 300,即簇头节点和传感器节点需要和 300 个节点建立多跳安全通信。从图 6 – 14 可以看出,MIDAKA – Ⅱ 协议中基站数量对高性能簇头节点来说影响不大。当基站数量为 30 时,传感器节点的能耗约为 800J,约占电池总店量的 5%。MIDAKA – Ⅱ 的通信代价较小,对于多跳通信来说,可以减少整个网络的总体通信代价。

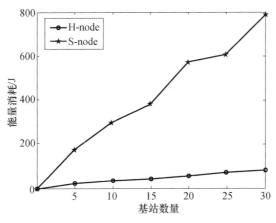

图 6 – 14　MIDAKA – Ⅱ 协议中节点能量消耗与基站数量的关系

6.3 小结

本章首先对 WSAN 密钥管理进行了研究，根据 WSAN 的异构特点和资源受限特点，设计了一个能量有效的认证及密钥协商协议——WSAN - IBAKA 协议。在公钥和私钥中增加身份信息和地理位置信息，增强了协议抵抗攻击的能力。协议不采用双线性对运算，具有较低的计算代价。低性能节点之间可以借助高性能节点进行认证及密钥协商，高性能节点承担了较多的计算任务，有效地降低了低性能节点的能耗。簇头节点之间每次通信可以协商不同的会话密钥，低性能传感器节点的对密钥可以进行周期性更新，提高了 WSAN 的安全性。并且采用基于模糊身份密码体制，进一步降低了簇头节点的通信开销，节省了网络带宽资源，提升了反应节点密钥协商的效率。分析和仿真结果表明，WSAN - IBAKA 协议具有较好的安全性和性能，能够较好地应用于 WSAN 密钥管理。

其次，设计了两个 HSN 环境下抗短期密钥泄露的基于身份密钥协商协议，分别具有较低的计算代价和通信代价，并在标准模型下给出了安全证明，协议满足前向安全性和主密钥前向安全性等多个安全属性。针对 HSN 容易遭受安全威胁的特点，在所提出的基于身份密钥协商协议基础上，设计多基站 HSN 基于身份可认证密钥协商协议——MIDAKA 协议，实现了相邻节点和多跳节点间的认证及密钥协商。该协议具有较强的抗攻击能力，并且降低了对单个基站的信任，进一步提升了密钥管理的安全性。与现有传感器网络密钥管理协议相比，MIDAKA 协议具有较强的安全性，适合安全性需求较高的应用，仿真实验结果表明，该协议的代价可以被低性能传感器节点接受，因此具有一定的实用性。

参考文献

[1] Akyildiz I F, Kasimoglu I H. Wireless sensor and actor networks: Research challenges[J]. Ad hoc Networks, 2004, 2(4): 351 - 367.

[2] Hu F, Siddiqui W, Sankar K. Scalable security in wireless sensor and actuator networks (WSANs): Integration re - keying with routing[J]. Computer Networks, 2007, 51: 285 - 308.

[3] Bellare M, Namprempre C, Neven G. Security proofs for identity - based identification and signature schemes[J]. Proceedings of Eurocrypt, 2004, LNCS 3027: 268 - 286.

[4] Diffie W, Hellman M E. New directions in cryptography[J]. IEEE Transactions on Information Theory, 1976, 22(6): 644 - 654.

[5] Sahai A, Waters B. Fuzzy identity - based encryption[J]. Proceedings of EUROCRYPT, Aarhus, Denmark, May 22 - 26, 2005: 457 - 473.

[6] Zhang Y C, Liu W, Lou W J, et al. Location - based compromise - tolerant security mechanisms for wire-

less sensor networks[J]. IEEE Journal on Selected Areas in Communications, 2006, 24(2): 247 – 260.

［7］杨庚, 程宏兵. 一种有效的无线传感器网络密钥协商方案[J]. 电子学报, 2008, 36(7): 1389 – 1395.

［8］Zhang Y, Gu D, Li J. Exploiting unidirectional links for key establishment protocols in heterogeneous sensor networks[J]. Computer Communications, 2008, 31(13): 2959 – 2971.

［9］Piotrowski K, Langendoerfer P, Peter S. How public key cryptography influences wireless sensor node lifetime[c]//In Proceedings of the 4th ACM Workshop on Security of Ad Hoc and Sensor Networks, Alexandria, VA, USA, October 30, 2006: 169 – 176.

［10］Canetti R, Goldreich O, Halevi S. The random oracle methodology, revisited[J]. Journal of the ACM, 2004, 51(4): 557 – 594.

［11］Chen L, Cheng Z, Smart N P. Identity – based key agreement protocols from pairings[J]. International Journal of Information Security, 2007, 6(4): 213 – 241.

［12］Bellare M, Rogawaya P. Entity authentication and key distribution[J]. Proceedings of ROCRYPT, Berlin: Springer – Verlag, 1994, LNCS 773:110 – 125.

［13］Blake – Wilson S, Johnson D, Menezes A. Key agreement protocols and their security analysis[C]. In Proceedings of the 6th IMA International Conference on Cryptography and Coding, Cirencester, UK, December 17 – 19,1997: 30 – 45.

［14］Chen L, Kulda C. Identity based authenticated key agreement protocols from pairing[C]. In Proceedings of 16th IEEE Computer Security Foundations Workshop, Pacific Grove, CA, USA, June 30 – July 2, 2003: 219 – 233.

［15］Gentry C. Practical identity – based encryption without random oracles[C]. In Proceedings of Advances in Cryptology – Eurocrypt 2006, 25th Annual International Conference on the Theory and Applications of Cryptographic Techniques, St. Petersburg, Russia, May 28 – June 1, 2006, LNCS 4404: 445 – 464.

［16］王圣宝, 曹珍富, 董晓蕾. 标准模型下可证安全的身份基认证密钥协商协议[J]. 计算机学报, 2007, 30(10): 1842 – 1854.

［17］汪小芬, 陈原, 肖国镇. 基于身份的认证密钥协商协议的安全分析与改进[J]. 通信学报, 2008, 29(12): 17 – 21.

［18］Tian H, Susilo W, Ming Y, et al. A provable secure id – based explicit authenticated key agreement protocol without random oracles[J]. Journal of Computer Science and Technology, 2008, 23 (5) : 832 – 842.

［19］高志刚, 冯登国. 高效的标准模型下基于身份认证密钥协商协议[J]. 软件学报, 2011,22(5): 1031 – 1040.

［20］任勇军, 王建东, 王箭, 等. 标准模型下基于身份的认证密钥协商协议[J]. 计算机研究与发展, 2010, 47(9): 1604 – 1610.

［21］Waters B. Efficient identity – based encryption without random oracles[J]. Proceedings of EUROCRYPT, 2005, LNCS 3494:114 – 127.

内容简介

本书介绍了异构传感网密钥管理相关的若干关键问题。内容涵盖异构传感网相关概念、密钥管理框架、密钥管理模型、以及密钥管理协议(对称密钥管理协议、基于累加器的密钥管理协议、非对称密钥管理协议、可认证密钥协商协议)等研究热点。

全书层次清晰,结构完整,语言流畅,图文并茂,用通俗的语言系统地介绍了异构传感网密钥管理相关知识,为读者深入学习和研究异构传感网安全问题奠定了基础。本书主要使用对象为高等院校信息安全相关专业的研究生和教师、从事传感网安全研究与产品研发人员及技术管理人员,也可供对传感网安全感兴趣的读者阅读。

Introduction

From the current main research direction of our team, this book gives a certain number of keys issues about key management in heterogeneous sensor networks. Its content covers related concepts of heterogeneous sensor networks, a framework for key management, a model for key management, key management protocols (symmetric key management protocol, key management protocol based on one – way accumulator, asymmetric key management protocol and authentication key agreement protocol) and other hot research topics.

The book is written with clarity of thinking, structure integrity, fluent language and a great many illustrations. It systematically introduces related knowledge of key management for heterogeneous sensor networks in demotic language, and lays the foundation for readers to pursue further study and research on security issues in heterogeneous sensor networks. The book primarily targets at a range of readers who are postgraduates and teachers in the relevant field of information security, technicians and supervisory engineering staff engaged in security research and product development on sensor networks. Besides, this book is also a brilliant reading material for readers interested in security of sensor networks.